THE
STING
OF THE WILD

蜇虫记

（美）加斯顿·施蜜特 著

于海生 译

外语教学与研究出版社
北京

序

　　加斯顿·施蜜特所著的《蜇虫记》是一部别开生面的科普著作。科普著作往往是对某一科学理论、方法或研究过程的口语化重塑，让处于科学启蒙阶段的孩子对科学产生兴趣，或者让社会公众有接触科学思维和逻辑的途径。

　　这本书实际上是讲述膜翅目昆虫的。膜翅目指的是蜂类和蚁类的科学归类。如果作者按照分类学、系统学和行为学等学科来讲述，就流于一般科普书籍的俗套了，也很难引起更多人的共鸣。但施蜜特没有这样来写。

　　大家儿时有没有被蜜蜂、马蜂蜇过，或者被蚂蚁咬过、蜇过的经历？这恐怕要比"膜翅目"三个字更能引起人们的共鸣，所以作者给这本书起名《蜇虫记》而非《膜翅目》，从亲身与小昆虫接触的体验出发，一步一步带领读者走进蜂和蚁的世界。

　　在第一章中，开宗明义，作者讲述了自己儿时各种被蜇的经历。与现在国内流行的育儿方式不同，我们小时候以及大部分西方人都是被散养成长起来的，没有 24 小时的"贴身保镖"，所以可能或多或少会留下被各种毒虫蜇咬过的记忆。如今大城市的社群结构和生活模式确实无法再实现儿童牧养的美好回忆了，自然教育逐渐开始兴起就是为了让人类不要和自然渐行渐远至无法挽回的程度。自然教育所提倡的学习自然、进入自然、体验自然并思考如何与自然共续未来，实际上就是在培养下一代更加健全的品格和构建未来社会的蓝图。而体验式教育，虽然不一定非要让孩子被蜇，但各种触感和精神的主动体验，可以帮助孩子养成坚韧的意志力，也可以在一定程度上帮助孩子建立同情心，让本性中自私、独断专行的一面在感悟自然中自省，让思想和道德的力量生根发芽。

被蜇了，有一部分人会趋利避祸、远离危险，这是几乎所有动物的本能反应。还有一部分人却想弄清楚：到底是怎么被蜇的？虫子用什么蜇人？为什么会痛？这是人类大脑区别于其他动物的主要能力，也是科学研究诞生的初衷。所以到第二章，作者自然而然地开始探讨螫针这种膜翅目昆虫所特有的强大武器。螫针是什么？螫针的结构和功能是怎样的？螫针如何发挥作用？螫针为什么有的时候发挥不了作用？……施蜜特在第二章中试图和我们展开他的研究和讨论。

在第三章中，作者探讨了蜇刺昆虫毒液的化学机制和针尾部的起源。第四章则从人类的角度出发探索疼痛背后的科学真相，引人入胜。

第五章螫的科学，大概是作者倾注最多心思的问题。在试图运用科学的思维和方法对疼痛进行定量分类的过程中，作者提出了经验尺度的准定量方法。就疼痛等级而言，人类数千年未断的绵长文化中并没有形成基于数理基础的定量方法。在之前的半个世纪中，我们过于强调所谓"学好数理化走遍天下都不怕"的"谋生起跑线"。数学作为奥赛的主要科目曾经风行大江南北：我们家长的钱花了，孩子的分可能加了，但面对世界、社会和大自然，我们真的在教育和文化中培育出定量数学思维了吗？

从第六章到第十章，作者逐一介绍了他所感兴趣和熟悉的各种膜翅目昆虫及它们的蜇刺故事。描写详实、真切，语言幽默、风趣。当然这些章的内容不仅限于蜇刺，还有昆虫的生活和习性，包括汗蜂和火蚁、黄蜂和胡蜂、收获蚁、蛛蜂及其他独栖性蜂类，还有子弹蚁。虽然它们大多是美洲的昆虫，但在亚洲也有很多类似的亲戚，让我们读起来仍感到十分亲切，同时受益匪浅。

第十一章是正文的最后一章，施蜜特把它留给了和我们人类已密不可分的一类蜇刺昆虫——蜜蜂，主要讲述了蜜蜂和人类漫长的历史纠葛、爱恨情仇。

附录一是作者的得意之作，他用诗歌般的语言把蜇刺昆虫蜇人后的疼痛等级按照膜翅目昆虫的三大类别分别由低至高列出，让读者一目了然，就好像自己亲身经历过一样。

附录二长达十几页的参考文献列表，显示了作者严谨的写作态度，对科学感兴趣的朋友可以通过这些参考文献寻找更多的信息和研究方法，开启自己的自然探索之旅。

我们相信并期待《蜇虫记》能为少年儿童了解膜翅目昆虫开启一扇有趣而新奇的大门，引导他们萌生对自然和昆虫的好奇心；也希望所有人能够认识到，我们不必也不能干涉昆虫的生活。请尽情享受大自然的多样和美景，与大自然共存！

中国科学院动物研究所研究员　朱朝东

童心同行自然课堂创始人　丁　亮

目次

前言

让我们备鞍上马，开始一场冒险之旅吧！这次冒险将发生在我们的脑海中，而非充满荆棘、蚊虫和汗水的现实世界。这算是一种"作弊"吗？或许吧，但所有的冒险不都同时发生在我们的身体和脑海中吗？早在150万年前，这种冒险就在非洲稀树草原和开阔林地中开始了——彼时彼刻，我们的25人团队正在一座小丘下面休息。名曰小丘，其实只是从那片开阔地冒出的一块小山样的巨石。几个有经验的人坐在小丘顶部，警惕地注视着潜在的威胁和机会。或许附近有几只需要避开的狮子，在那条通向水源地的道路旁边的一棵树下，可能潜伏着一头豹子；或许附近一个部落的几个劫掠者正朝我们这边赶来。幸而今天是美妙的一天，没有这些危险因素。事实上，我们看到的是一只刚出生的小长颈鹿，看起来还不大会走路。我们需让所有五岁以上的男孩跟着大人狩猎，以便从有经验者那里学习如何抓住这样的机会，让整个部落吃上一顿美味的鲜肉。三个最强壮的男子快步冲向远处那只长颈鹿，确保它不会被附近的鬣狗或狮子抢走。幸运的是，并无狮子和鬣狗抵达现场，只有几条胡狼环伺左右，等待着一场杀戮过后的残羹冷炙。

两位长者和一个大男孩带着那些兴冲冲的小男孩，跟在几个有经验的男人后面并为他们提供协助。当我们开始快步穿过那片草丛时，忽然想起狮子、豹子和鬣狗并不是唯一的威胁。喂，左边好像有东西在扭来扭去，那是什么？是蛇！千万小心。几年前，一个爱冒险的年轻人遭遇蛇咬后，很快就死掉了。蛇是危险的动物。或许有些蛇并不危险，但危险的蛇足够多，以致对所有的蛇你都得提防着点儿——小心驶得万年船嘛。避开那条蛇后，继续旅行。我们从一棵猴面包树底下经过。哎哟，是什么蜇痛了我？快跑！树上有个蜂巢，而且那些蜜蜂的情绪显然不对头。蜜蜂也可能是一种威胁。我们注意到蜂巢的位置，提醒前面的伙伴注意——他们已经用石头和棍棒吓跑了母长颈鹿，正屠宰那只小长颈鹿准备带回营地。回营之后，男孩们引领几个兴奋的男子，带着火把找到那个蜂巢，然后退后观看。两个采蜜人爬上猴面包树，用火把驱走蜜蜂，抢夺了它们宝贵的蜂蜜和带蜂子的蜂巢。人类早已知道，蜜蜂就像蛇一样，本质上可怕、危险，因此，若要健康地活下来，就需要对它们保持警惕。

这个冒险之旅是虚构的，但它的寓意却是真实的。我们必须对那些会伤害或杀死我们的动物保持畏惧之心，要谨慎对待或彻底避开它们。数百万年来，我们的祖先，无论是人还是类人猿，都遭遇过危险的动物：有的是威猛强悍的庞然大物，有的个头儿较小但足以致命，还有的体形极小却同样会带来伤害。这些危险的遭遇将我们对潜在有害动物的恐惧感烙印在基因上，一代一代传下去。直到今天，我们依旧携带着这些基因。

在这本书中，我希望分享对自然世界的爱和所有生命形式的美。每个动物都有其值得讲述的有趣故事，每个故事都在等待着我们的关注和讲述。我很幸运，能够在多次探险之旅中，接触到这个星球上的一些最美丽、最迷人的昆虫——蜇刺昆虫。蜇刺昆虫提供了一个绝佳的机会，让我们能够了解它们多种多样的生活方式以及应对日常生存挑战的自我解救方案。

本书由两部分组成。第一章到第五章为第一部分，提供了有助于支撑后面章节的背景和理论。内容较多的第二部分由一系列章节构成，每章深入剖析一小组特定的昆虫。读者可以跳过某些章，以任意顺序阅读，因为每一章基本上是独立成篇的。换言之，你既可以从头看起，也可以选定喜欢的章节直接阅读。

我必须坦白一件事，你会在行文中看到很多尾注标记，这些都是引用部分的信息来源，除非有什么能激起你特别的兴趣，不然你完全可以（甚至应该）忽略它们（我是这么认为的）。但愿这些数字不会让你觉得太碍眼。让我们出发吧！希望你和我一样喜欢这次旅行。

没有很多人的帮助，就不可能写成此书。在我的职业生涯中，我与诸多同事、朋友就蜇刺昆虫乃至整个生物学有过许多迷人而又富有成果的讨论，尤其是与史蒂夫·布克曼、鲍勃·雅各布森、比尔·奥夫拉尔、罗伊·斯内林、海沃德·斯潘格勒、克里斯·斯塔尔（石达恺）和默里·布卢姆。他们的意见和论述丰富了本书的内容。我要感谢约翰·阿尔科克、克雷格·布拉班特、马赛厄斯·巴克、吉姆·凯恩、乔·科埃略、埃里克·伊顿、凯文·奥尼尔和罗尔夫·齐格勒为各章提供信息并检查内容的真实性。除贡献意见和信息外，丹尼斯·布拉泽斯、迪比·卡西尔、比尔·麦格鲁、乔恩·哈里森、查克·霍利迪、珍妮·扬特、鲍勃·雅各布森和理查德·兰厄姆还批判性地阅读并协助完善了各个章节。露易丝·谢勒、伊丽莎白·泰勒和汤姆·维万特鼓励我并在许多方面帮助我提高了行文的清晰性、易读性和表现力。尤其要感谢玛格丽特·布鲁默尔曼、吉利恩·考尔斯和格雷厄姆·怀斯分享并授权使用他们拍摄的照片。

　　如果不提及这本书的编辑，特别是文森特·伯克和约翰·霍普金斯大学出版社那个非常有才华的团队，那就是我的失职。在写作过程中，文森特坚定不移地鼓励我、支持我和容忍我，在此深表谢意。没有他的帮助，也就没有这本书的存在，而我在写作中享有的乐趣（在大多数情况下）同样无从谈起。最后，我要感谢我的私人编辑、顾问和同事鲍勃·雅各布森，他在写作过程的所有方面——从句子结构和拼写到呈现方式，都为我提供了莫大的帮助。

蜇虫记

THE
STING
OF THE WILD

第 1 章

被蜇的经历

孩子天生就是博物学家。

1

孩子天生就是博物学家，他们的游戏就是探索周遭环境。纵观人类历史，那种环境其实就是自然本身，是充满植物、动物和各种景观的形象、声音和气味的自然世界。在孩子眼里，漫步于游戏区和叮咬一块食物残渣的蚂蚁是非常有趣的东西。同样有趣的还有附近的花朵，花朵上有一只惹人注目的蜜蜂，正忙着采集花蜜和花粉，花朵边缘还潜伏着一只蟹蛛。对于大脑正在发育的孩子来说，这些都是令人兴奋而又十分宝贵的经历。在生命中最年轻的阶段，恐惧感是很模糊的概念。恐惧的产生，主要来自玩耍的经历以及身边父母和成年人的引导。社区的成年人意识到，从游戏中学习对于幼小心灵的发展至关重要，因此在最初五年，很大程度上他们会鼓励或允许孩子无限制地玩耍。游戏让孩子变得敏锐、善于观察和分析、适应性增强，从而做好像有经验、有能力的成年人一样面对这个世界的准备。不过，细心的成年人会谨慎地确保环境的安全性，以便让孩子安然无恙地探索和学习。

假如一条蛇突然出现在现场，大人会迅速采取行动保护孩子，于是强化了孩子对蛇先已存在的恐惧感。正如林恩·伊斯贝尔等科学家所揭示的那样，在数千代的繁衍过程中，人类对蛇已经形成了一种强烈的内在恐惧和厌恶，会本能地避开它们。这种本能源自生物学层面。[1]那些对蛇缺乏恐惧或者未能避开蛇的人，常常会被其咬伤以致造成可怕的后果（有时会死于非命）。携带善于发现和惧怕蛇的基因，对个体而言，是一种积极的适应。那些不具备强大的观察和逃避能力的基因，会从基因库中慢慢淘汰。

孩子天生就是科学家，他们会学着了解并且爱上自然界的许多事物，同时也会避开其他事物。他们会通过观察、做出假设、检验假设、关注检验结果并重复这一系列过程而参与科学活动。这对于孩子来说是一个很自然的过程，不需要任何教师在方法上为其提供指导。遗憾的是，这一天赋随着孩子渐渐长大而丧失，就需要教师再次为他们灌输科学方法。这是一个悖论吗？既是，也不是。现在的父母本能地感觉到孩子喜欢自然，也离不开自然，所以童装上常饰有毛茸茸的熊蜂或蜜蜂之类的图案，孩子的床上会摆满各种动物毛绒玩具，譬如熊、老虎甚至鲨鱼。父母们知道这些动物在现实生活中很危险，既然如此，为什么还要让它们成为孩子生活中密不可分的一部分呢？会不会因为父母们知道，这些自然界的"吉祥物"能够带给孩子兴奋感和舒适感，并能鼓励孩子学习呢？

我的童年在阿巴拉契亚山脉所在的宾夕法尼亚州度过，童年生活和全世界许多孩子没有多大区别。父母允许并鼓励我探索自然，只是暗地里会对我的一举一动进行监督。将青蛙放在口袋里，用湿泥做"馅饼"，将萤火虫装到罐子里——我猜妈妈并不喜欢这些举动，但她没有阻止我，或许是觉得我早晚都会长大吧。大概 5 岁前后，照顾我的任务有时委托给我 7 岁的哥哥、10 岁的姐姐以及其他一些年龄更大的孩子。我作为最小的一个，有必要向他们展示一下自我存在的价值。在春季里阳光明媚的一天，这群孩子发现了一个茅草蚁（Formica）的大巢穴。茅草蚁没有螫针，但会产生大量甲酸（俗名蚁酸），甲酸是有机酸中腐蚀性和酸性最强的脂肪酸。茅草蚁会从腹部末端喷出这种物质，还会咬人。在用力咬破皮肤的同时，会将甲酸喷到伤口上，使人产生如同针扎一样的刺痛感。有几个大孩子怂恿地问我敢不敢坐到蚁巢上面，这可是一个挑战，也是证明自己的机会，我当然不能错过。蚂蚁纷纷爬到我的半长裤子上，有的钻到裤子里，开始叮咬我的屁股。我从蚁巢上一跃而起并脱掉裤子，近乎疯狂地将它们拂去。虽未造成长期伤害，但我还是得到了一个重要教训：受到惊扰的昆虫会反击。我继续和我的那个小团队进行其他探险，多少变得更明智也更有经验了，这是我成为一个昆虫学家的开端。

随着孩子渐渐长大，他们的游戏会变成日后生活中可能会用到的基本技能。就我们的祖先而言，这些技能包括狩猎和解释自然界的奥秘。要掌握狩猎技能，就需要加强体力和协调性，还必须观察、探索和检验大自然，了解它的奥秘。今天，在经济发达的社会，狩猎技能已不再重要，但狩猎的冲动依旧强烈——尤其对于男孩而言。根据宾夕法尼亚州农村由来已久的传统，在猎鹿季节的第一天，各所中小学都会安排放假，这充分体现了古老本能在现代社会的延续性。在我童年生活的地方，到处是休耕地、荒地、小林地和河流——这些都是磨炼生存技能的理想之地。除了尘土飞扬的球场，没有更多可供娱乐的场所。不管是攀爬一棵具有挑战性的大树，还是找到一个熊蜂或大胡蜂的蜂巢，我们这个由6到8个年龄相差4岁的邻家男孩组成的小群体，总是留心寻找各种最新的冒险机会。长于爬树的我始终是年龄最小的那个，也是体重最轻的那个，所以很快成为这群人当中最擅长爬树的人。不过就奔跑速度和投掷能力而言，我却属于最差者之列。六月的一天，当我们走在一处荒地上时，一个大男孩发现，在一株长期无人照管的苹果树上有光面大胡蜂的窝巢，它深藏在刚刚结出绿苹果的树枝之间。这是一个多么好的机会，一个多么刺激的挑战！如果我们向蜂巢投掷石块，它们会攻击我们吗？如果它们攻击，我们躲得开吗？如果被它们蜇到，会不会很疼呢？全都是谜团啊。为了解开这些谜团，也为了检验我们能够安然无恙地逃开这一推测，那个年龄最大的男孩抓起一块石头，其他人都警觉地站在他身后看着这一幕——只见他把石头用力朝蜂巢掷去。准头儿太差啦，毫无动静，我们都白白逃逸了一小段距离。然后，依据"勇敢"程度不同，每个男孩相继抓起石头，靠近那个隐藏的蜂窝，朝它扔过去，其他人迅速跑开。石头全都扔偏了，只有少数几只胡蜂飞出来察看动静，没有人挨蜇。最后轮到我了。我找到一块最顺手的石头，比其他人都更靠近目标，然后使尽全身力气猛然一掷。打个正着！半拉蜂巢掉到了地上。那群距我15英尺（4.6米）左右的胡蜂首先向我冲过来，我终于知道"像胡蜂一样疯狂"这种说法是怎么来的了。这次胡蜂可是动真格的，而我偏偏是离它们最近、跑得最慢的那个。事后我只记得有只胡蜂连续攻击我的后脖颈，不记得当时究竟被蜇了几下，但至少有三四下，感觉就像有人用一根滚烫的烙铁反复戳我的脖子。这是我第一次挨蜇的经历，它带来了几十年后蜇刺昆虫疼痛等级量表上的2级疼痛。

大约就在这个时期，我改变了测试蜇刺昆虫的方式——我不再是实验的受试者，而是实验的设计者。我当时是个瘦小的孩子，有着细小的手指和对于近距离观察对象的敏锐的洞察力，这些特征都有助于我后来顺利成长为昆虫学家。我并不擅长棒球或者橄榄球，而我们最喜欢的游戏——弹球，后来也被校方禁止了。除了观察操场上的植物和小动物，课间几乎没有其他事情可做。一天，我看见一簇蒲公英上有只蜜蜂。据说蜜蜂会蜇人，我决定亲自查个究竟。是的，这一次我不再是实验的受试者，而是决定拿那位正在监督操场情况的老师检验一下假设。我抓起蜜蜂，把它放在老师的前臂上。结果，我了解到蜜蜂会蜇人，而我的老师了解到，蜜蜂是可以用手拿起来的。这个天真的测试并无恶意，不过这件事却成了我父母和老师之间每次见面的谈资，甚至几十年后也如此。因被叮蜇而获得的教训，真的可以铭记很久。

　　大多数昆虫指南都会重点介绍的所谓"母牛杀手"（有时被称为"骡子杀手"）是夏季里美国南部和多数中西部地区庭院、花园里的常客。"母牛杀手"体长近 1 英寸（2.5 厘米），周身覆盖着迷人的黑色和红色软毛，从表面上看很像一只超大个儿蚂蚁。"母牛杀手"以及它那个遍布世界、具有超过 8,000 多个品种的显赫族群的其他成员，都因具备蚂蚁般的外表而一概有着"绒蚁"的俗称。事实上，"绒蚁"是无翅雌蜂。雄性"绒蚁"是有翼翅的，看起来就像其他蜂一样，只不过翅膀显得毛茸茸的。在任何已知昆虫当中，雌性"绒蚁"的防御手段之多，足以轻易夺取吉尼斯世界纪录。首先是螫针，不管与哪种真正的蜇刺昆虫的体长相比较，那都是最长的螫针。这类昆虫属于针尾部，包括能够蜇刺的胡蜂、蚂蚁和蜜蜂，但不包括寄生蜂。寄生蜂不同于真正的蜇刺昆虫，因为它们的螫针主要用于产卵，释放毒液只是其次要功能。"母牛杀手"的螫针（长度可以达到整个虫体的一半）的高效率，使这种昆虫能够对目标扩大攻击范围，这样它就能够刺伤一个抓住其身体任何部分——不论是头部、胸部还是腹部——的人和捕食者。那会带来瞬间的灼痛感，就像是一枚烧红的细针刺入你的拇指。拇指会缩回，但痛感会毫无衰减地持续 5 ～ 10 分钟，然后才慢慢减弱。这种疼痛还类似于那种得了荨麻疹似的疼痛，又像是你在小河附近的道路旁被一簇有棘刺的灌木丛划伤。你会本能地去揉搓被刺痛的部位，但那只会让又痛又痒的感觉更强烈，这近乎一种折磨。

　　我在阿森斯市佐治亚大学攻读硕士学位期间，曾被派到一个高尔夫球场：那里的管理员对一大群喜欢聚在高尔夫球场沙坑附近的杀蝉泥蜂倍感恐慌。雄蜂飞来飞去，忙着寻找雌性伴侣，领地内任何活动之物，包括打高尔夫球的人，都是它的敌手。与此同时，一队队体色艳丽的"母牛杀手（*Dasymutilla occidentalis*）"进入杀蝉泥蜂的巢穴，劫掠它们的幼虫，用来喂养自己的小宝宝。我逮了几只"母牛杀手"带回实验室，开始分析它们的防御机制。在某星期五晚上，一个帮我照管它们的年轻本科生决定喂给它们一些蜂蜜和水。大约夜里11点半，我接到学校医务室打来的紧急电话，询问我该怎么救治我那个惊慌失措的学生——他在接触一只"母牛杀手"时被蜇伤了，他很害怕，怕自己活不过当天晚上。我唯一能做的就是告知医务室人员：这种叮蜇没那么可怕，尽管这种虫子造成的疼痛属于已知的最剧烈的蜇痛之列，但毒液却属于已知的毒性最小的毒液之列。换言之，他根本没有死亡的可能。在服用少量抗组胺剂并经细心看护之后，那个学生第二天便回到了实验室。

我很少听闻有小孩子被"母牛杀手"蜇伤的报道。一个孩子看见一只红天鹅绒般漂亮的"母牛杀手"从院子里经过，难道不会直接用手抓起它吗？或许某些孩子就是这么做的。即便哭泣的孩子不能向父母描述是什么把他蜇痛了，父母也肯定会进行调查，而且应当很容易查出罪魁祸首。"母牛杀手"蜇伤儿童的消息很少被报道，极有可能是因为这种事很少出现。正如我们会本能地关注、躲避蛇和蜘蛛一样，[2,3]我们也会本能地注意到蜜蜂、胡蜂以及其他具有潜在危险的蜇刺昆虫，包括"母牛杀手"。那种鲜红和黝黑的色彩组合引人注目，相当于警告对手：可以观察，但请不要轻易上手；可以靠近，但请不要轻易触碰。红黑色对比图案是一种典型的警戒色，警示潜在捕食者："马上退后，不要骚扰我……如果不听劝告，你一定会后悔的。"*Aposematic*（警戒色）起源于希腊语，其中 *apo*=away（离开），*sematic*=signal（信号），用来描述"母牛杀手"可谓恰如其分。那讨厌的螫针就是警告，"母牛杀手"还有声音形式的警告——一种频率范围很宽的尖叫，类似于北美侏儒响尾蛇不断发出的格格声。此外，它释放的有难闻气味的化学物质也是一种警告信号。"母牛杀手"从颚底部的腺体释放出一些警告性的化学物质——挥发性酮的混合物，闻起来像指甲油去除剂。对夜间捕食者或视力不良的捕食者而言，不论是声音还是气味，都是吓阻性的警告信号。

　　"母牛杀手"的防御武器不止于此。在实际攻击中，还有两套强大的防御系统可以发挥作用。首先是极其坚硬的外皮或者甲壳。事实上，那就像是一种有着坚不可摧护甲的生物坦克。"母牛杀手"的身体如此坚硬，以至于像不锈钢一样坚硬的昆虫螫针有时会因无法刺穿它的身体而发生弯折。同样令人印象深刻且更具生物学研究意义的是，就连成年捕鸟蛛那有力的螫肢也无法刺入"母牛杀手"，而且在感觉到震颤性的尖叫之后（那种感觉如同牙医用迷你手提钻在你的牙齿上钻洞），很快就会放开猎物。强大的腿部力量是最后一道防御机制。"母牛杀手"盒子状的胸部，即这类头胸腹结构昆虫的中间那部分，并非像大多数昆虫那样为飞行储存发达的肌肉，而是储存着能让腿部变得异常有力的肌肉。强有力的腿再加上滑溜溜的球状身体，能够使这种昆虫猛然扭动躯干，摆脱捕食者的控制，然后快速逃离险境。一个孩子或成年人会意识到这些防御机制的存在吗？不太可能。但无论如何，警告信号很明确：注意你的行为，不要随便碰我，不然你会后悔的。蜇刺昆虫的信息就是这样传播出去的。

第 2 章

螯针

彼得鲁乔：好了，好了，你这只
胡蜂，你实在是脾气
太大了。
凯 瑟 琳：如果我是胡蜂，你最
好小心我的刺。

——威廉·莎士比亚
《驯悍记》，约1590年

2

CHAPTER 2

THE STINGER

假使一只蜇刺昆虫能说话，它喊出的第一句话或许是，"是谁在敲我家的门？"这个简单的念头可以决定生死。生命的延续需要成长、繁殖和生存。缺少其中任何一样，一个物种就无法延续到下一代，因而很快就会消亡。生存的本质就是对抗死亡。动物生存在理论上很简单：让肚子装满有营养的食物，而且不要成为别人的腹中餐。这些都是挑战，因为大多数动物的肚子里充满植物，植物是世界上最出色的化学家——能够合成数不清的五花八门的化合物，合成这些化合物的目的就是避免自己被吃掉，或者为了在同其他植物争夺阳光、营养时胜出。动物捕食者在获得食物方面还面临其他问题，主要是如何发现、捕获、制服和消化它们的猎物。对蜇刺昆虫而言，如何不被吃掉至关重要，而这正是螫针的价值所在。

蜇刺昆虫要关注的一个重要问题就是，不被巢穴入口处的那个来访者吃掉。导致巢穴附近有响声的是一种动物、一阵偶然刮来的风或其他天气现象，还是植物？若是后面几种情况，那就不存在被捕食的危险。若是前者，就必须确定这种动物有没有危险，会不会给自己带来伤害。门外那个访客可能只是一头笨牛或者旅行至此的犀牛。那样一来，主要危险就是被对方不小心踩到，导致自己的家园，即巢穴，被毁。如果基本不存在被吃掉的风险，那么通常就不需要采取防御行动。不过，弗里茨·福尔拉特和伊恩·道格拉斯-汉密尔顿描述了一个有趣的例外，涉及大象和蜜蜂。[1] 众所周知，大象是不吃蜜蜂的，但它们会啃树，其中包括可能藏有蜂巢的大树和树枝。大象可能拱倒或者毁掉那棵树，这会是一个严重问题，因为蜂巢也可能跟着被摧毁。蜜蜂会对冒犯它们的厚皮动物发动"蜇刺攻击"，以消除窝巢被毁的威胁，它们会将攻击目标锁定大象脆弱的眼睛和鼻子，从而迫使象群远离蜂巢。

入侵蜜蜂、胡蜂或者蚂蚁巢穴的并不都是素食动物。有些入侵者专为寻找营养价值丰富的昆虫及其无助的幼虫、蛹，或者它们储备的食物，包括蜂蜜、花粉、巢穴内因受攻击而死亡或麻痹的猎物。蜇刺昆虫必须用危险系数最小的方式阻止入侵的捕食者干坏事。一种理想的防御手段就是，在一定距离之外向捕食者发出警告。石达恺是我的老同学，现居特立尼达，他仔细研究过马蜂（*Polistes*）向潜在捕食者发出的威胁信号的范围。这种昆虫不愿意飞离巢穴去叮蜇鸟、哺乳动物或石达恺本人。为了避免被咬伤、被踩碎或者被吃掉，它们会采取一系列逐步升级的警告方式：挺起腿部并抬高身体面对入侵者；将翼翅抬至身体上部并完全张开；飞快地扑扇翼翅；继续呆在巢内一阵阵地扑扇翅膀并发出嗡嗡声；呆在巢内大幅度地摆动翼翅；朝入侵者抬起并摆动前腿；弯曲下腹部（窄腰之下的腹部）；迅速飞离巢穴，但不是飞向入侵者。这些警告经常能够阻止入侵者，对马蜂而言，付出的代价极小。[2] 只有在这些警告失效之后，它们才会动用螫针。

预警可以采取多种形式，包括视觉以外的信号——声音和气味。许多蚂蚁，如收获蚁（*Pogonomyrmex*）、切叶蚁（*Atta*）、澳大利亚公牛蚁（*Myrmecia*）和子弹蚁（*Paraponera*），都能够发出一种频率范围很宽的尖叫。所有被研究过的"绒蚁"（蚁蜂科）在感觉到可能有某种危险时，也很容易发出一种尖声鸣叫。大胡蜂（*Vespa*）会用颚部发出清脆的叩击声，这同样是有效的声音预警。1980 年我在日本期间，几个研究群居蜂的学生协同他们的教授慷慨地帮我收集金环胡蜂（*Vespa mandarinia*）的完整巢群。这种有着鲜亮而斑驳的橙色脑袋的超大胡蜂，完全可以竞争"地球上最可怕昆虫"这一头衔。它们喜欢吃其他类大胡蜂、群居蜂和蜜蜂的幼虫，而且可以很快吃掉这些昆虫的成虫：

只需动用大颚将其压碎，无需浪费宝贵的毒液。我和我的日本同行向金环胡蜂发出威胁，我们毕竟不同于它们通常的蜇刺猎物，我们是它们的猎人，而不是"猎物"！在穿上一套密不透风的防蜂服之后，我抓起一只手柄长6英寸（15.2厘米）的手持捕虫网，开始靠近那个嗡嗡作响的金环胡蜂蜂巢。那几个学生也许比我聪明些，他们将捕虫网巧妙地固定在又长又直的树枝上，准备捕捉从后面攻击我的金环胡蜂。这种考验最令人难忘的部分就是，目睹和感受金环胡蜂如何在我眼前盘旋，并体验它们大声摩擦颚部的声音。即便是世界上最好的防蜂服，也无法缓解这种预警带来的恐惧和敬畏。而且，这可不是普普通通的威胁——只要被它叮蜇一下，就足以让一只老鼠毙命。好在我们比老鼠幸运得多——我们采集了现场的所有金环胡蜂以及它们的蜂巢，而且没有人被蜇到。

预警可以是有特定气味的化学物质。蚂蚁是化学武器大师，它们释放的那些有气味的化合物具有明显的警告意味——"离我远点儿，否则我就让你尝尝被叮咬的滋味。"收获蚁（*Pogonomyrmex*）释放的挥发性酮化合物闻起来像指甲油，为了同一个目的，"绒蚁"会使用几乎相同的酮类混合物。公牛蚁的化学警告物有一种像烧焦的大蒜一样的气味。沙漠蛛蜂（*Pepsis*）可能会释放出一种最为独特的警告气味：从头部腺体产生一种刺鼻而难闻的气味。所有这些气味都是为了警告入侵者不得放肆，从而减少遭到实际攻击的风险。假如捕食者发动攻击，这些气味会使捕食者意识到，攻击蜇刺昆虫是自讨苦吃的坏主意。

昆虫世界是一个充满各种气味的世界。化学气味并非仅作为预警信号，那只是昆虫生命中的一个小角色，从帮助雄性、雌性昆虫在恰当时间发现彼此的性信息素以及其他用来表达警告、群聚和个体特征的信息素，到传达食物信息的数不清的化学物质，气味贯穿了昆虫的大部分生命。从我很小的时候起，传达危险信息，尤其是表明危险的大型捕食者存在的气味，一直让我特别感兴趣。在叮蜇、驱赶捕食者之前，蜇刺昆虫必须首先发现和识别捕食者。我研究蜜蜂多年，除其他问题外，我很想知道蜜蜂如何发现捕食者。我的研究显示，气味（譬如哺乳动物呼吸）对蜜蜂而言是最强烈的信号，能够表明一种哺乳类捕食者的存在。呼出的气又潮又热，含有二氧化碳和多种微量挥发性醛、酮、醇、酯及其他化合物。对蜜蜂来说，呼气中带有空气可以传播的化学信号物质，一种立刻就可识别的"臭气"。1993 年非洲蜜蜂（绰号"杀人蜂"）来到美国亚利桑那州，一个同行或许是有些天真地用蜂房收纳了几个能够繁殖的"杀人蜂"蜂群，并将其置于图森市①中部的研究基地。它们有时会四处乱飞，并叮蜇附近的人。幸运的是，没有哪个无辜的旁观者遭到袭击。不幸的受害者是图森市蜜蜂实验室主任雇用的兼职高中生和大学生，他们受到的攻击最多。我作为一个行动主义者，需要在蜂房入口处直接观察蜜蜂活动，以便有效利用我的同行储备的这些蜂群。近距离观察的方式很简单：做蜜蜂眼中的"隐形人"。为不被蜜蜂发现，就要屏住呼吸（完全不呼吸很难坚持太久）、缓慢移动。当你站在距升降平台仅几英寸②远时，需要不时地屏住呼吸，然后侧过头，朝几英尺外的蜂房后部轻轻呼气，以达到换气的目的。一天，我在维修部门的好友约翰·刘易斯从我正在观察的蜂群那里走出 25 英尺（7.6 米）后被蜇到了。"嘿，施蜜特，为什么我被蜇了，而你把鼻子伸到离入口只有 6 英寸（15.2 厘米）居然没事儿？"他并不知道，是蜜蜂嗅到了他那"糟糕"的呼吸，才让他吃了苦头。

假设蜜蜂识别出一个潜在捕食者，但预警不起作用怎么办？在万不得已的情况下，它可能会采取风险最高的防御措施——将螯针刺入入侵者的皮肉。无论被刺中的动物（或那只蜇刺昆虫）能否拔除螯针或者毒液成分如何，也无论目标动物是否易受毒液影响，被蜇的结果都只取决于螯针被刺入的程度。昆虫螯针是原始的生物注射器，包括一根细针和针管，针管内盛有将通过针头推送的液体。与管式医疗注射器的针头不同，昆虫螯针的"针管"由三部分组成，其中两部分会沿着固定的第三部分组成的通道滑动。这种滑动设计能够克服昆虫体长不足的问题。可以想象一名老鼠大小的医生试图用注射器给患者注射抗生素的情形，如此大小的医生能握住注射器筒，用足够大的力气将针头插进患者皮肉，然后推挤活塞芯杆吗？昆虫用自行推挤的螯针解决了这些问题。在刺入皮肉的过程中，首先是螯针一个移动端滑入皮肉较深处，然后另一个移动端跟着滑入。当插入更深时，螯针两个移动端的反向倒钩设计有助于防止插入部分从皮肉中滑脱出来。昆虫没有用来推挤注射器活塞芯杆的拇指，但能够通过几种不同方式解决毒液输送问题。对某些蜇刺昆虫而言，毒液囊周围的肌肉能够有力地排出毒液。对另一些昆虫而言，螯针内部的阀门系统有助于将毒液通过中空的螯针管道挤压出去（通常会借助由肌肉收缩引起的流体压力），这能够使腹节向内套缩，产生必要的压力，以便将毒液通过螯针挤入目标动物体内。

从进化角度看，螯针这种功能奇特的设备起源于一种简陋的器官。蜇刺昆虫的远祖是素食动物叶蜂（sawfly），尽管名字中有"蝇（fly）"字，但它们其实是一类原始状态的蜂，会用中空的产卵器钻入植物组织和茎以便把卵产在里面。中空的管道设计是螯针进化的关键。螯针也是中空钻探管，不过注射到目标体内的不是虫卵而是毒液。在祖先叶蜂的产卵器和现如今蚂蚁、胡蜂或蜜蜂的螫针之间，经历过一系列为数众多的进化步骤。寄生蜂显然处于中间的进化状态，它们继续用"产卵器"式螫针存放蜂卵，但添加了能够使猎物麻痹或某种程度有助于把寄主加工成哺育后代所需合适食物的毒液。被寄生蜂螫过之后，只会使人产生极小的痛感甚至"零痛感"，这表明寄生蜂的螫针尚未进化成一种有显著意义的防御工具。导致螫针出现的重要进化就是，增加有毒成分，与此同时不再具有产卵器的功能。现在，蜂卵通过螫针底部的开口输送，这就解放了螫针，使它可以只具有输送毒液的功能。[3]从产卵角色中解放出来的、只具有叮螫作用的螫针可以自由地进化出既能作用于寄主，又能防御捕食者的毒液。具有麻痹和防御双重功能的毒液仍可见于今天的许多蚂蚁和某些独居蜂，但不见于所有蜜蜂，这个拥有两万个物种的巨大类群已经失去了将活体动物作为食物的能力，取而代之的主要是植物性食物——花粉和花蜜。在蜜蜂和群居蜂当中，螫针和毒液的作用严格局限于防御捕食者，只是偶尔用来对抗其他竞争性个体，正如我们可在新出现蜂后之间的生死决斗和入侵黄蜂蜂后霸占既有群落的过程中所见到的那样。大多数进化完善的蚁种主要用毒液来防御，不过在某些情况下也用毒液捕获猎物。

"小心，别被它螫到"是一句我们再熟悉不过的警告，用以提防螫刺昆虫。但雄性螫刺昆虫是不螫人的。你没有看错，雄性的不螫人，为什么？答案非常简单——它们没有螫针！即便一只雄蜂（就此而言，也包括蚂蚁）想要螫人，也缺乏那种武器。螫针是高度进化的产卵管，而雄蜂是不能产卵的。它们根本不可能进化出类似于雌蜂螫针的螫针，因此雄蜂是无害的，它们没有能力伤害较大的捕食者，甚至无法帮助它们的姐妹共同抵御捕食者。你若威胁一只雄性蜜蜂或胡蜂，它就会逃之夭夭或者躲藏起来。让孩子们了解蜇刺昆虫的一种更有趣的方式就是，你可以把手伸进一个罐子，从里面抓出一只嗡嗡作响的蜜蜂。毫无疑问，围观者会吓得目瞪口呆。我是怎么做到的？这是魔术吗？我有控制蜜蜂的意念吗？很简单，这只蜜蜂是雄性的（雄蜂通常被贬损地称为寄生虫③），所以无害。也许这样的教学太过说教。在亚利桑那州，雄性和雌性蜇刺昆虫之间的区别可以用生动的实例加以演示。体形是普通蜜蜂数倍的黑色木蜂在春天里尤其常见，看到我抓起这种大型蜜蜂的旁观者最初会感到惊讶，当我将它轻轻置于唇间时，这种惊讶会转为震惊。我并未提到这种会啃噬木头的蜜蜂具有有力的颚部，能把人咬伤。没关系，反正教学目的达到了，不过很少有人自愿对他们看到的情景如法炮制。

前面的例子并不意味着雄性没有属于自己的防御技能。大自然会不断地给我们带来惊喜，雄性蜜蜂和胡蜂就充分表明了这一点。一只雄性蜜蜂或者胡蜂尽管没有螫针，却有坚硬的外生殖器，可以在交配过程中抓牢雌性身体并转移精子。雄性外生殖器表现出结构上的可塑性。每个物种与相关物种之间具有不同程度的差异，从而降低了异种交配的可能性，这种可塑性也是进化出有效防御结构的一种"预适应"。就雄性蜜蜂或者胡蜂而言，这意味着从外生殖器末端伸出多个尖锐的螫针状突起。一旦被捕食者抓住，雄蜂就会做出相当逼真的叮蜇动作，并将这些坚硬的螫针冒牌物猛戳进捕食者的皮肉。捕食者被蜇后所做的自动反应就是，放开这个"蜇刺生物"。这种冒牌物通常足以确保蜜蜂被迅速释放，哪怕攻击者是一名有经验的昆虫学家——尽管从智力水平考虑他不该上当，但免不了受制于本能反应。让我感到懊丧的是，我自己就曾被一只雄蜂欺骗，失去了一个梦寐以求的标本。

螫针之所以有效，只有一个原因——毒液。毒液是由多种物质组成的液状物，可通过螫针注射。大多数毒液由小分子水溶蛋白、多肽、生物胺（同时在动物体内充当神经递质）、氨基酸、脂肪酸、糖、盐和其他一些化合物组成。有些昆虫毒液——尤其是火蚁及近缘种的毒液——由生物碱构成，在化学分类上类似于毒芹碱，是从毒芹中提取出来的，处死苏格拉底时让他喝下的就是这种化合物。其他蚂蚁毒液中有闻起来似松木的萜。所有这些毒液一旦越过保护性的表皮屏障进入体内，就会发挥作用。如果只是涂抹在皮肤上，许多毒液不会奏效，因为无法透过皮肤作用于脆弱的组织和血液。蛋白质、多肽和生物胺（尤其是后者）缺乏渗透性，在喷射、涂抹或缓慢渗入对手皮肤的传统化学防御过程中作用受限。通过将活性成分输送到皮肤之下，螫针和毒液为进化出高度特异性的活性成分（尤其是蛋白质原料）创造了更多的机会。

尽管有螫针和毒液，蜇刺昆虫的生活可能依旧困难重重。没有哪一种防御系统会永远生效。某种昆虫有叮蜇能力，并不意味着它的螫针会成功地派上用场。捕食者并非没有对付螫针的防御手段，最著名的防御体系包括：大多数哺乳动物身上覆盖的又密又厚的毛、鸟身上一层层紧密堆积的羽毛、爬行类坚硬结实的鳞片、两栖动物光滑而有弹性的皮肤。这些都是很难突破的障碍，尤其是对单个或少数蜇刺昆虫而言，它们必须在那个老到而又能活动的敌手强大的防御系统中找到破绽。通常只有很小的区域——尤其是眼、鼻、唇附近，或者对手的下腹部——才是昆虫螫针有可能刺破的地方。昆虫必须识别并顺利到达这些区域，才能够实施有效打击。

一旦突破攻击者的防御壁垒，其他问题就会出现，例如如何输送足够多的毒液，以确保造成的疼痛或者伤害足以迫使攻击者中止攻击。恒温哺乳动物和鸟类共有的一个优势就是，比变温动物拥有更快的反应速度。鸟类和哺乳动物的机敏往往意味着，蜇刺昆虫刚将蜇针刺入对方体内，还没来得及输送更多毒液，就被对方掸去。在这种持续进化的战争游戏中，蜇刺昆虫有两种潜在技能，有助于克服动作较慢或输送毒液量有限的问题。首先是以即时注入的方式提高毒液输送速度，这可以通过"毒液库"周围强有力的肌肉来实现。从群居蜂有时能借助气流将毒液喷洒至 1 英尺（0.3 米）之外，就可以感受到这些肌肉的力量。这种传输系统可以确保昆虫在被掸去之前，就能将相当多的毒液输送到对手体内。第二种克服毒液输送问题的手段被称为"蜇针自断"。就像这个词所表明的那样，在包括蜜蜂、几种群居蜂和某些收获蚁（*Pogonomyrmex*）在内的昆虫中，蜇针可以充当独立于昆虫身体其他部分的"半自主"组件——一个通过反向倒钩留在对方体内并在母体撤离或被掸去之前从母体脱离的组件。目标动物没有注意到的那一小部分残余蜇针，在自断蜇针神经节的控制下通过肌肉收缩继续输送毒液。这种肢体自断系统能确保毒液全部传输出来，从而将蜇针的有效性最大化。

在激烈的战斗中，蜇刺昆虫及其毒液有时会面临另外两个防御障碍。首先，毒液进化出的杀伤力可能主要针对某种类型的捕食者，另一些捕食者并不会受到毒液影响。收获蚁就是这样的例子，收获蚁的毒液主要用来对付脊椎动物：对老鼠而言，收获蚁的毒液是所有昆虫毒液中最致命的，比对普通昆虫的致命性高 100 倍。效力的差别源于毒液的化学成分以及它对动物生理机能的影响方式。对昆虫来说，另一个问题同样很麻烦，即捕食者进化出了能够对抗毒液效力的防御机制。在这种情况下，虽然目标动物的生理机能原本容易受到攻击，但这种动物进化出了能够阻碍毒性发挥作用的机制。在这方面，我们的老朋友——收获蚁（*Pogonomyrmex*）同样是个典型的例子，其主要天敌是可以吃掉它们却不受伤害的角蜥。为什么很容易杀死一只老鼠的螫针却影响不了这种蜥蜴呢？答案在于角蜥的血液中有一种中和毒性的成分，这种成分使角蜥拥有比老鼠大 1,300 倍的抵抗力。[4] 这个问题在多大范围或多大频度上影响蜇刺昆虫，目前仍是科学的一个未知领域。

让我们回到之前假想的那只蜇刺昆虫——假使它能说话，它对来访者喊出的第一句话就是，"是谁在敲我家的门？"紧跟着的一句话可能是，"我可是会蜇人的哦。"

注释

① 美国亚利桑那州南部城市。
② 1 英尺约等于 0.3 米，1 英尺等于 12 英寸。
③ 英文 drone 既是"雄蜂"的意思，也是"寄生虫"的意思。

第 3 章

最初的蜇刺昆虫

使人有别于所有其他动物的特征之一是，人会为自身目的探求知识……所有知识，不论多么微不足道，不论对于进步和幸福而言多么无关紧要，都是整个体系的组成部分。

——文森特·德蒂尔
《苍蝇的秘密》，1962年

3

CHAPTER **3**

THE FIRST STINGING

INSECTS

生物学是关于生命的经济学和能量学。只需具备一定的能量和原料，各种生命形式就会为了生存而不遗余力。生命所需的所有能量基本上来自太阳辐射，只有植物和其他光合作用的生命形式可以利用这种能量，并将其转化成有用的分子（对了，还有一些例外情况，譬如以深海热泉口释放的化学物质为生的深海嗜热细菌，但在这里不妨忽略它们）。阳光是植物为长得更高，从而适应其他植物很难生存的地方而必须竞争的一种有限资源，植物与邻近植物之间也会通过化学战争和其他方式彼此竞争。碳、氮、氧、水、磷、硫、钾、镁等元素以及生命所需的其他元素，其供应量和可获取量也是有限的。植物可从阳光和基本原料中产生能量丰富和生长所需的分子，但它们自己不能制造原料。例如，没有哪个植物能制造镁，所以除了竞争阳光以外，植物还必须为基本原料展开竞争。

动物的生存也可以归结为能量和原料。不能进行光合作用的动物，就必须从植物或其他有机物（后者最终也会从植物中获取能量）中获取全部能量。为了温暖身体而沐浴阳光也会获得少部分能量，这部分能量与光合作用的重要性相比显然相形见绌。动物因此被迫分别成为食草动物，食腐动物或以其他动物、菌类、微生物为食的捕食者。和植物一样，动物不可能制造包括镁在内的基本元素，因此它们经常（但并非永远如此）需要从食物中获取生命的基本原料（金刚鹦鹉和大象通过吃土获取某些矿物质）。动物也不能合成许多重要分子，包括氨基酸、维生素和一些脂肪，因此需要从食物中获取这些物质。总而言之，一种动物要生存下去就得不断地与数以百万计的其他物种争夺相似而有限的原料和能量。

人类社会用金钱（一种类似于能量和原料的资源）作为基本经济

单位。尽管金钱很重要，却不是推动人类经济的全部力量。食物、住所、繁殖和安全才是社会生活真正的推动力，金钱是获得这一切的媒介。同样的推动力（食物、住所、繁殖和安全）也适用于动物。对动物而言，能量和原料是获得这一切的"金钱"。没有能量，动物无法获取食物，无法找到或建造住所，无法繁殖，无法获得安全保障，也无法获取各种原料。动物陷入了"轮回"，这意味着能量来自食物，而食物的获取又要依靠能量的使用。正如我以前在佐治亚大学念书时的生态学教授吉恩·奥德姆所说的那样，在这个近乎循环的世界上，动物从食物中获取的能量和营养素，要多于寻找、捕获（如果有必要的话）、加工和消化食物所需的能量和营养素。从食物获取的能量要多于为获取食物而消耗的能量，这一特征是昆虫螫针进化的一个关键因素。

昆虫虽然形体小、在环境中常处于分散状态，但却是营养丰富的大宗食物来源，很容易吸引饥饿的捕食者的注意。总的来说，植物营养价值低，包含很多难以消化的"食材"——比昆虫或者其他动物原料更难消化，还经常含有有毒化合物。和植物相比，昆虫构成了一个理想的食物来源，只是与脊椎动物相比身材太小。尺寸可不是小事情：在生命经济学中，对于一种大型捕食者，小尺寸食物的价值会大打折扣，它们为获得那种食物所消耗的能量，可能会多于消化这种食物而获得的能量。这种成本效益关系，会使得昆虫无须花大力气去防备许多大型捕食者，尽管这乍看起来有些奇怪。一种简单、常用而又有效的防御手段就是，公然藏在与周围环境相似的物体表面，这一策略不但减少自己被发现的可能性，还增加了捕食者的搜索成本。昆虫的另一个常见而有效的策略就是闪避性的快速飞离，有时产生的惊吓效果，就如同人类碰到一群突然避开的鹌鹑所产生的反应。群飞给猎物争取了时间，混乱场面增加了捕食者试图捕捉猎物的成本。警戒色和拟态通常也是有效的防御手段。过分张扬的一个劣势就是被发现后可能招致攻击；大多数捕食者不愿意攻击那种令人讨厌的猎物，因为一次失败的尝试会浪费能量和时间，这同样会降低被捕食者攻击的风险。林肯·布劳尔的冠蓝鸦就是一个典型例子，这种鸟在吃掉君主斑蝶后会呕吐。每个人都知道胃痛和呕吐会带来多么大的痛苦。这种不适感可以遗传，作为一种天然方式来保护动物不再去吃会导致呕吐的食物。在与君主斑蝶有过一次不愉快的接触之后，冠蓝鸦会拒绝这种蝴蝶。[1]因为这种鸟不仅要容忍不适感和捕捉猎物带来的能量损失，还要从已经在胃肠里的猎物中损失来之不易的能量。

　　一只小昆虫可能会因不值得大型捕食者捕捉而得以自保，但是一群小昆虫呢？大多数人恐怕不会为吃到一小粒蓝莓穿过整个房间，但是如果那里放着一大碗蓝莓，情况就会发生改变——现在蓝莓值得为之付出努力。同样的原则也适用于一大群昆虫。一只非洲食蚁兽不大可能去追一只白蚁，但它却可以靠白蚁群落为生。群栖为昆虫带来严重的危机，单个昆虫惯常的防御手段不再具有多少意义，它们需要更好的防御手段。大多数白蚁把巢筑在地下，土壤障碍会增加捕食者的捕食难度和成本。另外，白蚁社会中可能有专门的兵蚁，它们唯一的职责就是用强有力的、有时像刀片一样锋利的大颚对付或大或小的捕食者，它们也会向对手喷射类似松节油的黏稠化合物。这些化合物是从兵蚁的头部喷射出来的，兵蚁是地道的"喷嘴"。群聚或群栖的昆虫也会凭借它们制造的混乱场面挫败捕食者，就像突然飞离的一群鹌鹑或水面上快速转圈的甲虫所展示的那样。捕食者会眼花缭乱，很难一下子锁定特定个体。成群昆虫所拥有的另一种常规防御手段是毒性。

具有炫目色彩、俗称"花大姐"的瓢虫，会释放出有毒的瓢虫素和其他化合物，那种糟糕的味道让捕食者避之唯恐不及。斑蝥——老牌催情药"西班牙苍蝇丸"①的来源——会释放出血液中储存的斑蝥素。斑蝥素是一种组织刺激素，对人可能具有致命毒性，它的名声来自刺激人体生殖系统的催情药，所以在那个行业很出名。

　　蜇刺昆虫的祖先很可能缺少群聚或群栖昆虫的上述大多数防御机制。而独居昆虫经受来自脊椎动物捕食者的"选择"压力较小。假如远古时代的叶蜂曾经成群生活过，如同今天我们看到的某些叶蜂种那样，它们很可能也拥有过那些令人讨厌的化学防御机制，就像今天的代表种那样。叶蜂的饮食生活很艰难。它们主要以松针和成活树木的叶子为食，或者钻入植物的纤维性茎干。这些食物营养价值低、毒素含量高，但叶蜂的生活习性使它们预先进化出了可以锯开或钻入木头的产卵器。木头中的昆虫幼虫为蜇刺昆虫的叶蜂祖先提供了一种比木头本身营养更丰富的新的食物来源，于是发生了从食草动物向食肉动物的转变，确切地说，是从食草动物转变为拟寄生物。所谓拟寄生物，即一种在未成熟或者成长期，寄居在单个寄主体内或以其身体为食并最终杀死那个寄主的动物。常见的例子就是姬蜂，它会叮蜇（有时候会麻痹）毛虫（蝴蝶幼虫）或其他猎物，并在猎物体内产卵。从卵中孵出的幼虫会一点点儿吃掉并最终杀死猎物。拟寄生物的另一个例子是寄生蝇，它没有蜇针，却可以为同一目的在寄主身上产卵。虫卵孵化后，幼虫会钻进猎物体内，以猎物为食从而获得发育。姬蜂和其他拟寄生蜂都是从这种叶蜂拟寄生祖先进化出的系群。所有这些使用其蜇针式产卵器叮蜇猎物并在其中产卵的独居拟寄生蜂，很少会经受来自大型捕食者的捕食压力。它们很少会叮蜇用手指将其从捕虫网中取出的昆虫学家，对蜜蜂和黄蜂，不建议采取这种方式。在极少数情况下，一只大个儿姬蜂真的会蜇人，但蜇痛通常微不足道，这表明对抗脊椎动物的防御性叮蜇过程还没有进化出来，一部分原因在于蜇针和毒液在防御上无效甚至完全无用。

进化出带蜇针的胡蜂、蚂蚁和蜜蜂的一个标志就是，拟寄生蜂的蜇针产卵器在功能上转化为专用蜇针。具有专用蜇针的种群被归为"针尾部（Aculeata）"。这个名字来自拉丁词 *aculeus*，意思是"刺"，所以对于这一种群是恰当的描述。转变的意义在于，虫卵不再需要通过蜇针输送，因此与虫卵及其通道狭窄蜇针管相关的腺体分泌物自由地进化出新的功能——具有致痛作用的防御性毒液。就像拟寄生物一样，原始针尾部膜翅目昆虫都是独居，现在大多数针尾部昆虫仍然采用这种生活方式。独居个体仅能为大型捕食者提供数量极少的营养物质，因此不会成为脊椎动物的主要捕食对象。即便今天，多数独居针尾部膜翅目昆虫也很少用叮蜇来防御，而且即便蜇到人也无大碍。不过，在自然界最伟大的进化成就之一——针尾部膜翅目昆虫（一个改变并主宰着自然界、大概有 10 万以上物种的族群）的出现过程中，现代胡蜂、蚂蚁和蜜蜂的蜂类祖先占据着举足轻重的地位。

有了从产卵器向蜇针这一貌似简单的转变，物种的辐射进化拉开帷幕。这个过程所需的行为变化和毒液成分变化，使得新出现的针尾部昆虫得以利用许多潜在的新寄主而扩大其饮食范围。在新寄主食物来源获取机会增加的同时，也会遭遇新的捕食者。如果没有对付这些饥肠辘辘的新捕食者的方法，就不可能扩散到新的生态位，这就是蜇针变得至关重要的原因所在。不再用于产卵，在昆虫身体机能中也没有其他重要角色，蜇针因此获得解放，并被塑造成全新的角色。一个重要的新角色就是，分泌含致痛或毒性成分的分泌物。随着蜇刺昆虫的数量、物种数、活动时间和范围的增加，被捕食者发现和攻击的概率也会增加。螫针毒液在进化成一种新的防御手段的过程中，所需要的一个重要环节就是，昆虫能够叮蜇捕食者，而且这种叮蜇能够让毒液携带者逃脱。由基因突变或重组偶然产生的、具有轻微致痛效果的螫针，要比一种无痛螫针更加有效。成功逃脱的昆虫，哪怕只有很少数，也能将基因传给后代，从而导致毒液化学成分发生一级一级的变化，每级都会比前一级更有效。

只要蜇刺昆虫保持独居性，它们的小身材就不会吸引大型捕食者的注意。因此，进化出高致痛性有毒成分的压力就会变得小而又小。群栖性昆虫经常具有独居昆虫所不具有的优势。如果一个个体发现较大的食物来源，所有个体都会受益，因为它会吸引族群其他成员共享这一良机。这是生物界的互惠互利——你帮助我，我帮助你；谁都不会吃亏，大家都会受益。当然，这并不是对这一过程无知无识的参与者有意做出的决定，这是一个惠及该模式下所有个体的过程。群栖性也有利于确定可供交配的异性成员。与群栖性的益处相伴而来的代价就是，大型捕食者可以获得更多营养供给的机会，这时它们发现自己的捕食努力是值得的。在群栖状态下，能致痛的螫针是有利的，也是受欢迎的。军备竞赛的舞台已经准备就绪：被捕猎者将进化出致痛性更强的毒液和螫针，而捕食者将进化出用以克服防御性螫针和毒液的新手段。

社会性是群栖的终极形式。当一个物种变得具有社会性时，许多个体就会一起生活，通常是在一个受保护的巢穴里，包括成年个体在内的几代昆虫（父母和成年子女同居一个巢穴）共同养育后代，而且不同个体有专业的分工，譬如产卵、觅食或者防御。群栖性生活的一个严重劣势就是，要保护那些不能活动、尚未成熟的成员免受捕食者攻击。卵、幼虫和蛹因营养价值高、易消化而备受捕食者青睐，而且它们无法逃走。为了保护未成年后代，负责照顾它们的成年昆虫必须设法保护家园，而不能一走了之。来自捕食者的选择压力不利于那些缺乏防御能力的猎物社会化群栖或者巢居，由此推测群栖性昆虫将会很稀有。然而事实远非如此，因为在大多数生态系统中，群栖性昆虫在动物总量中占据相当大的比例。[2] 如何解释这个悖论呢？答案是螫针。螫针的致痛性和毒性与来自脊椎动物的捕食压力同步提升，类群和种群水平的遗传能力和选择压力是社会性进化的终极原因，在向更高社会化程度的进化过程中，有毒螫针是重要或者最重要的直接原因。

在身材纤细、犹如蜂类的伪切叶蚁亚科这个蚁类中较小的亚科之内，物种具有两种截然不同的生活方式。一种以细腰伪蚁（*Pseudomyrmex gracilis*）为代表，由体形相对较大的蚂蚁构成的小蚁群组成。这种蚂蚁深藏在具保护性的树枝和树干当中，主要搜寻含糖食物，遇到很小的威胁也会胆怯地撤退。另一种是牛角金合欢蚁（*Pseudomyrmex nigrocinctus*），这种小型蚂蚁生活在金合欢树中空的大棘刺中，构成较大的分散性蚁群。牛角金合欢蚁以寄主树的花外蜜（非花朵内部区域分泌的花蜜）和富含蛋白质的"贝尔特体"（以发现者托马斯·贝尔特的名字命名）为食。这些蚂蚁会坚定地保护它们的家园和食物供应源——金合欢树，所有可能对树木造成伤害的捕食者、竞争者和入侵者都是打击对象。植物为蚂蚁提供住所和食物，蚂蚁保护植物，由此进化出一种互利共生关系。假如群居蜂、蚂蚁和蜜蜂的螫针是为补偿捕食压力进化出来的，那么有太多东西需要守护的群栖性昆虫，相对于"一人吃饱，全家不饿"的独居昆虫，理应拥有更具致痛性的螫针。伪切叶蚁属（*Pseudomyrmex*）蚂蚁是一个绝好的例子。大个儿细腰伪蚁（*gracilis*）和小个儿金合欢蚁在分类学上是同属近缘物种，它们的主要区别是生活方式：一个没有多少财产需要保护；另一个有太多东西需要守护。可以预测，尽管这两个蚁种在身体尺寸上差异较大，但体形较小的牛角金合欢蚁的螫针应该比体形较大的细腰伪蚁的螫针更具伤害性。我有幸在哥斯达黎加瓜纳卡斯特省干燥的热带落叶林和佛罗里达州验证了这一假设。当我在哥斯达黎加触碰一棵金合欢树时，那些蚂蚁立刻围拢到我的手上和胳膊上，边爬边叮蜇我。你根本不可能很快摆脱掉这些蚂蚁。螫针具有伤害性，再加上蚂蚁数量众多，被蜇部位真的很疼。叮蜇面积的迅速扩大显著加剧了疼痛感。相反，细腰伪蚁（*Pseudomyrmex gracilis*）根本就没有袭击我，它们把我的胳膊当成树枝，试图爬到最远端躲藏起来。当我抓起其中一只时，它蜇了我，但痛感微不足道。虽然两种蚂蚁在体重上相差两倍，但蜇痛的区别却很明显。前面的推测得到了验证，不过是以些微疼痛为代价的。

生命经济学会产生各种令人惊异的结果。螫针自断就是其中之一，这个毛骨悚然的过程相当于蜇刺昆虫自断身体器官，以便将螫针留在目标动物的皮肉里。在查尔斯·达尔文构筑自然选择理论时，这种自杀行为让他陷入了困境：他难以理解自杀行为如何能给后代带来福祉。昆虫自断身体器官的行为是反对自然选择理论的有力证据。令人吃惊的是，尽管达尔文当时并不知晓格雷戈尔·孟德尔[②]的遗传学观点，更不用说现代基因概念，但他还是得到了基本正确的答案。你无私的自我牺牲行为能促进近亲（主要指同巢居住的伴侣）的繁殖，你的血统仍可以通过亲属传递下去。螯针自断会让螯针导致的疼痛和伤害最大化，因而有助于昆虫种群对抗大型捕食者。

生命经济学能够同时促进蜇刺昆虫及其脊椎动物捕食者的经验积累和决策。如果一种重要猎物变得太"扎人"，捕食者有两种选择：（1）它可以放弃捕食这种猎物，同时也放弃了一种美食；（2）它可以学会如何避免被螯针扎到，继续享用美食。后者显然是首选。智慧并非进化中的偶然现象，它的产生是以脑神经元数量增加和能量消耗为代价的。因此，智慧必须带来某种益处，其中之一是将某种形式的智慧用于学习。从另一方面说，学习对于与捕食者或猎物未来的接触，或者潜在的接触，是有价值的。

五月中旬的一个早上，我坐在电脑前写作，随便瞥了一眼显示屏西边的窗外，看见一只警觉的西王霸鹟③停在一根枯死的枝杈上。这只鸟不停地左瞧右看。有着漂亮的灰色"头饰"和金色胸脯的西王霸鹟，是大师级的空中杂技演员，能在半空中猛然擒获飞行的昆虫。这只鸟潜伏于栖息在南侧10英尺（3米）处一棵牧豆树上的非洲蜜蜂群落的飞行路线上方。这只西王霸鹟不时地朝北方飞去直至从我的视线消失，但很快就会返回原处。每次它都会抬起头，吞下某种像是蜜蜂的东西。它是怎么做到的？蜜蜂有螯针，被蜜蜂蜇到会很痛。亚洲和非洲的蜂虎，一个有着彩色羽毛的鸟类族群，会用它们的长喙衔住蜜蜂，然后将其有螯针的腹部在一根树枝上猛烈撞击。一种假设认为，这种做法是要给蜜蜂"虎口拔牙"，这样它就不能用螯针反抗了，同时也可以清除螯针中的毒液。是否还有别的解释呢？人类是长期以昆虫为食的灵长类动物经过漫长进化发展而来的，是口味繁杂的食客。和其他很多捕食者一样，我们是拥有能满足自身多种口味需要的榜样级捕食者。

为了检验蜜蜂除螫针之外是不是还有别的秘密，我顺着西王霸鹟锁定的那条飞行路径捉了几只蜜蜂，并将它们冻僵（我可不想在吃它们的时候被螫）。接下来，一只蜜蜂的身体被分为三部分：头部、胸部和腹部。我依次咀嚼每一部分，充分体验各部分的味道，然后才将身体外壳的坚硬部分吐掉。哇！头部味道就像是让人讨厌的硬化指甲油。胸部味道还算不错，不过翼翅和腿混杂着一种令人不爽的塑料感。至于腹部味道，俨然是松节油和一种腐蚀性化学物质的可怕组合。这些味道来自工蜂的外分泌腺。头部会产生成分为各种酮的颚腺信息素，胸部没有大的腺体，而腹部包含毒液和能够产生柠檬油化合物的那沙诺夫腺。难怪捕食者不太会选择工蜂：就算它们不会螫人，也得让人吃得下去。

回到西王霸鹟。蜜蜂糟糕的味道会让它望而却步吗？假如这样的话，它在屡次短暂"出击"之后吃下去的又是什么呢？幸运的是，和猫头鹰一样，西王霸鹟缺少用于磨碎食物的砂囊（胃），它会把食物中较硬部分吐出来，颗粒残渣掉落到栖木下面。可以将这些颗粒浸泡在水里，用显微镜分析并确定饮食成分。于是我将西王霸鹟栖木之下那丛密集的兔耳仙人掌（一种非常可厌、具有成千上万个几乎看不见的钩毛或棘刺的仙人掌）移除，代之以透明塑料薄膜。果不其然，几天后那里就堆积了大量颗粒。这些颗粒中包含147个雄性蜜蜂的头壳，但没有一个来自工蜂（两者很容易辨别：前者是圆形脑壳和相对较大的眼睛，后者是吉他拨片形状的脑壳和相对较小的眼睛）。不能叮螫的雄蜂缺少大型外分泌腺，当你吃它时，会感觉到一种类似蛋奶沙司的味道和某种耐嚼的质地。总体而言，雄蜂还是相当美味的。为了满足口腹之欲，西王霸鹟学会了如何区分雄蜂和雌蜂，因而它在飞行中只捕捉前者而非后者。

不仅仅那些通常被认为具有某种智力的脊椎动物捕食者能够根据经验做出决定，脊椎动物捕食者的猎物似乎同样具备这种能力。众所周知，蜜蜂能够学会在最佳时间采蜜，也知道如何选择回报率最高的花朵，以及如何以最有效方式获取花蜜。那么，它们也能够预知捕食者将带来的风险，并根据这一判断做出适应性决定吗？为了验证这一点，可以对成熟的蜂群发出威胁，但不施加任何伤害，比如直接对着蜂巢入口吹气。我发现，哺乳动物的呼气最能刺激蜜蜂发动防御性攻击。你根本无需真正触碰，也无需用其他方式威胁或伤害蜂群。在对着入口吹气威胁蜂群之后，我退后 6 米，并用捕虫网困住了所有进攻的蜜蜂。这一过程持续了两周，每天都在同一时间进行。前两天参与攻击的蜜蜂数量极多。到了第三天，攻击者数量大幅减少。在余下那些天里，攻击的蜜蜂寥寥无几。在两周后试验将近结束时，蜂群中蜜蜂的数量和试验第一天差不多。蜜蜂已经意识到：我的捕食威胁是无害的，不需要展开一场强大的防御战。从南亚的大蜜蜂（*Apis dorsata*）身上也可以看到类似的学习能力——这种个头儿较大的蜜蜂常常在寺庙门口的上方筑巢，虽然人们经常出入寺庙，脑袋距离上方蜂巢只有几英尺，但大蜜蜂并不会攻击他们。这些大型蜜蜂也学会了评估捕食者施加的威胁。我从未听到过有谁直起身子去够蜂巢，但我认为，那将是一个最不明智的决定。

注释
① 一种催情药剂。
② 1822 ～ 1884，遗传学奠基人，于 1865 年发现遗传定律，被誉为现代遗传学之父。
③ 又称美洲食蜂鹟，分布于北美地区的一种好斗的鸟。

第 4 章

痛的真相

对于习惯了温带森林动植物区系的人而言，热带森林的形态、色彩和气味会带来连连惊喜。处处可见妙不可言的形态和奇迹，直到你最终变得像徜徉在仙境中的孩子一样，把所有看上去不可思议的事情视为理所当然。

——菲尔·劳《巴罗·科罗拉多岛的丛林蜂》，1933年

4

CHAPTER 4
THE PAIN TRUTH

每个人都知道什么是疼痛。当你在跌倒中膝盖被划破、皮肤长时间被太阳炙烤或者赤脚踩到一只蜜蜂时，你就会体验到那种感觉。疼痛熟悉而又神秘。我们只要感觉到疼痛，就会知道它的存在。疼痛显然是可以辨别的。温暖不是疼痛，尽管受热过多会让人感觉疼。同样，低温导致的寒战显然令人不爽，但不是疼痛。寒冷和温暖一样会带来疼痛感，但不是传统意义上的疼痛。用平底雪橇滑雪的孩子都知道，脚趾一旦弄湿，就会感觉发冷和不适，但通常不像是脚趾被踩的那种疼。不过，当你将冻僵的脚趾凑到温暖的壁炉前烘烤时，就会慢慢感觉到真实的疼痛。尽管我们可能会把胃部的不适或反胃描述为"肚子疼"，但那真的是疼痛吗？我们将反胃的感觉称为"疼痛"，是因为缺少适当的描述性词语，其实谁都知道反胃的疼痛是截然不同的疼痛，而且我认为，它比一个跑步者因脾脏收缩（为的是将更多红细胞挤压进血液中以便给肌肉提供急需的氧气）导致的痛感要难受得多。

我们感觉到疼痛，因此知道疼痛的存在。那么，我们知道在生理学和医学意义上，疼痛究竟是什么吗？这方面的认知似乎相当含糊。描述引起疼痛的行为并不难，譬如，你的手指不小心被门夹到了。区分疼痛和非疼痛通常很容易。饥饿往往会带来痛感，但显然不同于胃溃疡的那种疼——后者是由酸性物质侵蚀并破坏胃组织引起的。同样，我们缺少专门用于描述饥饿疼痛的通用词，也许"饥饿刺痛（hunger pangs）"是一个适当的词，在英文发音上也与"饥饿疼痛（hunger pains）"差不多。

关于什么算疼痛，什么不算疼痛，恐怕还没有达成普遍共识。我们通常视疼痛为一种独特的体验，有多种不同的滋味。一般意义上的疼痛是指皮肤受损、牙齿受伤、骨头折断、肌肉拉伤、脾脏剧烈收缩，或者其他与皮肤、骨骼-肌肉相关的许多问题。当内脏器官发出受损或潜在受损信号时，我们会经受另一种宽泛意义上的疼痛——内脏疼痛。内脏疼痛是由成年人扁桃体摘除、痔疮外科手术、分娩（我是这样听说的）导致的，还有其他一些人们不希望经历的来源。它明显不同于常见的疼痛，是一种感觉相当不舒适的疼痛。头痛是另一种类别的疼痛。这里讨论疼痛并不是为了明确疼痛的定义，也不是为了构建疼痛的"谱系树"，甚或声称以上所有区分都是明确的（实际并非如此）；讨论的目的是为说明，疼痛这个概念是多么复杂和含糊。

　　究竟如何诠释疼痛模糊不清的本质呢？为什么在描述性语言和实际感受方面都如此缺乏条理性？这里可以给出几条相对笼统的解释。医学上的解释可能会侧重神经的独立通路，以及运动和自主神经系统与感觉神经系统之间的末梢结构。由大脑传向肌肉的动作电位会沿着不同的神经轴突路径输送，这一路径不同于舌头被咬产生的疼痛信号。向大脑传送的信号来源于遍布全身的感受器。许多感受器是感觉感受器，能探测温度、压力、弹性、化学物质、瘙痒或包括疼痛在内的一系列其他感觉。来自这些感受器的信号会经由独立感觉神经系统的纤细神经，传送到脊髓和大脑中的高级神经中枢。问题由此变得更加微妙。比如，疼痛和瘙痒是不同的感觉，[1]它们彼此具有关联性，只是在程度上有差异吗？不，并非只在程度上存在差异，但不幸的是，我们并不知道它们如何彼此相关，目前这是一个活跃的研究课题。那种撩痒的感觉与疼痛和／或痒的感觉相关吗？我们同样没有明确的答案。让这个问题进一步复杂化的争论是，撩痒既可能是一种舒适的感觉，尤其在社交场合，也可能成为一种令人极其不快的体验。这两种撩痒的感觉具有怎样的关联？难道是刺激程度不同？它们之间的差别仍不明确。

疼痛总是令人不快，抑或像我七年级科学老师指出的那样，疼痛也可能令人愉快呢？当宝宝的牙齿开始脱落，即将被恒牙取代时，就会出现"爱恨"交加的情况。松动的牙齿叫人难受，扭动它的欲望难以遏制。我们可以扭动牙齿，使之刚好产生一点点儿疼痛，一种令人愉快的疼痛，但不能太疼，我们自己可以精确控制这个过程。两种牙疼之间的区别是什么？仅仅是由牙齿感受器发出的神经信号导致的吗？或许不是。就此而言，还有一种重要因素在疼痛系统中发挥作用，那就是脊髓和大脑的高级处理中心。这些中心会过滤和加工神经信号，以确定信号的重要性，然后将其发送到我们大脑的意识中心。如果信号指示一种可怕的情况，譬如一只手放在发烫的炉灶上，处理中心就会在意识神经通路的外部向行动中心发送信号以便移开那只手。意识中心会参与一种旨在指导未来行为的学习过程，以避免将手放在发热的物体上。

疼痛对于生命科学的意义，要大于我们对神经通路和处理中心的分析，不管这些分析多么有趣。为什么疼痛——一种在活体动物中最普遍的感觉——会存在于整个自然界呢？显然，不是为了快乐，也不是为了受折磨。只有推动一个有机体生活、生存、繁殖的适应性和感觉才经得起时间的考验。疼痛是所有动物都会经历的基本生命感觉，即使是简单的单细胞草履虫也具有这样的感觉——当它在水槽环境下接触到一滴滴下来的醋时，由此产生的高酸度会让它掉头离开，就像我们从热灶上急速抽回手指一样。草履虫会觉得疼吗？当然不会如人类那样，因为草履虫没有大脑或自我意识，但它会像我们一样对消极状态做出回应，所以实际上我们可以称之为疼痛反应。在生物学意义上，疼痛只是身体的预警系统，表明伤害已经出现、正在出现或即将出现，仅此而已。疼痛并不是伤害，它仅仅是伤害的一个预兆。疼痛是真实可信的吗？可能是，可能不是。如果伤害伴随疼痛而出现，那么疼痛就是在如实传递身体面临危险或受到伤害的信号。譬如，受伤的胫骨会发送真实的疼痛信号。

如果疼痛很强烈，但没有出现任何有意义的伤害呢？此时疼痛是真实的吗？有关疼痛可用来表明伤害即将发生这一悖论，在蜇刺昆虫身上体现得淋漓尽致。回到蜜蜂和赤脚的关系上——对足底的叮蜇会导致疼痛，并使那只脚抬起来，这是一种对蜜蜂有利的反应（好吧，或许对那只蜜蜂而言已不再有利，但对蜂巢里的伙伴有利）。这种叮蜇会给那人带来身体上的实际伤害吗？通常情况下，答案是否定的。蜇刺昆虫善于将这个弱点为己所用，它们借助的是真实的疼痛信号。对蜇刺昆虫而言，除非我们是傻子，不然不会对那种信号置之不理。对我们来说，安全胜于一切，所以我们相信信号的真实性。如果伤害是真实的，那么负面影响会远远超过忽略疼痛带来的任何好处。为什么要冒险呢？在生命的风险-收益公式中，风险经常会让任何潜在的收益变得无足轻重。这就是疼痛心理学。除非那个动物或者那个人知道，在疼痛的天际有一道收益的彩虹，不然自然心理状态会下令禁止追逐那道彩虹。

疼痛可能是一种假象。昆虫螫针会利用疼痛信号系统的缺陷来制造一个专业水准的骗局。这种欺骗，这种假象，可以给蜇刺昆虫带来益处：从对手那里骗得一顿饭，将对手从自己身边或巢穴旁边赶走，或者骗取其他资源，例如一个觅食地点。在大多数情况下，被蜇对象会选择接受假象，确保自己的安全。即便多次失去少量食物，它们也能生存下来。毕竟，一次严重的中毒可能让个体失去生存机会。因此，谨慎的态度是必要的。

　　所有谎言家和骗子都遇到过糊弄不了的人，对蜇刺昆虫制造的疼痛假象，某些动物和人已经掌握了应付的手段：他们无视疼痛，还从蜇刺昆虫那里取得回报。在北美大部分地方，臭鼬是乡下常见的动物。披着带有亮白条纹或斑点的漂亮黑礼服的臭鼬，主要以令人印象深刻的气味闻名，它们也是昆虫和其他小型猎物的高效捕食者。臭鼬喜食蜇刺昆虫，它们会贪婪地挖掘和享用黄蜂巢穴里的东西。它们也喜欢吃蜜蜂——另一种可口而刺激的大餐，并且知道不理会疼痛。熊是另一种知道如何对付叮蜇的动物，以贪食蜂蜜而知名。熊会把树洞里或养蜂人蜂箱里的蜂巢撕开，大嚼特嚼甜美的蜂蜜和营养丰富的幼虫，它们对蜜蜂的螫针熟视无睹。一般认为，熊厚厚的毛皮可以抵御螫针，从而做到自我保护，但这种半真半假的解释主要用于维系我们对于熊的潜在疼痛的同情心。在现实世界里，熊会频遭螫针攻击，尤其在眼、鼻、耳、舌、唇和嘴等敏感部位周围。它知道自己可以在不受伤的情况下忍受一定数量的叮蜇，因此疼痛也是划算的。著名的非洲蜜獾也是如此。作为狼獾的近亲，蜜獾是一种中等大小、黑白相间、毛皮结实的动物，它勇敢无畏，常觅食各种类别的猎物——包括毒蛇（以蛇不能咬穿它的硬皮而知名），敢于追击狮子和其他食肉动物夺取它们捕杀的猎物，并且以喜食蜂蜜和蜂子而著称。和熊一样，蜜獾知道一定数量的叮蜇不会导致严重伤害，因此它们学会了克服疼痛。不过，这对于蜜獾而言是一个棘手的游戏，蜜蜂螫针是具有致痛作用的真实存在。杀死一只老鼠，大概需要蜇刺 4 次，杀死一只蜜獾，估计需要蜇刺 140 次。除非叮蜇次数达到 100 次，不然蜜獾就是安全的。没人知道它们能忍受蜜蜂叮蜇的最大数目，很可能当毒液量达到危险值时，它们能感觉到。无论怎样，这种游戏都很危险，因为有时蜜獾会发生误判，最终付出被蜇刺致死的代价。[2]

真相，可能就像美一样，存在于发现者的眼中。疼痛的真相有两种形式，即想象中的形式和感觉到的形式。对于螫针，即便我们没有感觉到蜇痛，也会产生丰富的联想。马蜂（*Polistes instabilis*）就提供了一个现实的例子，或许 *instabilis* 这个种名可以告诉我们一些事情。不管这个种名的真实来源是什么，对于穿过热带栖息地矮小灌木丛的土著而言，这种蜂的行为看上去都很不稳定①。当你在小树枝上挂有蜂巢的茂密灌木丛穿行时，后脖颈或裸露的胳膊很快就会被狠狠地蜇一下，每到这时，你就会不乏痛苦地注意到它们的存在。这种真实的疼痛是我们雇用的几名牛仔向导"带给"我们的，当时，他们带领一队执行远征考察任务的生物学家穿过灌木丛，去往最北部地区找寻美丽非凡的军金刚鹦鹉②。队伍中排第二的人手腕被蜇喊了起来，我们停下脚步，等待马蜂回巢安静下来。不过即便回巢，它们仍会保持警觉。到此时为止，向导一直认为我们是一群胆小无能的生物学家，我们需要在继续前进的过程中改变向导对我们的看法。作为这个队伍中唯一的昆虫学家，我显然应该负起责任。有关蜇刺昆虫的知识派上了用场，对各种蜇人蜂而言，两大刺激它们攻击的因素是人类的呼吸和快速移动。为了继续远征，这两个因素的影响都必须最小化。理论再好，也要付诸行动。我随身携带了一只两升容量的塑料广口瓶以备急用，这是一个难得的机会。在紧盯马蜂一举一动和任何可能发动攻击的迹象的同时，我左手持塑料瓶，右手拿着盖子，屏住呼吸，慢慢前进。在这无比漫长的半分钟时间里，瓶子逐渐贴近蜂巢下部，瓶盖刚好在蜂巢上方。啪！盖子盖住瓶口，所有的马蜂都被罩在里面。只是一根树枝成了障碍物，让我无法把瓶盖盖紧。我高喊一声求援，一名向导赶过来，用弯刀斩断了那根细枝，于是所有马蜂都成了囊中之物。美妙的现场表演扭转了形势：赢家不再是马蜂，而是它们的对手，后者戏弄马蜂，给生物学家们找回了面子。

澳大利亚公牛蚁，有时被称为斗牛犬蚁，是一种长 1 英寸（2.5 厘米）、身体柔软的动物，有着巨大的眼睛和长长的颚部，移动速度快如闪电。公牛蚁还会跳跃，脑袋随观察者转动的怪样子增加了它们的神秘感。在澳大利亚，公牛蚁很受尊重，假如不是因为畏惧，就是因为其传说中的叮蜇能力。在澳大利亚所有土著昆虫当中，公牛蚁在致痛螫针名单上占据首位。部分原因是澳大利亚没有土生土长的蜜蜂，没有大胡蜂，没有黄蜂，而且那里的群居蜂大都属于性情温和的铃腹胡蜂属（Ropalidia），一个类似于欧洲和美洲许多马蜂属（Polistes）蜂种的类群，但在性情上常常更温顺。因此，澳大利亚人缺少将其公牛蚁与世界各地其他具有致痛螫针的昆虫进行比较的机会。已知这些有关公牛蚁的背景资料，我怀着惴惴不安的心情小心谨慎地走上前去采集它们。然而，我并不知道它们有很强的运动能力，因为相关著作很少提及。当我从一个蚁巢收集某些个体时，立刻感受到了警报——一大群蚂蚁从那个群落里冲出来。我的运动能力无法与它们匹敌，我所畏惧的螫痛变成了现实。我感到震惊，不是因为太疼，而是因为太不疼。这和我的预期大相径庭。为什么螫刺的痛感不强呢？那疼痛比不上一只蜜蜂的叮螫。皮肤红肿也微乎其微，而且疼痛时间很短。难道是因为我被螫次数太多，已经感觉不到疼痛了吗？这是一个合理的推断，我到底应该怎么解释呢？

所幸的是，当时有几位社会性昆虫学者正在南澳大利亚开大会。

会议中途安排了休息，我们乘着大巴车去袋鼠岛参观游览。返程途中，司机发现路边有个很大的公牛蚁群落，问我们要不要停下来。整个大巴车里响起一片肯定的回答。哈，这可是个好机会。我在昆虫螫针的研究方面早已确立了自己的名声，这个机会能让我亮出绝活儿，并借此展示我评估疼痛的能力。通常情况下，让人们暴露在昆虫的螫针之下是不正当的，但这些人都是训练有素的社会性昆虫同行，可以作为试验的对象。我靠近一个蚁群，拿起一只只蚂蚁，将它们装进一个瓶子里。其他人看到这一幕，发觉我的方法比用镊子笨拙地夹起那些活跃的蚂蚁要快得多，也简单得多。果不其然，有 5 个同行被螫了。我漫不经心地问他们：“疼不疼？和被蜜蜂螫的感觉相比怎么样 [他们都被蜜蜂螫过] ？” 5 个人的回答都是螫痛远远小于预期，受伤程度比不上被蜜蜂螫。显然，我的螫痛探测系统运行正常。

　　真相、假象和欺骗并非只是雌性螫刺昆虫（具有叮螫能力）和开发或研究它们的人类的专利，某些雄性螫刺昆虫也能制造叮螫和疼痛的假象。尽管它们没有螫针，也没有毒液，不能伤害一个大型捕食者，但它们会演戏。因为那种想象的螫痛在人类和其他动物的记忆里是真实存在的，所以和雌性蜜蜂一样，当雄性蜜蜂乃至善于模仿的苍蝇被捉住时，它们也会嗡嗡大叫。一只被捉昆虫的高频叫声相当于传递危险的警告信号。雄性对于具备叮螫能力的雌性的自拟态要损失很多能量，如果毫无效果，就不大可能进化到这一步。雄性昆虫（尤其是胡蜂）生殖器上的尖刺具有双重角色：既与雌性生殖系统的结构相匹配，又能为抵御大型捕食者提供些许保护。就像许多有关进化的问题一样，目前尚不清楚，与雌性匹配和防御，哪一种才是更重要的选择因素。可能这两种因素都很重要。除了拥有坚硬的尖刺之外，雄性昆虫还能模仿雌性做出不可思议的叮蜇动作。一旦被抓住，它们就会弯曲腹部，将尖刺扎入冒犯者的嘴或者手指。许多有经验的昆虫学家，包括我，都曾上过当，我们会本能地放开手，让那个雄性昆虫溜之乎也，这让我们颇感懊恼。在上述较量中，雄蜂得一分，昆虫学家零分。

注释

① instab 这个词根的意思是"多变，不稳定"。
② 产于美洲热带地区的一种大型攀禽。

第 5 章

螯的科学

在自然科学中，对于学习任何学科而言，第一步也是至关重要的一步，就是找到用于测量相关特征的数值计算原理和各种实用方法。我经常强调，如果你能够测量你所描述的事物并用数字将它表达出来，你就知道了关于它的一些情况。但是，如果你不能测量它，不能将它用数字表达出来，你对它的认识就是一知半解的，而且不能让人满意。这也许可以看作认识的开始，但你的思考与科学本质相去甚远，不管那种科学究竟是什么。

——开尔文勋爵
《热门讲座及演讲》，1891～1894

5

CHAPTER 5
STING SCIENCE

科学总是伴随着各种发现，科学家如同朝向未知世界航行的古代探险家，他们不知道会发现什么，但能体验到探索未知的乐趣。和动画片里不同，真正的科学家并不是那种古怪、疯狂而聪明的家伙，整天在奇怪的实验室里调制各种神奇的液体或设计怪异的计算机程序。科学家是那种既令人兴奋，又很无聊的人——就像我们平常接触的熟人一样。科学是区别于其他人类活动的发现过程，这个发现过程是自我修正的过程。也就是说，如果有证据表明一个科学概念不成立，那么旧观念或者被抛弃，或者根据新的事实加以修正。在实践中，这一过程并非总像描述的那般顺利或者快速。大多数科学家做出最伟大发现的时间在职业生涯的早期，从此与这些发现联系在一起。在科学世界内部，新观念的出现会刺激检验这些观念的新实验，从而产生新的发现和信息。优秀的科学家会根据新数据修改或彻底抛弃原有的观念，如果它们被证明是错误的。但是要做到这一点很难，没有人愿意承认他（她）一生的研究成果是错误的。年轻科学家通常不会对早期观念产生情感上的依恋，他们主要根据当前数据形成自己的看法。因此，科学往往在年经人的推动下获得进步，而旧观念会随着这些观念的创建者的亡故而消失。具有讽刺意味的是，科学的每一次进步，常常是在增加一口灵柩的前提下取得的。

不管科学在其实践中可能有多么不完美，它都是发现我们所拥有的现实世界的最佳系统。宗教基于基础的，通常也是历史悠久的、亘古不变的真理，其发展变化极其缓慢，对事实不会产生强烈的反应，与科学有着本质区别。同样，科学也不同于主要基于权力、威望和人格的各种政治制度。尽管有时会受限于个人、机构的特征和其他障碍，科学仍然具有一种不可思议的进步方式，使我们能够更好地理解我们所置身的世界和宇宙。科学是探索过程，而不仅仅为实现一个目标。是的，我们有目标，为了从资助机构得到科研经费，我们必须清晰地定义这些目标，但科学真正令人兴奋的驱动力，乃是如何像探险一样追求而非实现目标。目标的实现能够带来荣耀、名望和满足感，这自然是令人喜悦的，但与实现目标本身相比，更令人兴奋的是，它常常能够带来获得更多资助和高水平合作的机会，以及继续探索未知领域的能力。

自记事起，我就痴迷于思想和事实。4 岁时，"10+10=20"这个概念深深吸引了我。这是一个事实：我能够数出 10 枚一分硬币，再数出另外 10 枚一分硬币，然后把两堆硬币合在一起再数，就是 20 枚硬币。年龄稍大一点儿时，我开始读让·亨利·法布尔的著作，他是 19 世纪末 20 世纪初伟大的昆虫观察者、实验者和记录者。他 5 岁时提出一个问题："我是怎么看见东西的？"这个问题既简单又深奥。我们理所当然地认为用眼睛看东西，但是，我们当中有多少人测试过这一事实呢？年轻的法布尔设计了一个科学实验，来确定我们是怎样看见东西的。他闭上眼睛并张开嘴，结果是看不见东西。然后他闭上嘴并睁开眼睛，这一回能看见东西了。由此他得出结论：我们用眼睛而非嘴看东西。他用实验证明了这一事实——我们用眼睛看东西。尽管这个实验是那么微不足道，采用的方法却让我（显然还有法布尔）为之着迷。

一个在宾夕法尼亚州乡下长大的孩子某些方面机会有限，却在别的方面机会多多。这里没有专业的运动队，没有一流的娱乐公园，购物机会也不是很多——顶多去离家最近的镇上一家廉价品商店选玩具，而且附近几乎没有有组织的娱乐活动。不过，我们倒是有树木、河流、荒芜的田野、令人愉快的夏天和许许多多昆虫。不知什么原因，我对恐龙及其他大型动物不感兴趣，却被小小的昆虫深深吸引，或许因为它们和我一样小。昆虫为我打开了一个完整的世界，一个不被其他邻家孩子所关注的世界。尤其令人着迷的是色彩鲜艳的马蜂、黄蜂以及其他会蜇人的独居蜂和蜜蜂。全身灰不溜秋的蜜蜂不怎么叫人兴奋，蜜蜂引人注目之处主要在于叮蜇能力。蝴蝶，尤其是北美虎凤蝶，也很迷人，因为它们体形大、漂亮也难以捕捉。我的父母一直都在容忍，或是鼓励我在大自然中玩耍。

功课变得越来越有趣。首先是数学。数学是一门既简单又让人感到新鲜的学科，充满了逻辑性和挑战性。然后是生物学。哦，我那可怜的老师！想当年我徒劳地想要抓住一只绿色的大蜻蜓却陷入了沼泽，当我爬出来时，满身都是泥泞和难闻的气味。第二年多了物理课，一门在研究对象方面和生物学完全不同的学科，但也有其自身的魅力。接下来的一年增加了化学，我一下子就爱上了这门学科，开始了冒险般的探索。化学带来了无限多的实验机会，但并非每个人都喜欢这一点——例如有一次，我试验的烟雾"炸弹"产生了一个巨大的黑蘑菇云。接下来我上了大学。化学在脑海里很鲜活，它成了我为自己选的专业。经过6年的学习——其间为拿到硕士学位而一度搬到了太平洋西北部，我发觉化学实验虽然具有挑战性，但似乎缺少了点儿什么。化学缺乏活生生的自然物，确切地说，就是昆虫。蜇刺昆虫仍旧铭刻在我的记忆中。于是带着全新的记忆和激情，我来到了佐治亚大学。

在佐治亚大学，我发现身边是一群聪明的同学，他们都毕业于生物学或者动物学专业，在昆虫学的许多方面远远领先于我。读本科的时候，生物学不是必修课，我也没有选修过任何生物学课程。在研究生院，我周围的同学和老师都以学名称呼昆虫。我知道许多昆虫的俗名，但对学名一无所知。到要确定论文主题时，我很自然地想到要把我最了解的学科——化学，与我最喜欢的东西——螫刺昆虫结合在一起。我的导师默里·布卢姆教授明智地建议我研究收获蚁（*Pogonomyrmex*），一种令人棘手的本地螫刺昆虫，其毒液的化学特性尚不为人所知。

怀着这个目标，我和黛比出发了。黛比是动物学专业的一名才华横溢的学生，她后来成了我的妻子。我们将几只桶放进汽车行李箱，手握铲子，开始了寻找收获蚁的探险之旅。这个过程很简单：找到那种蚂蚁；挖出它们的群落；将蚂蚁连同泥土之类的东西扔进桶里；把它们带回实验室进行研究。在佐治亚的沙质土壤中挖掘是一件快事，不同于挖掘宾夕法尼亚乡间地区阿巴拉契亚山脉布满石灰石的岩石土壤。在一个充满诗意的环境中做这种轻松的工作，我们很快就变得随意而放松。呀，我被一只蚂蚁螫了！意外天注定——这不是普通的叮螫，这一螫真的很痛。疼痛起初有所延迟，后来越来越厉害，简直就是一种钻心的疼。接着，疼痛发展成一阵阵深入脏腑的悸动，正如在工作中同样遭到叮螫的黛比所描述的那样，"那是深刻的、像被撕裂一般的疼痛，仿佛有人钻到皮肤底下撕裂你的肌肉和腱。只不过那种撕裂感不断延续，伴随着一次次疼痛的加剧。"那种疼痛完全不像我小时候接触螫刺昆虫时感受到的灼痛。在我的童年世界里，所有蜜蜂、黄蜂、光面大胡蜂、熊蜂和马蜂带来的螫痛，都类似燃烧的火柴头儿从火柴棍上脱落后掉在手臂上的那种疼。所有这些立刻产生的剧痛，顶多持续 5 分钟就会减弱为一种可以忍受（即便不是轻微水平）的疼痛。收获蚁的螫痛却是另一回事。那种疼痛缺少烧灼感，但会持续很长时间。4 个钟头以后，我们仍然感觉疼，只是程度有所降低。8 个钟头以后，最后残余的痛感终于消失了。对化学家和生物学家来说，其他方面的反应更有趣。收获蚁的叮蜇会让被蜇部位周围汗毛直立，就像受惊的狗身上根根乍起的肩毛。这没什么可奇怪的，是某种潜意识反应让这些汗毛直立起来。另外，被蜇部位周围会被汗水润湿，这同样是某种潜意识反应。其他昆虫的叮蜇，不管是我们经历过的，还是其他人经历过的，都不会出现上述两种反应。

因此，我们对螫针产生了兴趣：它们的化学、生化和生理学特征以及对昆虫和以昆虫为猎物的动物所具有的生物学意义。马上想到两个问题。首先，所有种类的收获蚁都会导致相同类型的反应吗？其次，其他类型的蜇刺昆虫会导致相同的反应吗？这些都是未经检验的想法。想法固然重要，但如果缺乏数据支持，就没有什么意义。必须取得数据。为了寻找数据，我们动身前往美国西部，开始了昆虫探险之旅。我们把铲子、捕虫网、地图、容器、便携式显微镜、参考书和小冰柜一股脑儿塞进我们那辆老式大众汽车就上了路。此行的主要目的是，尽可能多地采集当时所知的20多种美国蚂蚁，将它们的毒液带回实验室研究，同时也要带回活体蚁群。间接目标是，比较蜇痛和各种蚂蚁的反应。我们没有想要故意被蜇，但也做好了万一被蜇，把数据记录下来的准备。浪费获得数据的机会乃是暴殄天物。

据说与某些野生的西部种相比，佐治亚州的收获蚁具有一种温和、友善的南方气质，我们对可能遇到的情况做好了准备。路易斯安那州北部是科曼奇收获蚁栖息地的东部边界。这种收获蚁通常不具有攻击性，令人惊奇的是，它的螫针能够自断。也就是说，它会像蜜蜂一样，把螫针留在人的皮肉里。其螫针也会带来痛感，和佐治亚州佛罗里达收获蚁的螫针差不多，只是疼痛持续的时间更长。得克萨斯州的蚂蚁以个头儿大著称，我们果然碰到了一种体形大的收获蚁。这种收获蚁

（ *Pogonomyrmex barbatus* ）被 19 世纪 80 年代晚期著名博物学家麦库克命名为得克萨斯农蚁，也被称为红收获蚁。这个名字没有实质意义，因为除了极少数例外，所有收获蚁都是红色的。这个蚁种会筑造令人印象深刻的巢穴，在一大圈荒土的中央有一个进口，蚂蚁工程师们会清理和维护裸露区域。它们的身体尺寸和颜色与其作为疼痛制造者的真实实力并不相符。尽管螫针不是冒牌货，但带来的痛感比不上马里科帕收获蚁（一种小而纤弱的蚂蚁）。得克萨斯农蚁的螫针伤害性更小，疼痛持续时间更短，而且不具有螫针自断的特征。

在亚利桑那州东南部一个叫作威尔科克斯的迷人小镇，我们找到了马里科帕收获蚁。这些蚂蚁是本次旅行中给我们留下印象最深刻的收获蚁。它们主宰着威尔科克斯干盐湖——小盆地中一处常常干涸也无外泄河流的湖泊，一个"迷你型"大盐湖盆（只是缺少盐）——周围低平的沙丘地带。或许是因为这座湖泊附近地下水位较高，马里科帕收获蚁为群落中两万多只蚂蚁堆筑了巨大的蚂蚁城堡。除白蚁群集期外，这些威尔科克斯蚁都在平静地收集种子，通常不会轻易使用螫针。群集白蚁被它们视为移动的"种子"，不但富含蛋白质和脂肪，也比干硬的种子好吃。在白蚁群集期，这种蚂蚁急剧地改变行为，变成贪婪的捕食者。此时不推荐穿凉鞋。不要被马里科帕收获蚁纤弱、轻盈的体形或低调的姿态所欺骗。被这些蚂蚁螫真的很疼，那种悸痛可持续 8 个钟头，减弱过程十分缓慢，而且它们很容易将螫针断在人或者其他倒霉的动物体内。马里科帕收获蚁是我们在本次夏季旅行中遇到的螫人最疼的蚂蚁。确切地说，在这个特定区域，马里科帕收获蚁的毒液在所有已知蚂蚁、胡蜂或者蜜蜂毒液当中毒性最大，其毒性约比蜜蜂毒液高 20 倍，比西部菱背响尾蛇毒液高 35 倍。

为什么有毒昆虫的防御性螫针伤害如此之大？为什么某些防御性螫针有毒，更不用说毒性很高的情况？毕竟，蜇刺昆虫的目的不就是让攻击者放开它从而中止攻击吗？第一个想到的答案是，某些昆虫的毒液毒性很强。剧毒性在蚂蚁、胡蜂和蜜蜂中分别进化了很多次，相似性质的反复进化（尤其是与那种特性相关的分子不尽相同时）表明，某些功能并非只是大自然偶然的"错误"。毒液的毒性可能具有什么样的功能？考虑到收获蚁毒液的毒性针对某些捕食者比针对昆虫猎物强800倍，上述问题变得格外突出。它的答案可从"广告真实法"这句话中找到。疼痛是一则广告：伤害已经发生、正在发生或者即将发生。如果没有硬实力，广告就会成为华而不实的谎言。聪明的动物能够一眼看穿谎言，或者逐渐识破谎言，广告也就失去了意义。在昆虫螫针系统中，疼痛是广告，毒性是事实。毒性之所以是事实，是因为它能够带来真正的伤害或者死亡。毒性这一事实对小型脊椎动物捕食者而言尤为重要，和大型捕食者相比，它们更容易受到伤害。如果没有毒性，聪明的捕食者就会识破蜇痛的欺诈本质，从而忽略这一信号。例如，如果养蜂人知道，几十次叮蜇不会对身体构成真正的威胁，就会继续劫掠蜂巢。这样一来，蜇刺昆虫成了输家。一只20克重的鼩鼱①或者老鼠遭蜜蜂蜇刺四次就可能致命，螫针带来伤害的事实是再清楚不过的。所以，有关螫针毒性梯度的信息会在捕食者圈子内传播，这有助于蜇刺昆虫幸免于某些捕食者的攻击，从而在这场生命游戏中获得"净效益"。即便捕食者大如体重50千克（110磅）的养蜂人，也会因为遭到上千只蜜蜂的叮蜇而面临生命危险。[1]伤害性和致命性的结合，是昆虫用螫针对抗智慧捕食者所形成的长期进化机制的关键。

导致疼痛的毒液成分和具有伤害性或致命性的毒液成分未必是相同的。首先要面对的是导致疼痛的选择压力。我们做出这种猜测的依据在于，致痛作为防御手段的即时性和在今天的胡蜂（它们在分类学上与蜇刺昆虫的祖先关系密切）身上存在致痛蜇针。其毒液毒性很低但蜇针具有致痛性的例子包括：某些大型姬蜂（*Megarhyssa*，以具有钻木习性的叶蜂幼虫为寄主），肿腿蜂——甲虫幼虫的独栖性拟寄生物（其幼虫寄生于寄主并最终杀死寄主），"绒蚁"——蜜蜂、胡蜂的独栖性拟寄生物和蛛蜂——蜘蛛的独栖性拟寄生物。对于这些具有简单生命史的不同蜂种，其致痛毒液成分的化学特性在很大程度上靠猜测，但很有可能每种类型的蜂都有一种或者一组与致痛有关的独特化学成分。"绒蚁"中导致疼痛的成分至少包括5-羟色胺，5-羟色胺是一种生物胺，皮下注射时会致痛。5-羟色胺也是多种群居蜂的致痛成分之一。另一种生物胺——组胺，广泛存在于黄蜂、马蜂、大胡蜂、蜜蜂和某些蚂蚁的毒液中。组胺主要导致血管舒张，从而引起肿胀、发热、发红和瘙痒，不会引起剧烈的疼痛。从这一点看，组胺并不是一种强大的致痛原。第三类生物胺——乙酰胆碱，确实能导致剧痛，并且仅见于大胡蜂。这些小分子不是昆虫毒液中最直接的致痛原，扮演这一角色的是各种在结构上差异很大的小分子肽。在蜜蜂中，致痛成分是蜂毒肽，蜂毒肽由26个氨基酸组成，其中5个是基本氨基酸。在胡蜂中，致痛成分是激肽，一种包含9到18个氨基酸的多肽，可导致胸痹心痛等症状，也会引起强烈的灼痛。收获蚁的毒液含巴尔巴托素，一种由34个氨基酸组成的多肽，可能具有致痛作用。我们不知道各种蚂蚁毒液中的致痛原是什么，某些蚁种含有自身特有的致痛激肽和各种各样的其他多肽。[2]

致命毒液成分是紧跟着早期致痛原进化出来的。在大多数毒液中，实际有毒成分的特性是未知的。蜜蜂毒液是被研究得最充分的昆虫毒液，其毒性最大的成分是不会引起皮肤疼痛的磷脂酶A2。另一种重要的毒素是含量更高但毒性较弱的蜂毒肽。蜂毒肽是一种损害心脏的毒素，还能通过破坏细胞膜（包括神经细胞的细胞膜）引起发热和灼痛。我们最近从收获蚁毒液中分离出一种致命成分，现在正在对它进行表征，这种成分会导致由叮蜇带来的所有皮肤反应和疼痛反应。

疼痛等级

在我们的车载着装蚂蚁的桶从美国西部开回来之后，各种紧迫的问题和长期的问题开始涌现。紧迫的问题也即不那么有趣的问题是，该怎么处理这些蚂蚁。之所以说它不那么有趣，是因为我们要解剖样本、收集大量毒液并对毒液进行干燥和冷冻处理用于未来的研究工作。"大量"意味着从采集的每种类型的收获蚁中获取至少5毫克毒液（约为一羹匙量的千分之一）。要获得1毫克毒液需要40只蚂蚁，而解剖每只蚂蚁大约需要3分钟，黄金的造价也没有收获蚁毒液的造价高。

长期问题主要是，确定毒液对蜇刺昆虫自身的价值。毒液的进化是为满足昆虫的需要，而不是人类的需要。毒液对昆虫有什么好处，它们是怎样改变昆虫的生活和生物学特征的？回答这些问题需要评估蜇针和毒液的特性。疼痛和毒性是蜇针的两种基本特性。为了检验与疼痛和毒性有关的假设，需将每种毒液与其他蜇刺昆虫的毒液进行比较，然后对比每种昆虫的生活习性，以确定毒液的特性是否与生命史相关。为了比较毒性，可采取多种生理学和毒物学方法，然后比较每种毒液得到的数值与其他毒液得到的数值。原则上，毒性比较是很简单的，但是如何进行疼痛比较呢？没有一种生理学或药理学方法能够精确设定疼痛值。即便在今天，我们也没有可靠的方法能将电极插入神经或某些大脑区域，通过推断电极记录的含义来衡量疼痛。同样，我们还不能明确解释更高级的大脑扫描技术与疼痛有什么关联，但我们正在取得重要的进步。希望有一天，我们能够以廉价的方式定量测量疼痛。在当下，我们应当怎样用数值衡量蜇痛呢？解决方案是什么？

答案很简单，我们需要建立疼痛的等级。然而，确定等级并不简单。有效的等级必须可靠、可复制、可修订。疼痛等级曾有过先例，但设计初衷是为了衡量人的慢性疼痛。麦吉尔大学罗恩·梅尔扎克设计过《麦吉尔疼痛问卷》，主要目的是评估患者的慢性疼痛，包括患者对疼痛等级的评估以及护理者对患者面部语言、肢体语言的评估。

昆虫蜇刺导致的主要是短期或短暂的疼痛，针对不同的人和不同的蜇刺昆虫会有细微的差别。由一次叮蜇所引起的蜇痛，可能由于多种因素而有所变化，包括螫针输送的毒液量，被蜇的身体部位（例如，鼻子、嘴唇或手掌对蜇痛的敏感度远远大于小腿、胳膊或者头顶），昆虫的年龄，被蜇的时辰，还包括个体对疼痛的敏感度等其他因素。为了确保不同条件下的评估具有一致性和可靠性，我们在建立疼痛等级时只使用了很少的几级。疼痛等级从 1 到 4，并以单次西方蜜蜂（*Apis mellifera*）叮蜇的蜇痛值为基准，单次蜜蜂叮蜇的蜇痛值被定义为 2。蜜蜂很适合作为参考点，因为蜜蜂数量多、分布广、有被蜇经历的人多，而且蜇痛强度大约介于各种蜂和蚂蚁之间。疼痛等级中还包括 0，表示昆虫的螫针无法穿透人类皮肤但能够叮蜇其他动物。区分疼痛等级的标准是，低等级疼痛远逊于高等级疼痛，并且评估者能够明确地知道，一种蜇痛带来的伤害大于另一种。在比较不同种昆虫时，评估者会把当前蜇痛与过去被蜜蜂或其他昆虫蜇刺后评估的等级做比较。在某些情况下，介于两个整数之间的数值，代表那种明显高于低等级但显著低于高等级的疼痛。众多同行对蜇痛等级的评估结果几乎相同，说明这种评估体系很有效。佐治亚大学的同行研究生石达恺和我本人花了很多时间探讨这个主题，我们也和佐治亚大学的膜翅目昆虫（蚂蚁和蜂）研究者进行过广泛讨论，我们的主要目的是准确、可靠地评估疼痛等级。许多物种导致的蜇痛等级相同，这不意味着它们在痛感上完全一致，而是表明它们归属同样的痛感范围，会对捕食者产生某种震慑效果。被蜇区域及其附近在初始蜇痛消退后几个钟头或几天内出现的疼痛，并不在这个疼痛等级的考虑范围之内，因为它是由人体对毒液或其伤害性的免疫或生理反应导致的。

疼痛等级一旦建立，我们就有可能深入研究蜇刺昆虫的生存秘密，预测它们的防御武器如何为它们带来各种机会。预测从两个方面进行——我们可以根据特定昆虫的外观、行为和生命史预测蜇痛，或者根据蜇痛预测生活方式。例如，与体色单调的各种蜂相比，色彩斑斓的独居蜂和蜜蜂可能会携带更具致痛性的武器。理由在于，在进化出一种色彩斑斓的外表的过程中，那种宁可让自己不太显眼的选择——大多数昆虫巧妙使用的一种主要防御机制——在很大程度上被抛弃了。为什么这种经过时间检验的防御机制会被抛弃呢？或许是因为昆虫的生命史需要新的机制。"母牛杀手（*Dasymutilla occidentalis*）"有助于解释这个问题。为了繁殖，"母牛杀手"会找到其他大型蜂的巢穴并进入其中，在正在发育的寄主身上产卵。接着，"母牛杀手"的幼虫会以寄主为食完成生命周期。需要克服的困难是，如何在寄主稀少或者分布经常很分散的环境中找到足够多的合意寄主。"母牛杀手"必须花费一天中的大部分时间寻找这些寄主。更糟的是，雌性"母牛杀手"没有翼翅，只能通过爬行寻找寄主。"母牛杀手"是寿命很长的昆虫，它能存活整个夏季乃至一年半之久。在这么长的生命史中，"母牛杀手"要在大白天爬来爬去，暴露在蜥蜴、鸟以及其他大型捕食者的眼皮底下。同样情况下，一只美味而缺少防范的蟑螂、蟋蟀或者毛虫能有多大机会活过一个季节或者一整年呢？没有多少机会，这些物种很可能会灭绝。"母牛杀手"远未灭绝，去问任何一个美国南部的村民就会知道。我们可以做出这样的推测："母牛杀手"之所以幸存，依靠的是一种极具致痛性的螫针。实际上正是如此，我的一个学生可以证明——他在喂养"母牛杀手"时不够小心，不得不到校医院求救。"母牛杀手"导致的螫痛，完全不是疼痛等级中引人注目的 2 级，它们是货真价实而又令人难忘的 3 级。

在亚利桑那州索诺拉沙漠，我们目睹了数量惊人的仙人掌蜂（*Diadasia rinconis*）。这个如普通蜜蜂大小的体色单调的灰褐色蜂种以大规模聚群方式筑巢，通常有数万只之多，它们争先恐后地飞来飞去，从开满黄、红或品红色花朵的梨树和仙人掌上采撷花粉。仙人掌蜂与周围环境完全融为一体，很难被发现，当它们突然出现在花间时，只消一眨眼工夫就会消失不见。鸟和其他捕食者很难发现、追踪和捕捉这些神秘的"小闪电"。它们的另一种有效防御就是短暂的生命周期——只在仙人掌开花的那几周存活。它们只需在很短的时期内避开捕食者，而"母牛杀手"则需数月或者一年。基于这种生命史，我们可以推测，螫针并不是仙人掌蜂多么需要的东西，而且致痛性和有效性也不会很强。我没有听说过有谁被一只仙人掌蜂叮螫——除了那些因试图捉到它，无意间把手伸进捕虫网和小瓶子之间并捏住它的昆虫学家。即便如此，他们也很难被蜇到。许多昆虫学家直接把手伸进捕虫网，抓住仙人掌蜂，然后啪的一声，把它扔进一个瓶子或罐子。绰号"巴兹曼"（"巴兹"是嗡嗡叫 buzz 的音译）的史蒂夫·布克曼是仙人掌蜂领域的顶尖学者，他报告说，那种蜇痛微不足道，是疼痛等级中的 1 级，根本不值一提。我的经历与史蒂夫很相似：当我试图将大量被网住的仙人掌蜂塞进广口瓶以便收集毒液时，我的食指侧面被蜇了几下。我瞬间感到一种刺痛，但不强烈，在疼痛等级中相当于 1 级。

如果可能的话，疼痛等级为 4 级的蜇痛是需要避免的：4 级蜇痛会操控一个人的身体和感觉系统，关闭大多数正在运行的自我控制过程。用难以忍受不足以描述这种感受。幸运的是，导致 4 级蜇痛的昆虫少之又少。这种级别的蜇痛在本书有关沙漠蛛蜂和子弹蚁的章节会详细描述。

我们研究越多种类的蜇刺昆虫，就越了解不同蜇痛模式的特征。蜇痛看起来真的会影响蜇刺昆虫的生存，因为它对事实上的捕食者和潜在的捕食者都会发生作用。捕食者、寄生生物和疾病是任何一种动物生存和繁衍的主要推动力。根据英国 20 世纪伟大的理论家和博物学家"比尔"汉密尔顿的观点，捕食者、寄生生物和疾病以及各种环境因素推动了性别的进化过程。[3] 也许我们应该感激我们的捕食者和寄生生物。如果蜇刺昆虫具有某种程度上的思考能力——这似乎有点儿荒谬，它们也应该感激它们的捕食者。如果没有捕食者，蜇刺昆虫就会错失很多机会，反被其他不具有螯针的外来种所取代。捕食者为顽强抵抗的昆虫，尤其是蜇刺昆虫，开辟了生存下去的新位置。

像"母牛杀手"这样的昆虫可以过暴露的生活，因为它们具有有效致痛的螯针。对行为引人注目的昆虫而言，螯针不是唯一的解决方案，但很有效。斑蝥（包括一种俗名为西班牙苍蝇的斑蝥）有另外的解决方案——它们能分泌致命的斑蝥素，一种一经接触就会使皮肤、嘴和胃起水疱的化学物质。此外，斑蝥会通过反射性出血机制加速斑蝥素输送，即这种甲虫含有斑蝥素的血液会经由身体表面薄弱的膜而涌出。大多数尝到斑蝥血滋味的捕食者见势不妙，迅速放开猎物，这种甲虫得以保命。螫针、有毒的血液或其他信息会传播出去，因为如果能够避免危险，生活将变得更美好。在整个动物世界，强大的、占主导地位的个体会将各种微妙或者不那么微妙的信息传递给相对脆弱的个体，警告后者不要主动发起挑战。

强大的动物会赢得这场较量，但那真的是一种胜利吗？如果一头强大的雄海狮为保护爱妾失去了 1 品脱（0.55 升）血液，而落败者失去了 1 加仑（3.785 升）血液，那么有谁真正胜利了吗？如果可以避免战争，那双方都会赢得更多，或者输得更少。炫示性威胁机制的进化过程就是为了避免那些无望的战争。同样，如果一只"母牛杀手"或斑蝥从未遇到过蜥蜴攻击，它就无需浪费宝贵的防御性资源或者冒伤亡的风险，那它显然就是受益者。大自然已经为螫刺昆虫进化出了真实的广告口号，警告捕食者"离我远点儿，不要找麻烦。"这些信息可以表现为令人惊讶的身体警戒色：颜色模式为红黑、橙黑、黄黑、白黑，或者仅充分表现这些色彩中的一种。警告信息也可以通过沙沙声、啪啪声、尖叫声或者粗嘎的低吼声表现出来。这些声音信号范围很广，通常为低频率，其共性使得能听见声音的捕食者不仅可以辨别这种信号，还能意识到这种信号并非同种个体间的信息交换。换言之，捕食者不会错误地将这些信号与一只鸟的求偶鸣叫或者一只发情美洲大螽斯的唧唧声等同起来。某些捕食者（例如蟾蜍和青蛙）可能对颜色信号或者声音信号不敏感。在这种情况下，最基本的感觉系统——味觉可以被用作发送信息的重要工具。食物的味道越糟糕，意味着你吃下去的东西越可怕。体形较大的绒螨有着红颜色的胖嘟嘟的身体，短粗的腿上长着毛茸茸的小球，它们在夏季的第一个雨天出现，四处寻找有翼翅的白蚁为食。蟾蜍、角蜥和其他已知的潜在捕食者会细心地避开这些体形大如蜜蜂的绒螨。绒螨通过鲜红的体色和糟糕的味道传达信息，尤其是后者。尝过绒螨味道的蜥蜴会拒绝再次吃它，一次教训似乎足以贯穿一生。蟾蜍有时会吃掉一只绒螨，即便是像蟾蜍这样迟钝的学习者也会得到信息，不再吃第二次。

好奇心使我想知道一个问题的答案：为什么绒螨那么令人厌恶？从生物学角度来看，人类是多才多艺的大型捕食者、食腐动物和食草动物，几乎能吃任何东西，能够把各种各样的动物、植物和菌类，无论死活，列入食谱。我们的味觉系统与这种杂食性相适应，能够感知许许多多有味化学物质中所传递的或"食物"或"毒药"的信息。其他多才多艺的捕食者，例如鸟和蜥蜴也具有和人类相似的味觉反馈系统，它们都乐于捕食体大多汁的绒螨。既然蜥蜴和蟾蜍能够品尝绒螨表现出排斥感，我为什么不尝一尝它们的味道并做出评判呢？想起童年时听到的警告——不要去吃已经知道很不安全的东西，我决定谨慎地对待这个问题。绒螨可能有毒，可能引起水疱，因此不该直接入口。我将一只肥大的绒螨放在舌尖上，这是最安全的地方——距离喉咙最远。我用门牙把它咬碎，然后充分利用门牙咀嚼。味道确实奇怪，或许用"令人惊奇"来形容更恰当。经过两秒钟的分析之后，我像吐出被嚼过的烟草一样将红色汁液吐出去。然而，那种味道并没有随深红色液体一道离开。那是一种苦味，比我品尝过的任何奎宁或其他药物都要苦。它还带来了一种灼热感，就好像哈瓦那红辣椒一样。更糟的是，它刺激喉咙后部并留在那里，苦味和灼热感兼而有之。我习惯了很多被吐出去的东西短暂留在口中的可怕味道，但这种味道除外。它很长时间都没有消失，似乎会永远留在那里。至少过了一个钟头，那种刺激感才有所缓解。

一只蜇刺昆虫将通过向捕食者传达自己不适合吃的信息而受益，它会采用任何可能的方式。招摇过市是一种经得起时间考验的广告，"我可不是好惹的，就算你们看见我，也别来找麻烦。"沙漠蛛蜂和许多其他蛛蜂一边扇动翼翅，一边在地上大摇大摆地走。传达的信息很明确："我不在乎让你们看到，别忘了我走路的架势，你们可别乱来，以为我好欺负。"

人类和其他脊椎动物能够通过视觉系统识别出其他人、潜在的猎物或捕食者的行走姿态。识别步态是大脑只需依靠周边视觉而不需要清晰视觉或聚焦视觉的一种古老的能力。我经常在佛罗里达州或亚利桑那州的沙漠地区搜寻收获蚁，这里有很多收获蚁会在地表寻找用于贮藏的种子，其尺寸和颜色同许多"绒蚁"差不多。很多种类的小"绒蚁"是"母牛杀手"的矮个子亲属，身体为橙色，个头儿和大的蚂蚁差不多。在土里收获蚁的数量通常比"绒蚁"多一千倍。不过，我用眼角余光瞥见了一只正在爬行的"绒蚁"，它与数百只收获蚁混杂在一起。是那只"绒蚁"的步态吸引了我的注意，而非尺寸、颜色或者略微不同的体形——这些是周边视觉不能分辨的特征。那只"绒蚁"只是走路姿态与收获蚁不同，被我下意识地察觉到罢了。收获蚁拥有强大的螫针，走路忽走忽停。确切地说，它们每走几步就会突然停下，然后接着走、再一次暂停或者慢下来，并不断重复这些随机动作。这样的步态可能是一种警告，暗示本蚂蚁是个"刺儿头"。

步态和其他警告方式都有助于减少捕食者对防御性蜇刺昆虫的攻击。这些警告信号之所以可能有效，是因为它们宣扬了真实的防御能力，但贝氏拟态②是个特例。有了皮下注射针和吹嘘其影响的警告，某些蜇刺昆虫就能够开发利用通常意义上的禁区，比如沙漠表面、空旷平地甚至我们的野餐场地。如果没有螫针，普通黄蜂就不能偷窃我们三明治中的火腿，也不能吸食我们桃子上的甜汁。如果没有螫针，社会性的进化，尤其是蚂蚁、胡蜂和蜜蜂的完全社会性，就不可能进化出来。

社会性的进化

一只缺少强有力防御武器却与同类偶然聚在一起的动物是不幸的。更不幸的是，形成一个由个体组成的群落，共同执行"社区"任务并一起抚育后代。捕食者会很快吞食那个美味可口而又没有防御能力的群落，于是结局就是：幸存下来的个体寥寥无几，群落无法繁衍，进而不再有群落。群落的进化将被阻止，我们将看不到任何群栖性昆虫或者其他群栖性动物。

但是，我们的确能看到许多群栖性昆虫和某些群栖性脊椎动物，包括人类和裸鼹鼠。为什么会这样呢？所有群栖性动物都拥有可有效抵御捕食者攻击的防御系统。人类没有爪子、角或长而锋利的犬齿，奔跑速度也不如同样大小的动物，但我们有发达的大脑和灵活的手、臂。我们学会了用火，这种防御手段其他动物都不会使用，而且让人类的捕食者感到恐惧。我们还学会了制作工具和武器。我们可以利用手和臂准确地向潜在捕食者投掷石块或长矛之类的东西（这是连黑猩猩也无法做到的事），以便做到远距离防御。远距离防御使我们拥有了一种非常高效的防御手段，这是羚羊、大象乃至狮子都不具备的本领。从本质上说，我们开发的防御手段使我们几乎没有敌手，也使得向社会性的方向发展成为必然。

和人一样，所有其他群栖性动物都进化出了某种对抗捕食者的防御系统。有些防御系统以建筑结构为基础，譬如住在地道中的鼹鼠，它们能在非洲岩石般坚硬的土地里挖地道，捕食者根本不可能把它们从地下堡垒中挖出来。白蚁会建造类似的防御工事，它们居住在土壤、木头里或自己在地面上、树上搭建的坚固巢穴里。踢到过澳大利亚白蚁巢穴或非洲白蚁巢穴的人都知道，这种东西有多结实。

群栖性昆虫自我保护的另一种方式是，主动采取可带来伤害的物理防御。某些蚜虫柔软的身体实在难以用于防御，但它们能通过进化出一种特殊的蚜虫勇士阶层而发展出社会性。这些小小的蚜虫勇士能用尖嘴刺穿那些攻破了它们所寄居的保护性瘿瘤③的捕食者，并将毒液注入其体内。大多数群居蜂和蚂蚁进化出社会性，很大程度上是因为它们也进化出了有效的螫针防御系统。不过，有些群居蜂和蚂蚁并不具备有效的螫针，这些物种只形成较小的群落，生活在地下或小而隐蔽的巢穴里，抑或它们在进化出社会性之后发生第二次进化失去了螫针。二次进化失去螫针的例子主要是多种蚂蚁和无刺蜂。无螫针蚂蚁要面对的捕食压力，从主要为大型捕食者转变为其他一些小型捕食者（主要是其他蚂蚁）。就对抗其他攻击性蚂蚁而言，敏捷性、尖锐的颚部和化学武器（例如蚁酸）要比螫针有效。无刺蜂还拥有强有力的咬合性颚部和防御性化学毒液，能产生用以对抗小型捕食者的蜡状物和树脂状化学防御物质。对于无螫刺功能的蚂蚁和蜜蜂而言，螫针并非不可或缺。它们能以颚部、化学物质和敏捷性有效抵御大型捕食者，正如一个偶然冒犯了大型木蚁或者无刺蜂蜂群的人可能遇到的那样。

关键问题并非高度群栖性的蚂蚁和蜂为什么不蜇人，而是这些种群当初是如何进化出社会性的。为了达到社会性，一个物种必须进化出有效的防御系统，以对抗一心想把那个"美味的群落"连锅端的捕食者。为什么我们见不到群栖性的蝗虫、甲虫或者苍蝇，却能看到大量群栖性膜翅目昆虫？答案在于蝗虫、甲虫和苍蝇都缺少有效对抗大型捕食者的防御武器。与之形成对比的是，蚂蚁和群居蜂是从具有螫针的远古蜂进化而来的，先天具有对抗大型捕食者的防御武器。我曾在 2014 年的《人类进化杂志》中指出，蚂蚁和蜂发展出社会性的一个关键要素就是，毒液的进化以及螫针和行为的调整。[4] 螫针和毒液的进化使得群栖性得以发展，但强大的捕食者会干扰这一过程。

注释
① 一种外形类似老鼠的小动物。
② 一个无毒可食的物种在形态、色型和行为上模拟一个有毒不可食的物种，从而获得安全上的好处。
③ 因昆虫或螨类的取食刺激引起植物组织局部增生而形成的瘤状物。

第 6 章

汗蜂和火蚁

若对看似单调无趣的蜜蜂
【汗蜂】的生命史详加研究，
可能会有很多惊喜在等着我们。

——威廉·莫顿·惠勒
《群栖性昆虫》，1928年

6

这是些多么凶猛的小虫子。

——爱德华·奥斯本·威尔逊
《火蚁》前言，2006年
（在提到火蚁时如是说）

CHAPTER 6

SWEAT BEES AND FIRE ANTS

汗蜂，这些在炎热而湿黏的盛夏出现于北美东部和中部的流氓外来种，是家庭后院和社交聚会上的常客。它们为什么叫"汗蜂"？一个奇怪的名字，不是吗？它们会出汗吗？不会。它们会让我们恐惧得出汗吗？也不会。它们真是蜜蜂？对。好吧，这是一个有寓意的名字，但"汗"从何来？这是源于汗蜂中某些种不同寻常的习惯——它们会落在人的皮肤上舔舐汗水。大多数种类的蜜蜂不会采集汗水，这使得汗蜂的习惯格外引人注目。

蜜蜂有 20,000 个种类，其数量超过了地球上所有恒温动物。[1] 汗蜂是隧蜂科庞大家族的成员，隧蜂科包含 4,387 个种，种数多于除蝙蝠外的所有哺乳动物。汗蜂生活在除南极洲之外的所有大洲，与其他种类的昆虫相比，汗蜂在群栖性行为和生命史上表现出更为多样的特征。汗蜂的许多成员严格独居，也就是说，独身的雌蜂会单独生存、采集食物、筑巢和抚育后代。其他成员也会选择独居，但会在含许多个体成员的群栖性领域内筑巢，并在其他蜂巢的近旁独自生存。有些种为半群栖性，两个或两个以上雌蜂在同一巢穴内共同生活，但执行的任务不同。还有些种为完全群栖性，几个个体生活在同一巢穴内，包含产卵的蜂后和工蜂。较为复杂的情况是，有些种类的汗蜂在某个时间段或者某个地点独居，在其他时间段或者其他地点群栖。

大多数汗蜂是小身材，体长 3 ～ 12 毫米（1/8 ～ 1/2 英寸），体色为黑、浅灰、金属绿或者蓝，有时带有黄色或红色的斑点。它们通常在地面下筑巢，巢穴由一条从土壤表面挖掘到地下的地道构成，通常带有一些侧支通往抚育幼虫的个别巢室（只有雌蜂做抚育工作，雄蜂则"游手好闲"，充其量守在巢穴入口）。一旦搭建起巢室，雌性成员就会从花中采集花粉和花蜜，制作花粉"球"或者"面包"，作为幼虫唯一的食粮。然后，雌蜂在每间巢室的花粉粮食上产一颗卵，随即封闭这间巢室，进入下一间。有趣的是，雌性汗蜂与膜翅目中大多数其他蜂和蚂蚁一样，都是单倍二倍性生物——受精卵变成雌性幼虫，非受精卵变成雄性幼虫。这使雌蜂可以选择每一只幼虫的性别，这是人类的自然能力无法做到的（或许从总体而言是好事）。事实上，雌性的这种选择经常使雄性幼虫遭到不公平对待——获得相对较少的食物供应，因此雄性相比于雌性通常体形更小，也更瘦弱。

　　汗蜂的生命始于产在面团状花粉团上或附近的一颗卵。几天后，从卵中孵出一只几乎透明的、以花粉为食的小白虫。小白虫越长越大，接连经过四次蜕皮逐渐长大成像蛆一样的幼虫。汗蜂幼虫的中肠（胃）和后肠之间没有连接，以至于无法排便，这可能是一件好事，因为每只幼虫局限在一间很小的巢室里，虽然食物数量丰富但可能腐败变质。在幼虫哺育的最后阶段，中肠和后肠之间建立起连接，使体形已经变得硕大的幼虫开始进行它唯一的一次很可能非常重要的排便。和某些蜜蜂不同，汗蜂幼虫不会编织丝茧。相反，它在自己那舒适的、内壁如蜡一般光滑的巢室内蜕皮化蛹，这个过程是它变成成虫的静止期。蛹是脆弱的生物，这个阶段通常很短。在糟糕的季节，蛹羽化为成虫后会继续呆在巢室内，直到冬天或不利的时期结束才破巢而出，成为自由飞行的成年蜂。小型昆虫往往成年阶段的持续时间相对较长，这使它们有机会接触许多花，尤其是一系列不同植物区系的花。有些汗蜂每年生育两次或两次以上，另一些只生育一次。不管怎样，雄性和雌性都会交配，雌性能够存储精子留待日后使用。

　　汗蜂巢室内壁衬有雌蜂分泌的蜡状保护层。[2]巢室内的这个不透水层能应对很多问题，包括雨水导致的过度潮湿、干旱季节的脱水以及真菌或者其他病原体的侵入。这个保护层是通过杜氏腺产生的，杜氏腺是一种与螫针有关的奇特腺体，经由腹尖和舌状物涂于巢室内壁。这种腺体的名字本身也有一段有趣的历史，它是以法国著名医生、科学家和学者莱昂·杜富尔命名的。杜富尔在1835年提到，某些蜜蜂的"塑料状"巢室衬里似乎来自一个较大的腹部腺体。[3]他在1841年进一步指出，雌性也会使用这种腺体的分泌物包裹虫卵。人们原以为其流体是碱性的，于是这种腺体有了"碱性腺体"这个奇怪的名字。虽然上述说法后来被证伪，但"碱性腺体"这个术语却保留了下来。这种腺体何时作为杜氏腺而为世人所熟知一直是个谜。杜富尔从来不曾为它命名，而且对这一课题进行过几次短暂探索之后，他就转向了其他课题。尽管同时存在许多同义词，但杜氏腺这个名字却脱颖而出——或许是在1841年之后不久，并最终固定下来，显然是为了纪念这位杰出的学者。真有意思，这个以其名字命名的难理解的腺体能在多大程度上让他今日更为人所知呢？

尽管全世界有4,000多种汗蜂，有些种会舔舐人和动物的汗，但我们仍然不知道它们为什么这么做。令人惊讶的是，很少有指向这个问题的研究，目前所知的主要是1974年爱德华·巴罗斯所做的工作，那时他在堪萨斯大学读研究生。爱德华用一系列选择测试证明，相比于那些没有盐的容器，汗蜂更容易被装有食盐溶液的容器所吸引。[4]因为盐不会蒸发也没有味儿，必定是有其他东西吸引了汗蜂。候选物可能包括乳酸、二氧化碳或者主要成分为1-辛烯-3-醇的蚊子"引诱剂"，它们都可以从皮肤表面散发出来，我们不知道究竟是哪一种。我们也不清楚汗蜂是否在寻找盐、水或者汗水中的其他成分作为必需的营养物质，乳酸、辛烯醇或者二氧化碳似乎不太可能。让情况变得更加复杂的是，并非仅有汗蜂采集汗水，非洲蜜蜂有时也会采集汗水。在亚洲，无刺蜂属（Trigona）的无螫针蜜蜂（无刺蜂）会采集汗水，有时也被称为汗蜂。在非洲部分地区，采集汗水的无刺蜂通常被称为汗蜂，有时被称为"可乐豆木蝇"，即使在学术圈里也是如此。[5]但这些昆虫都不是真正的汗蜂或蝇。非洲无刺蜂真的没有螫针，也就是说，它们缺乏一种功能性的螫针。无刺蜂并非没有防御能力，它们有尖尖的颚并能成群展开攻击，叮咬眼皮、鼻子、耳朵，也会爬进耳朵、鼻子和嘴里，那绝对是一种极不愉快的体验。

虽然有些澳大利亚人称之为"甜蜂"，一种显然比汗蜂好听得多的绰号，但我们似乎更愿意称这些会影响我们夏季活动的小蜜蜂为"汗蜂"。这些拜访者不同于一般的无刺蜂，它们不咬人，但确实会用螫针螫人。电影中的典型场景是，一个人坐在室外，手里端着一杯可口的饮料，悠闲地享受某个令人舒适的七月的下午。几只苍蝇在周围嗡嗡地飞来飞去，偶尔会有一只蜜蜂落在附近的一朵花上。与此同时，孩子们都在玩耍，这是一个美妙的下午。饮料被送到嘴边……哎哟，有东西螫我！打破平静的是停在臂弯处的一只小黑汗蜂，那只小汗蜂并无恶意，它只是在啜饮它最喜欢的一种饮料——前臂和上臂之间臂弯处积聚的汗水。举杯时，那只汗蜂被夹在了皮肤之间。受到威胁的汗蜂会用螫针进行防御，以便摆脱被夹住的困境。这一策略通常能奏效，但有时遭到螫针攻击的人会不客气地将不幸的汗蜂一掌拍死。

汗蜂螫针引起的疼痛并不严重，几乎看不到什么症状，就像"一个小火花烧焦了你胳膊上的一根汗毛"。这种疼痛不大可能让你得到多少同情，也就是说，除非遭到攻击的是一个小孩子，否则无需用拥抱的方式表示同情。痛感很快消失，而且几乎不会留下疤痕。这种螫痛在疼痛等级中属于典型的1级，因此能为比较过去和未来的蜇痛提供方便的参照。它在任何情况下都无法与蜜蜂蜇刺导致的疼痛（疼痛等级为2级）相提并论。

火蚁。现在轮到这种令人讨厌的动物了。与在我们喜欢的花间轻快地传粉和在我们爱吃的食物上穿行的汗蜂不同，火蚁对我们是有恶意的。人类对火蚁也没有好感，正如沃尔特·钦克尔巧妙描述的那样："大多数人不假思索、毫无保留地痛恨火蚁。或许这就是火蚁必然会给我们带来的东西——所有人一致憎恨，其应受指责性无可置辩。"[1] 火蚁一旦与人的皮肉接触，第一反应就是叮蜇。火蚁还没有学会如何与人类交朋友以及如何影响人类。火蚁是何方神圣？它们做了些什么？从哪儿来？为何如此令人讨厌？我能怎样排除它们？

火蚁属于最大、最成功的蚂蚁亚科——切叶蚁亚科中的小型多态蚂蚁（多种大小不同的个体生活在同一群落中）。它们都属于火蚁属（*Solenopsis*），包括185种，这类蚂蚁曾让包括卡洛·埃默里、威廉·克赖顿、威廉·布伦和罗伊·斯内林在内的最杰出的蚁学家感到沮丧。沮丧很大程度上因为个头儿较小的工蚁（又称小工蚁）在不同种之间有着惊人的相似性，对大多数没有把较多时间用于研究蚂蚁分类的人如此，甚至对某些长期研究蚂蚁分类的人也是如此。威廉·莫顿·惠勒在1910年关于蚂蚁所做的一般性评论尤其适用于火蚁："不同蚁种在外表特征上的区别往往过于微妙而难以辨别，以至于很难用言语描述。"[2] 为了更简单地加以辨别，就需要找大工蚁——体形最大的"大脑袋"个体作参照，它们在整个群落中是少数。想象一下寻找最大个儿蚂蚁的乐趣——你需要在一大群显然会蜇人的蚂蚁中间找来找去，其难度可想而知。辨别火蚁的另一个难题是，多年来许多专家在蚂蚁名称上做了不必要的变更，使本已混乱的局面更加混乱，以致愤怒的罗伊·斯内林对一个作者做出如下评论："对待这本书的最佳方式，就是完全不要理睬这个作者的陈述。"[3]

可将火蚁大致归入严格意义上的火蚁属或者"盗窃蚁"，就目前的情况来看，后者包含的蚁种更多。盗窃蚁以偷窃其他蚂蚁的后代为生，这些小型蚂蚁所筑的巢连着其他蚂蚁——它们会挖掘连接其他蚂蚁巢室的小地道。经由这些地道，盗窃蚁中的工蚁会袭击和盗窃其他蚂蚁的后代——未成年蚂蚁（包括卵、幼虫和蛹），带回自己的群落大快朵颐。它们能够成功部分原因在于地道太窄，寄主蚂蚁很难通过。盗窃蚁不会蜇人，除一小部分真正关注它们的人以外，其他人很难注意到它们的存在。

另一类蚂蚁——真正的火蚁，比盗窃蚁体形更大，也比盗窃蚁更容易引起人们的注意。真火蚁都会蜇人，都令人讨厌，而且都来自北美和南美的温暖地区。它们的行为和外表一样极为相似，如果你见过一只火蚁，就等于见过了所有火蚁。所有火蚁都会建立从成员数千只到数十万只不等的群落。它们都是多态的，从小蚂蚁到大蚂蚁。它们碰到什么吃什么，只要能提供热量——活的猎物、死的动物、种子、花蜜、树蜜①或者其他植物原料。火蚁在保卫领地和攻击入侵者上非常大胆。它们都会蜇人，而且会带来疼痛。当洪水袭来时，火蚁可能会彼此形成一个球体并漂浮在水面上。火蚁在北美有六个种，其中三种——南方火蚁（*Solenopsis xyloni*）、名字好听的金火蚁（*S. aurea*）和 *S. amblychila* 是长期存在的土著品种。另一个种，热带火蚁（*S. geminata*）可能原产于美国，也可能是许多世纪之前自然迁移而来，或在人类的帮助下迁移而来。最后两个种是"进口"火蚁（*S. invicta* 和 *S. richteri*），这个特殊的名词表明它们是被人有意引进的。后两种火蚁是在 20 世纪上半叶从南美运到亚拉巴马州的。

我与火蚁初次相遇于 20 世纪 70 年代，当时我在佐治亚大学读研究生。我从这些南美入侵蚂蚁滥用美国南方人好客品质的新闻报道中模糊听到过一些恐怖故事。除此之外，我对它们几乎一无所知。这真是一个近距离观察它们的好机会！我的第一反应是难以置信：这些蚂蚁个头儿很小，完全不似我所熟悉的那些懂得自尊自重的大个儿蚂蚁。它们的名声让我有种不祥的预感。当我拂去一个蚁丘上的松土往里望时，很快有了第二个印象：蚂蚁反应迅速且果断。它们立即从我的手上爬到胳膊上，有些甚至爬得更高，我被蜇了很多下。这些蚂蚁很讨厌，它们不只是咬人（这会带来我所知道的大多数蚂蚁导致的那种微痛感）！它们会同时咬人和蜇人！"火蚁"这个名字能够准确反映它们的蜇刺特性：当数十只蚂蚁同时蜇你时——火蚁以这种习惯著称，那个倒霉的部位会感觉火烧火燎。相比而言，咬痛倒微不足道。我不确定我感觉到了咬痛，蜇痛全面盖过了咬痛，后者完全淹没在周边疼痛的汪洋中。

虽然火蚁螯针不讨人喜欢，但火蚁很有趣。和大多数蚂蚁一样，火蚁的生命周期也从有翼翅的处子雄性和雌性（蚁后）开始。它们在温暖、舒适的春夏季节开始交配飞行，成千上万只蚂蚁会参与这场交配仪式，这实际上是一场交配大狂欢：一对对蚂蚁在空中扭在一起，掉落到地上交配。这也是一场疯狂的速配交易，只有一次成功机会。雌雄交配时间为 10 秒，而且一生只有一次。雄蚁必须迅速行动：在离开巢穴几个钟头内，它们就会自行死掉或被杀死，并被其他蚂蚁拖走。完成交配的雌蚁会折断翼翅，急匆匆找一处适合的筑巢地，被遗弃的断翅常常飞散在风中。时间宝贵，蚁后是广受大型和小型捕食者欢迎的美餐。一旦发现筑巢地，蚁后（有时同其他蚁后一道）会在土壤中挖出一条短地道，用泥土封好地道入口，然后在地下筑起一间巢室。在这里，它用身体储备的脂肪和翼翅肌肉的代谢物养育少量"迷你版"工蚁。一旦成年，"迷你版"工蚁就会不断出击，从其他蚁后那里盗取后代。在这个过程中，许多蚁后会死掉或被杀死，只有极少数能发展成小型群落。"迷你版"工蚁寻觅食物，养育第一批正常尺寸的工蚁，为蚁后提供食物，照管群落里所有除繁殖之外的活动。蚂蚁群落从此走上正轨。

回到火蚁的具体交配过程。每个蚁后在一次交配后只能获得大约700万个精子，它要利用10秒交配和700万精子生育数百万工蚁。为了让自己的群落发展壮大、长期存在并持续繁衍，它必须精打细算地使用精子。每成功哺育一个工蚁或处子蚁后，只能使用约3.2个精子[1]（某些幼虫会在成年之前被吃掉或因其他原因夭折）。与人类每次生育后代需要使用约1亿个精子相比（假定受精过程是成功的），火蚁蚁后的效率是显而易见的。经过1年，蚁后的小群落会从少数几个工蚁发展为拥有一千个左右工蚁的大群落；经过2年，这个数字会增加到数万；经过3年会增加到将近10万；经过4年会增加到15万。经过大约5年，群落完全成熟，从此数量稳定在20万到30万。群落会在5.5到8年的高龄期消亡，因为蚁后用光了精子，不能再生育更多的工蚁。[1]节俭精神会给蚁后带来丰厚的回报！

一个蚂蚁个体，不管它是工蚁、蚁后还是雄蚁，都始于蚁后产下的一颗小小的卵。这颗卵，和蚁后一生所产的另外200万或300万颗卵一样，都会孵化成小幼虫，一个没有腿也不能排泄的、半透明的白色小点。然而，它很容易吃到工蚁提供的食物，最终体重能增加一千倍以上。在此过程中，幼虫会阶段性地蜕皮，蜕去尺寸不足的皮肤，换成更大的皮肤以便继续成长。最终，幼虫进入幼虫阶段的最后龄期，并吃掉它在这个阶段的最后一餐，整个过程中它都没有排泄过。和汗蜂一样，火蚁幼虫的后肠与消化系统其余部分之间没有连接，或许在早期没有形成这种连接是为了避免污染巢穴。当连接最终形成时，幼虫会产生一大堆废物，称为蛹便（我们只能想象幼虫会有怎样的感受）。蛹便怎么处理？专业化的工蚁会很快收集它，舔舐上面的油性物质，然后将油性物质交付蚁后。这正应了那句古老的谚语，"种瓜得瓜，种豆得豆。"干燥的蛹便被丢弃。显然，油性物质中含有保幼激素的前体——一种会刺激蚁后产卵的兴奋剂。现在，萎缩的幼虫会蜕皮成蛹，这是它成长为成年蚂蚁的静止期。从蛹中羽化的成年蚁成为"超个体"②群落中的一员。工蚁有几个月的生存期，死亡原因往往来自觅食中的挑战和危险。与此同时，负责繁殖的蚂蚁会等待那个神奇的时刻——交配飞行。

　　与汗蜂一样，火蚁也有神秘的杜氏腺。在汗蜂当中，杜氏腺充当幼虫家园的粉刷工和密封工。在火蚁当中，杜氏腺是化学万事通和交流媒介。当一只火蚁发现一处大宗食物来源地时，就会拖着鼓囊囊的腹部回到群落。此后不久，一队新成员离开巢穴，循着大腹便便的蚂蚁留下的踪迹而去。它们追踪的路径来源于成功觅食者的杜氏腺。那只火蚁只需在每厘米路径上留下 0.1 皮克③，就足以让同伴跟踪寻找，这个量少于 $1/3 \times 10^{-14}$ 盎司④。除了留下一条可追踪的线索之外，杜氏腺本身也能刺激蚂蚁去跟踪，就像吸引驴子前进的胡萝卜。

　　人类最好的朋友显然是狗，不是火蚁。反过来说，火蚁最好的朋友却是人。用火蚁腺体研究者沃尔特·钦克尔的话说，"假如火蚁崇拜宗教，人类肯定占据和上帝一样重要的位置，提供给它们生存之所。"[1]为了弄清我们之于这些小生物为什么如同上帝，不妨来看一下这种蚂蚁的生活。火蚁喜欢松土，尤其是容易挖的沙质土壤。它们也喜欢阳光明媚的温暖之地，特别是混有其他植物的草地。理想的火蚁栖息地含有多种食物来源——昆虫、其他小型猎物和种子等植物资源。理想的栖息地也要求没有其他蚂蚁与之竞争空间和资源。这样的地区经常受干扰，生态学家们称之为更迭性栖息地，说明没有哪个蚁种在那里长期占据支配地位。这些地区非常适合流浪物种和包括火蚁在内的弱小昆虫，从本质上说，火蚁就是6条腿的纤弱动物。实际上，经常受干扰的地区是稀缺资源，主要出现于火灾、洪水、大风暴以及虫害和病原体大暴发之后，或者在能够大幅改变一个地区的巨树倒下之后。人类平整土地，种植庄稼，放牧牛和其他牲畜，在居所和空地修建草地和草坪，还有意无意地烧地。事实上，人类活动使这些地区长期维持在不断受干扰的状态。人类的干扰会减少或消灭许多有竞争力的土著蚁种，使这些地区非常适合火蚁生存。

火蚁和其他许多弱小物种有相似的特性。它们生长速度快、繁殖数量多，能迅速侵入受干扰地区，与其他物种展开激烈竞争。除常规活动外，使用杀虫剂带来的干扰能为火蚁创造出一块理想栖息地，杀虫剂不啻为人类送给火蚁的另一份特别礼物。我们用杀虫剂向火蚁宣战，伟大的博物学家爱德华·奥斯本·威尔逊曾将杀虫剂与火蚁之战描述为"昆虫学领域的越南战争"。[1]

小规模战争从20世纪40年代开始，为消灭火蚁，政府机构向火蚁蚁丘上倾倒氰化钙，这种尝试以失败告终。接下来，在没有任何科学背景支持的情况下，特效杀虫剂氯丹，一种会对环境造成持久破坏的氯代烃类化合物，成了最新动用的化学武器。由于没有取得实质性成功（这种蚂蚁像野火一样蔓延），氯丹被替换为更新式的武器——七氯和狄氏剂，也属于令人讨厌的氯代烃类化合物。毫无疑问，这些手段本该奏效。然而，这一次仍如缺少足够科学依据而必可预期的结果一样，火蚁继续扩散，其数量和领地不断扩大。这个项目非但没有影响火蚁，还对环境产生了灾难性的影响，故而先被调整，后被终止。要对付这些小东西，显然还需要更好的手段，于是灭蚁灵出场了。正如大家所猜想的那样，这个项目同样惨遭失败，那个蚂蚁王国继续壮大，并享受着人类劳动的果实。到 20 世纪 70 年代中期，这场"灭蚁灵战役"已经难以为继。大约在这个时候，一位温良恭谨的绅士将战争目标——进口的"红色"火蚁描述为一个新种，此人就是威廉·布伦，他的陈词难得受到公众的重视。布伦给这个蚁种命名为 S. invicta，这个名称借用了拉丁语词汇 invincible（无敌），显然，他是以自己的方式回应了那场火蚁之战的失败。

我们打赢过对于火蚁的战争吗？远远没有，火蚁正在节节获胜，在南方大部分地区空中喷洒有毒杀虫剂也未能消灭这种蚂蚁。事实上，我们的行动反而帮助火蚁减少或消灭了竞争对手——后者被大量消灭之后，不能像火蚁那样迅速重建群落。清理草地也不能除去丑陋的蚁丘和令人不快的蚂蚁，它们只会把土弄得到处都是，使蚁丘的尺寸缩短或加宽。我们也未能阻止火蚁向这个国家的其他地区扩散，火蚁开始现身南加州。在这场战争中我们有过几次小胜，进口火蚁在亚利桑那州尤马市和菲尼克斯有过立足点，这两个地方的外来蚁都被消灭了，或许因为有干热气候的帮助，这样的气候条件不利于火蚁生存。

人类对火蚁战争的失败使美国南部居民没有了对付庭院中这种蚂蚁的武器。大约就在这个时候，佛罗里达州立大学的沃尔特·钦克尔在塔拉哈西成立了一个研究小组——火蚁研究组，该小组的标志是一只监视着佛罗里达州议会大厦的凶恶火蚁，周围写着这样的口号："佛罗里达的今天，就是美国南部各州的明天。"这个杰出团队的任务之一是，为陷入困境的居民提供某种救援。令人欣慰的是，这个团队曾小胜过若干火蚁的群落。解决方案简单、安全、无毒，是杀灭蚁群的满意途径，而且无需付出多少代价，不但节省财力，恐怕也节省人力。方法很简单：煮沸 3 加仑（11.4 升）水，选择你最中意的火蚁群落，将这 3 加仑水对准蚁丘中央慢慢倒下去。如果小心操作尽量不让水流掉，沸水会渗入松软的蚁丘深处，不仅能杀死大多数成年蚂蚁及未成年蚂蚁，也能杀死蚁后。这种方法具有较高的成功率，能够带来暂时的缓解和在不破坏环境的前提下取得小胜。

火蚁之战的一个意外结果是，它证明了人类是如何成为火蚁最好的朋友的。我们的日常活动极大地帮助了火蚁，我们的杀虫行动也为它们成功地在新址安家提供了保障。为什么会出现这种情况？与其他殖民者或入侵者一样，外来火蚁必须和原住民争夺空间、食物和其他资源。如果原住民数量多、力量大、根基牢固，就很可能成为赢家。如果原住民（这里指其他蚂蚁）被消灭或削弱，入侵者的殖民工作就变得更加容易。杀虫行动就是这样帮助火蚁的——杀虫剂消灭了原有的大多数蚂蚁居民（以及某些可能正与之缠斗的火蚁）。可以说，我们是在帮助火蚁清除战场上的敌人，蚁后在被腾出的土地上定居下来，没有或几乎没有本土蚂蚁与之竞争，这使火蚁有很大的机会成功。天平向火蚁一方倾斜。这个栖息地的原住民通常繁殖率不高，交配飞行的季节也短。相比较而言，作为典型的流浪蚁种，入侵火蚁能产生数量惊人的后代，而且交配飞行的季节较长，通常涵盖了一年中所有温暖的日子。这些特征使火蚁拥有比本土蚂蚁强得多的优势，在杀虫剂制造的大屠杀之后，火蚁更容易占据新腾出来的土地。不久之后，火蚁群落在动用杀虫剂的区域变得欣欣向荣。有了人类这个好朋友，火蚁不必担心它们的敌人。

公平地说，火蚁也能够成为人类的朋友，尽管未必是最好的朋友。人类喜欢受干扰的区域，比如种植庄稼的农田和放养家畜的牧场。在一排排庄稼或牧区里，生活着威胁庄稼和牲畜的害虫，它们会与我们争抢我们的劳动果实。居住在农田和牧场的火蚁可能对我们有用，甚至受我们欢迎，它们是许多害虫的天敌。譬如，会毁掉路易斯安那州甘蔗作物的毛虫蔗螟；糟蹋得克萨斯州棉花的棉铃象甲和棉红铃虫；在被洪水淹没的稻田中滋生的蚊卵；常见于牛粪中的角蝇和厩螫蝇（它们对牲口而言是个严重问题）。这些只是火蚁帮助我们的几个例子，或许不足以让我们举起香槟酒向火蚁致敬，但作为我们的新邻居，它们的确具有积极的一面。

经常有人问我怎么区分火蚁与其他蚂蚁。在美国南部地区——进口火蚁的中心地带，并不需要借助显微镜或复杂的鉴别手册和分类学知识，只需要有一只质量上乘的网球鞋穿在合适的脚上，我称之为"耐克"测试。你只需走到那个可疑的蚁丘跟前，用鞋跟快速猛磕蚁丘一下，踢去其表层土，然后迅速退后几步。如果10秒钟内蚁丘表面黑压压一片，布满被激怒的蚂蚁，那么这些蚂蚁就是火蚁。这时候，还要再退后几步。这种测试并非没有风险：如果你未能采取有效的剿灭行动，可能会有几只蚂蚁盘踞在你的鞋上，它们不可避免会顺着脚踝往上爬，寻找可以叮蜇的地方。使劲儿跺脚和快速拍打通常可以解决这个问题。

得克萨斯州佩科斯河以西至新墨西哥州、亚利桑那州和加利福尼亚州的人经常认为，他们那里没有火蚁。为了打破这个神话，不妨在后院进行一次烧烤测试。方法很简单，在仲夏的一个温暖的午后，吃完烧烤后你把一两块鸡骨扔到院子里。为了取得最佳效果，不妨用一块石头或木片将骨头盖住。第二天一大早，当冉冉升起的太阳出现在东方时，检查一下骨头的情况，上面很可能会聚满小小的浅色蚂蚁。在许多情况下，这些小蚂蚁是本土火蚁。它们与进口火蚁类似，只不过数量较少且不够显眼。因为西部地区气候炎热、干燥，这些蚂蚁白天躲在地下，所以你很难看见它们。数量少是因为作为本土蚂蚁，它们的数量要与其他蚁种保持平衡。这与南部地区蚂蚁数量暴增的情况不同，因为在南部，它们的同胞已经取代了大部分本土蚂蚁。虽然不及进口火蚁常见，但西部地区的本土火蚁并非温顺之辈。它们和进口火蚁一样精力充沛，随时可以叮蜇目标，正如那天早晨把鸡骨从院子里捡起来的人所证明的那样。

火蚁危险吗？既危险，也不危险。说它不危险，是因为我们中多数人不曾因火蚁螫针大吃苦头，它顶多让我们的自尊受损，粗野地破坏我们周围平静与安宁的气氛。到了第二天，除了进口火蚁蜇刺留下的白色丘疹状脓疱之外，别无其他不适。得克萨斯州休斯敦一个醉汉的传奇故事就是火蚁螫针通常不会导致长期损害的典型例子，治疗医生这样描述那人的经历：

在某星期日凌晨两点，一个49岁的酗酒者被送进医院。星期六那天他喝了一天一宿，然后打算去一个朋友家里睡一觉。结果，在朋友家门口，他克制不住睡意走进一条沟里，并在黑暗中把火蚁蚁丘当成了枕头……他的脸、躯干和四肢被蜇了约5,000下。体检结果表明，除了呼吸有浓烈的酒精气味以外，他的生命体征很正常。第二天早上，那个患者仍有"通常所说的宿醉"，但总体而言感觉还好。[4]

公平地说，对"火蚁危险吗？"这个问题的回答也可以是肯定的。这意味着不幸遭遇火蚁蜇刺的人有时会令人遗憾地产生过敏现象，对蜇刺过敏的少数人会出现介于全身皮肤反应和呼吸困难之间的任何症状，血压下降导致昏厥或失去意识，于是不得不因此就医。奇怪的是，对火蚁蜇刺过敏的比例，实际上远远低于对蜜蜂或胡蜂蜇刺过敏的比例。对蜜蜂和胡蜂蜇刺过敏者大约占总人口的 1% ～ 2%。相比较而言，不到 1% 的人口对火蚁蜇刺过敏。考虑到以下事实，这一点尤其令人惊讶：在火蚁肆虐的地区，每年大约有一半居民会被叮蜇；[5] 而在蜜蜂和胡蜂聚居的地区，每年只有 10% 或者更少的居民遭到叮蜇。对火蚁过敏比例较低的原因目前还不清楚，很可能与火蚁蜇刺注入的有毒蛋白远远少于蜜蜂或胡蜂蜇刺有关。尽管如此，每年确实有极少数人死于火蚁蜇刺导致的过敏反应。幸运的是，这并不是常规情况，大多数人被蜇后骂几句也就完事了。

火蚁毒液及其化学特性的神秘足以匹敌任何惊悚片（包括谋杀类、阴谋类和侦探类）。火蚁毒液的主要成分是哌啶生物碱，这种化合物与毒芹碱有关，也即致命毒药毒芹的主要有毒成分。公元前 399 年，苏格拉底因对神不敬被迫服下毒芹碱，其实对神不敬只是个借口，真正的罪名是"煽动"民众挑战希腊雅典社会权威的思想。毒芹碱是一种水溶性生物碱，很容易被煮成味道很差的茶。相比较而言，火蚁哌啶不溶于水，也无任何味道，实在不适合沏成一种用于谋杀的茶水。水溶性差也意味着我们不能确定火蚁哌啶对人类有多大毒性，因为这种物质无法通过血液或淋巴液从叮蜇部位流向心脏、肝或其他生命器官。实际上，这些生物碱会留在皮肤里，对局部部位产生毒性，并导致进口火蚁叮蜇的典型特征——迟发性脓疱。同样神秘的是，为什么只有进口火蚁的毒液会导致皮肤脓疱，而本土火蚁却不会？因此，区分美国本土火蚁和进口火蚁有了一种方便的方式，尽管不那么令人愉悦。难道是否形成脓疱与本土火蚁的生物碱分子小于进口火蚁的生物碱分子有关？两者的不同是因为小分子水溶性高，便于从叮蜇部位扩散，抑或本土火蚁的生物碱就是局部毒性相对较小？

为了了解火蚁毒液的化学特性，就要进行深入研究。多年来，火蚁毒液的奇怪特性已为人所知。和大多数蚂蚁或蜂的毒液（水溶性蛋白和多肽的混合物）不同，火蚁毒液形成的毒液滴缺少足量的蛋白质，会在水中漂浮。这种毒液具有难以捉摸的化学特性，20世纪60年代中期对其毒性成分的鉴定结果被后来的一份引人瞩目的报告证伪。[6] 于是回到了最初的结论：那是一种具有"1个胺"的毒液。

为解决火蚁毒液问题，20世纪70年代初，默里·布卢姆接受挑战，组建了一支精干的团队。以喜欢收集烟斗但很少将它们点燃和擅长打壁球著称的默里，将研究地点设在佐治亚州的火蚁腹地，那里很适合他接受挑战。在一系列内容详尽的化学论文中，他和他的团队发现，那种所谓的"单胺"活性成分，包含一种2-甲基-6-烷基哌啶的序列，其中烷基有11～15个碳。苏格拉底被迫服下的毒芹碱，只是哌啶2位侧链上的丙基（3碳）取代了火蚁毒液的1碳甲基，而且没有6位侧链，这使火蚁的传说变得更加神秘。较原始的本土火蚁的毒液主要成分是带有11碳侧链的哌啶，而两种进口火蚁主要具有13碳和15碳侧链。[7,8] 鉴于本土火蚁和进口火蚁毒液的主要区别可归结为 11 碳侧链对 13 ～ 15 碳侧链，我们或许可以得出这样的结论：皮肤脓疱可能是由进口火蚁毒液侧链长度大于本土种引起的。奇怪的是，其他研究发现，11 碳哌啶对于真菌和多种细菌的毒性要大于侧链较长的成分。既然毒液在防止真菌和细菌病原体污染巢穴上似乎具有重要作用，那为什么进口火蚁会进化出效率较低、能量消耗较大的毒液成分呢？会不会因为进口火蚁更需要对付像人类这样的大型捕食者呢？我们不知道答案。关于火蚁我们还有许多尚待解开的谜团，因为火蚁不会轻易"泄漏"自己的秘密。

这意味着我们需要深入了解火蚁的螯针。大多数美国人对火蚁很头疼，非常害怕这些定居美国的蜇人火蚁。其实用不着害怕，也许还有更厉害的蚁种潜伏在南美，等着我们将它们运进来。根据几位著名蚁学家的报告，更具致痛性的蚁种可能是 *S. virulens* 和 *S. interrupta*，详情请继续关注这方面的消息。其实火蚁叮蜇没那么可怕，在疼痛等级上，火蚁叮蜇一次仅为 1 级，甚至比不上普通蜜蜂。火蚁有尖利的螯针，立刻就会使被蜇部位产生烧灼感。然而，这种疼痛只持续几分钟，随后就会减弱到"哦，是的，我能感觉到疼痛，但没什么大不了"的状态。

注释
① 天气炎热时某些树的树叶渗出的带甜味的汁液。
② 指群居昆虫等的群体。
③ 1 皮克 =10^{-12} 克。
④ 1 盎司 ≈28.35 克。

第 7 章

黄蜂和胡蜂

【黄蜂和光面大胡蜂】恐吓家庭主妇，毁掉野餐，构筑大型空中巢穴，仿佛是在挑战全世界朝它们投石头的快腿男孩。

——霍华德·恩赛因·埃文斯、玛丽·简·韦斯特·埃伯哈德《胡蜂》，1970年

7

CHAPTER **7**

YELLOWJACKETS AND WASPS

黄蜂。我们的头脑中时常会乍现闪耀而华美之物，轻率乃至鲁莽之物，值得关注和思考之物，实际上，这些意象完全适用于黄蜂。它们闪耀、华美，而且值得关注，因为会蜇人。对于粗心大意的人和某些愚蠢到用手去抓它们或者骚扰其巢穴的人，黄蜂一定会让他们尝到蜇痛的滋味，这是黄蜂的专长。光鲜的黄黑外套暗示，黄蜂是表达防御潜能的真正高手，或者说，如果有必要的话，它们会对任何人或任何其他具有视觉适应性的大型动物使用这种能力。如果潜在的攻击者视力很差，黄蜂就会换用另一种警告技巧：嗡嗡大叫，向广大区域的听众散发一种狂野的、很容易听见的高调声音。这种刺耳的蜂鸣不同于黄蜂、蜜蜂或苍蝇飞行时发出的正常的嗡嗡声，这是一种独特、有规律、易于识别的声音，就像一条受惊的响尾蛇发出的格格声。黄蜂的嗡嗡声和响尾蛇的格格声起到的作用相同，都是警告听者远离，否则就要遭受严重后果。普通苍蝇被捉时会尝试模仿黄蜂或蜜蜂的高音警告，不过苍蝇只是虚张声势。模仿一种危险动物的声音、颜色、气味或者行为被称作拟态。如果拟态是假的，也就是说，那个动物并未施加真正的威胁，比如苍蝇的例子，那么就被称为贝氏拟态，以19世纪著名博物学家亨利·贝茨来命名，贝茨是第一个描述这种现象的人。如果拟态是真实的，动物的确会施加威胁，就像黄蜂的几个外表和声音很相似的种所表现的那样，就被称为米勒拟态，这是为了纪念德国博物学家弗里茨·米勒，是他首先详细描述了这种拟态。[1]

只要给予机会，所有孩子都是博物学家。与其他孩子一样，我也曾是个"小博物学家"。我的迷恋对象刚好是黄蜂，而且是最大个儿的黄蜂——光面大胡蜂。它们在温暖的阳光下活力四射地飞来飞去，那种无忧无虑的姿态令人着迷。它们引人注目的色彩更让我心驰神往。

胡蜂去往哪里？住在何处？这是对我的挑战。一旦找到它们的巢穴，就有更多机会呈现在我面前。在不被它们察觉的情况下我能走到多近呢？我能数出1分钟内有多少胡蜂飞进飞出吗？当面临挑战时它们会做什么？有一次，年幼的我好奇地观察我的父亲，一位极富博物学实践经验的、老到的威斯康星州林务官，如何清除一个黄蜂群落，那些黄蜂就生活在通向我家门廊的石阶下面。父亲不想趁晚上将汽油倒进蜂巢入口而杀灭它们，这虽然是对付黄蜂的一种传统方法，但不专业，因为气味难闻，场面也不好收拾。点燃汽油，用火烧死黄蜂的传统方法太过危险，违背我父亲的风格和个性。他也不想在我家前院喷洒毒药，这往往会带来刺鼻的气味，而且不一定能成功。最后选定的方法是，朝蜂巢入口填充灰浆，将黄蜂困在里面。我们带着罩有红色玻璃纸的手电筒出门（黄蜂看不见红色），堵住了那个入口。第二天早上，黄蜂群落依然故我。它们在晚上挖通了湿灰浆，生活依旧如常。次日晚上，我们在入口下方填充了一些起阻隔作用的钢丝绒，并再次填塞了灰浆。在整个过程中，巢内的黄蜂发出轻微的嗡嗡声，但它们没法攻击我们。计划再次落空，这一次黄蜂在走道下方的泥土中挖了一条侧向地道，逃到了不远的地方。我从这个实验中发现，昆虫和人一样善于解决问题，积极应对大自然可能带来的挑战。

在实验过程中，父亲保证我们不被蜇到。他知道黄蜂螯针的厉害，作为一个好父亲，他竭力保护我不被叮蜇。我把这次行动看成是一次不错的学习机会，但算不上多么刺激的冒险。为了冒险，我亦步亦趋地跟着邻居男孩四处玩耍，到小溪、田野和树林中寻找蛇、蛙、蟾蜍、蠕虫或其他吸引我们注意的东西。就像人类的远古非洲祖先一样，我们也是捕猎者，只不过我们捕猎的对象都是小东西，也不会像祖先那样把猎物吃掉。在一个宜人的夏日，一个大男孩发现了那个完美的小猎物——光面大胡蜂的窝巢。很快，我们朝蜂巢的方向投掷石头。结果，我被胡蜂蜇了。高喊和尖叫都是冒险的一部分——因为我们都在尖叫，但不允许哭鼻子。我默默地舔舐着自己的伤口。

与黄蜂打交道的经历带来了若干启示。首先，大自然是一条双行道，如果你招惹别种生物，它就会对你的行为做出回应。第二，人类并非总能支配和预测我们与大自然相互作用的后果。最后，自然界、昆虫（尤其是蜇刺昆虫）都是那么令人心动。可以把孩子看成未经训练的科学家，把科学家看成训练有素的成年孩子。大概在十二三岁年纪，我们进入小大人阶段，希望摆脱幼稚，让童年生活成为回忆。到了初中，我们学习严谨的文化课和技能。我的兴趣首先转向数学，特别是几何，然后是物理，最后是化学。昆虫和生物学被抛在脑后，但并未被我意念中的那个男孩遗忘。

多年以后，我到哥斯达黎加研究杀人蜂的生态学、遗传学和防御行为，早年的化学和昆虫学训练派上了用场。从遗传学角度讲，杀人蜂只是生物学意义上的野生蜜蜂，尚未经过培育、基因修改或驯化。杰出而又富有才华的遗传学家沃里克·克尔应巴西政府请求，将杀人蜂从南非比勒陀利亚地区带过来。它们摆脱了囚禁，而且比之前引入的驯化蜜蜂更适应巴西温暖的气候，它们不断向北扩张，势力范围到达哥斯达黎加。它们仍然保持着针对人类和其他哺乳动物的一整套自然防御手段。

在本分工作之余，我和昆虫声音、声学专家海沃德·斯潘格勒决定去拜访一下弗兰克·帕克，当时后者正在研究旋丽蝇生态学。弗兰克是个独特而又迷人的高个子男人，本地人称他"大块头外国佬"，此

086　　━━━━━━　蜇虫记

人态度友善而又精力充沛，像吸尘器一样将他在田野里发现的任何昆虫和蜘蛛一股脑儿"吸走"。他的幽默感使得许多访客自愿到田野中，帮他捕捉那些被吸引到腐烂三天的糊状猪肝上的旋丽蝇。当他将白色捕虫网砰地扣向烂猪肝捕获住一只苍蝇时，昆虫学家们一脸僵硬的表情会让他大为快意。

　　我们造访弗兰克那天，他正在哥斯达黎加瓜纳卡斯特省一座山峰西侧半山腰的一处森林草甸上忙碌。我和海沃德没有打搅弗兰克和他的苍蝇，而是去寻找可能令我们感兴趣的、会蜇人或发声的蚂蚁或蜂。目标近在咫尺，就位于弗兰克营地上方一百米处。在一簇虽然不大但极其稠密的荆棘灌木丛中，有一大窝热带胡蜂（*Polybia simillima*）。它们具有相当致痛的蜇针，而且能将蜇针留在目标动物皮肉中，20 世纪初两位博物学家菲利普·劳以及理查兹先后发现了这一点。机会转瞬即逝，我可不想让这个良机从手边溜走。弗兰克和海沃德拒绝参与行动，他们宁愿和苍蝇待在一起。我穿上配备防护面罩的防蜂服，准备将那个蜂巢装入袋中以便用于解剖、毒液收集和分析。尽管我有在热带地区工作的经验，但以前从未遇到这个罕见的蜂种，我不想错过机会。我以前就知道，任何会蜇人的黑色昆虫都不好惹，靠近它们时要格外小心。不好惹的胡蜂均为黑色，叫声刺耳、攻击迅速而又敏捷，还能将蜇针留在你的皮肤里，这些都是我预见到的特征。我一手握着用来剪掉棘刺的大剪刀，一手握着袋子，准备例行公事地一蹴而就，将我需要的胡蜂收入囊中。我错了，童年时期与黄蜂打交道的教训浮现在脑海中，这些胡蜂有能力应对眼前的难题——一个威胁到它们窝巢的昆虫学家。解决方案很简单，从防护面罩的网眼里钻进去蜇人。被蜇了四五下后，我穿着防蜂服以百米冲刺的速度径直跑向下方营地。

迎接我的弗兰克面带焦虑，他说："别把那些胡蜂引过来。"像父亲般慈爱的海沃德更能理解我的需求，他帮我弄好一个军用物件——防护面罩内的绿色防蚊头纱，这应该可以解决问题。我又错了，童年从黄蜂那里得到的教训继续深化。这一次，那些漂亮的黑色胡蜂直接从防蚊头纱的松紧带下面爬进来。被蜇了六七下后，我故伎重演——穿着全套装备以惊人的百米冲刺速度全速逃回营地。几只胡蜂一路跟随我到营地。当一只胡蜂在弗兰克身边嗡嗡叫时，他的情绪从焦虑变成了懊恼："别再回来了，去和你的胡蜂呆在一起吧，我可不想被蜇到。"虽然很痛——这些胡蜂带来的痛感远比黄蜂或蜜蜂厉害，但我没有畏缩。在海沃德的帮助下，我们再一次做了尝试。这次海沃德在防蚊头纱和外衣里面的运动衫之间、靴子和裤腿之间以及外科医用丁腈手套与袖口之间都缠上了银色胶带。我没有理会弗兰克的嘟哝，再次向山上走去。这一回终于大功告成，奖赏是填补了蜇刺昆虫毒液数据的重大缺口。

　　黄蜂和胡蜂究竟是何方神圣？"胡蜂"一般指膜翅目胡蜂科昆虫的所有种，包括大胡蜂、黄蜂、马蜂（Polistes）以及其他生活在群落中、经常筑造纸巢的群居蜂（多为热带蜂种）。胡蜂（wasp）这个词起源于盎格鲁-撒克逊词根 webh，意思是"编织"，指"编织木纤维"以筑造纸巢。在今天的欧洲，"胡蜂"指大胡蜂（Vespa）及体形较小的同类——黄胡蜂（Vespula）和长黄胡蜂（Dolichovespula）。奇怪的是，美国人通常用"黄蜂"而非"胡蜂"来描述黄胡蜂和长黄胡蜂。似乎是为了让大家更头疼，美国人将最大个儿的黄蜂单列出来，命名为"光面"大胡蜂。也就是说，这是人们最熟悉的称谓，除非你是一个美国医师——在这种情况下，更通俗的名字是"白面"大胡蜂。这些名字都不合理，因为这个物种（*Dolichovespula maculata*）既不是大胡蜂，即胡蜂属（*Vespa*）的所有胡蜂，也没有一张"光（bald）面"（不管 bald 在这里是什么意思①）或"白面"。导致名称混乱的并非只有美国人和美国医师，科学家也在其中起了作用。1857 年，瑞士出生的亨利·德索叙尔将美国西部大多数地区（尤其是落基山脉以西地区）数量最丰富的黄蜂命名为 *Vespula pensylvania*。他搞错了两个方面。首先，Pennsylvania（宾夕法尼亚）是美国东部的一个著名大州，这个名字通常会让人联想到这个州。其次，他拼错了 Pennsylvania，漏掉一个 n。第二个错误可以原谅，因为德索叙尔既不是美国人，也不是英国人，他也许只是犯了一个打字错误，或者不太清楚 William Penn 或 Pennsylvania 的正确拼写。第一个错误是难以原谅的，因为德索叙尔弄混了来自加拿大东部和墨西哥西部的蜂种，给这个混合种起名 pensylvania。这两种蜂都不来自宾夕法尼亚，让人奇怪 pennsylvania（或 pensylvania）是从哪儿来的。仿佛混乱还不够大，1931 年，约瑟夫·贝卡尔为澄清混乱改名为 pensylvaniva（多了一个 v）。这显然是一个排版错误，但留下了永久的记录。[2] 最终结果是，直到今天，这个名称在文献中仍存在拼写和分类双重错误。难怪这个蜂种的最佳名称恐怕是官方通用名——西部黄蜂。为便于交流，笔者将使用"黄蜂"一词指代黄胡蜂和长黄胡蜂这两个属，用"大胡蜂"指代胡蜂属，用"胡蜂"指代所有社会性胡蜂，包括黄蜂和大胡蜂。

黄蜂和大胡蜂都是大型蜂，外表通常有光泽，黑黄或黑白相间的条纹上有时带有红、橙或棕色的斑点。它们一年一度的生命周期从单独成员——受精蜂后独自建立一个群落开始。随后蜂后成为产卵的机器，让其后代——工蜂来做大部分工作。这个生命周期是由雄蜂和年轻的蜂后共同开启的，它们常常飞出群落外交配。交配时间很短，根据蜂种不同，从 10 秒到 10 分钟。在人类观察者看来，交配过程显得相当笨拙，完全不像火蚁交配那么疯狂。雄蜂从后面爬到雌蜂身上，定位生殖器，然后倒向后侧，常常悬吊在雌蜂身上。雄蜂和雌蜂都会多次交配，从两个研究过的蜂种来看，平均交配次数为 5～9 次。[3]

交配完成后，新蜂后会喂肥自己，而不那么幸运的雄蜂会死掉（作一个雄性昆虫很难）。在温带蜂种中，雌蜂会找一个安全的地方度过冬天，"冬眠"之地通常在树皮下面、腐烂的森林凋落物里面或者建筑物缝隙之间。经过几个月，消耗掉高达 85% 的脂肪储备之后，[4]蜂后从"冬眠"中醒来，开始建立新的群落。蜂后的首要目标是找到一处理想的筑巢地：废弃的啮齿动物洞穴，地上的其他孔洞，植被中的好位置，中空的树，或是房屋墙壁上的空洞。一旦蜂后选定巢址，它就会用咀嚼过的木头或植物纤维制造六角形的纸巢，在每间巢室产一颗卵，然后用纸质包裹物封闭巢室。当卵孵化时，它会离开巢穴找寻用以喂养幼虫的猎物。随着幼虫成长，蜂后经常蜷起身子，裹住依附在蜂巢上的纤细柱状"肉茎"，以便温暖幼虫，加速它的成熟。如果一切顺利，小工蜂会在几周内长成，接管大部分觅食工作、采集纸浆和水、扩大巢穴面积，从而使群落进入快速扩张阶段。

在很多情况下，这个过程并不顺利，其他蜂后可能觊觎那个成功筑巢的蜂后。既然可以偷别人的窝，何必自己费力筑巢呢？其他蜂后会试图入侵并占据（篡夺）原蜂后的群落，原蜂后常常难逃被杀的厄运。"篡位"蜂后与原蜂后可以属于同一个种，也可以属于不同的种。

一个研究比较充分的例子是东部的额斑黄胡蜂（*Vespula maculifrons*）

和南部的美国南方黄胡蜂（*V. squamosa*）。体形较大的南部黄蜂蜂后喜欢占据东部姐妹的窝巢，它自己并非不能建立群落——它能做到，但更愿意窃取别人的劳动成果。篡位战役非常惨烈，一系列入侵往往导致多个蜂后死亡，在窝巢下方或者入口处可见它们被蜇致死的尸体。新蜂后幸存下来的机会可能更小，它可能被另一个蜂种——不能建立自己的蜂巢甚至不能繁殖工蜂的完全群栖性寄生蜂所攻击。与原蜂后相比，这些寄生昆虫具有真实的优势，它们往往更强壮，具有更坚硬的体甲，螫针也更大、更弯、更结实。虽然其毒液并不具有更大的毒性，[5] 但螫针较善于寻找寄主蜂后身上的攻击点。寄主蜂后通常会遭到致命失败。

如果蜂后能够安然渡过群落初创期（90% 无法做到这一点[6]），它的群落就会进入成长阶段，此时食物、纤维和觅食能力成为焦点问题。蜂后新培育的无生殖力的工蜂，现在可以在距群落 400 米的范围内觅食，有时达到 1,000 米。[7] 它们在这个范围内寻找各种原料：水、花蜜、纤维或者猎物。水用来制造纸浆，在炎热天气里还能起冷却作用。来自花、树蜜源、水果或软饮料（"可口可乐蜂"）的糖浆，可用于支持长距离飞行或者温暖巢穴。纤维用于扩充巢穴——增加更多的纸浆巢室或保护性覆盖膜。不同的蜂种喜欢不同来源的纤维：有些喜欢风化的优质木材，比如我家后院的灰晾衣架；另一些偏爱松软、腐烂的纤维源。由后者产生的纸浆脆弱易碎，没有多少价值，让那些想把蜂巢当战利品挂在墙上的收藏者大为懊恼。搜寻猎物对工蜂来说是最困难的任务。它必须首先找到合适的猎物或其他蛋白源（比如腐肉），然后抓住它（腐肉除外）、征服它、加工到适合携带的程度，再带着这个珍贵的"肉丸"飞回巢穴。最受欢迎的猎物包括苍蝇（尤其是家蝇）、厩螫蝇、马蝇以及其他常见的蝇类和毛虫，大多数昆虫或蜘蛛也在这份清单上。这份猎物清单就像各种小生命的详细目录：蛾、炸蜢、蟑螂、蝉、金龟子幼虫、蜜蜂、蜘蛛，甚至包括同属一种的其他黄蜂。[8,9]也不排除大型动物，我们已经知道，黄蜂会吸食马身上未愈合伤口的血肉。[10]一位勇敢的昆虫学家在笔记中描写一只黄蜂在他的耳垂上咬了一个洞，嘴上衔住一滴血飞走了。[11]

胡蜂同时利用视觉和嗅觉觅食。大的复眼适合发现移动物而非形成轮廓清晰的图像。如果猎物移动，它就会被发现并被快速捕食；如果猎物不动，比如落在谷仓墙壁上的苍蝇，胡蜂也会扑向它。想象一下一只多次扑向谷仓墙壁上钉头的黄蜂会有多沮丧——钉头看上去很像落在那里的苍蝇。值得赞叹的是，黄蜂能够意识到钉子不是苍蝇，因此不会再次扑向它。不过，它还是会扑向附近的其他钉头，每次都要领受教训，才发觉那个黑点不是苍蝇。[8]气味是觅食中的另一个主要线索，人们经常发现黄蜂迎着风向飞向食物源。如果食物源太大，一次带不走，黄蜂就会采取定向飞行——面对食物源走弧线一圈一圈地飞离。通过这个方法，觅食的黄蜂能"看见"食物源的位置——不管它是一只大蜘蛛留下的残羹冷炙、一只死老鼠还是一块吃剩的果冻三明治，而且能够很快飞回来带走它的下一口食物。因为黄蜂能把食物气味带给同巢的其他黄蜂，所以它也能招募同伴飞向食物源。循着气味线索，黄蜂飞出去寻找气味源，最终见到其他已在食物源觅食的黄蜂。[12]

随着黄蜂群落从一个小的蜂后群落发展为成员众多的大型群落，它也从一个只生产工蜂的工厂变为一个出产可育雄蜂、蜂后以及本质上无繁殖能力的工蜂的工厂。这一转变通常发生在夏末和秋末，此时群落成员数量最多。就像预先被异性少年占满的房子里的情况一样，当有繁殖能力的新生命到来时，黄蜂群落中的生活会变得更加混乱。可育个体不工作，但要进食。随着蜂后的消亡，劳动力数量下降，群落往往会萎缩。到繁殖季结束时，工蜂全部死亡，新蜂后完成交配，雄蜂死亡。一年一度的周期就这样结束，蜂巢遭到遗弃，新蜂后开始寻找过冬的庇护所。

等等！这并不是故事的唯一版本。在气候较温暖的栖息地，某些种会有少量一年繁殖两次的群落延续到第二年冬天。这些"一夫多妻"的群落有多个可育蜂后，因而成员数量不断增加。有时蜂后数量会超过100只，[13] 蜂巢高3米多，直径1米，[14] 重450千克。[15] 年幼的孩子可能会被告诫不要朝这些蜂巢扔石头。

投掷石块的孩子并非黄蜂唯一的"捕食者"。黄蜂的捕食者有各种尺寸。小的捕食者包括食虫虻、蜘蛛和蜻蜓。食虫虻和蜻蜓能在飞行中捉住外出觅食的蜂后、工蜂或者雄蜂。食虫虻抓住觅食的黄蜂，用短剑般的口器刺穿它们的脖子或前胸，然后注入毒性大至几乎可以瞬间致命的毒液。蜻蜓朝一只飞行的胡蜂俯冲过去，用6条腿形成的"篮子"困住它，然后快速咀嚼胡蜂的身体。蜘蛛会猎食落在网里的黄蜂，蟹蛛潜伏在花间，伺机抓住停在花上寻找花蜜的猎物。

大的捕食者包括各种各样的鸟和哺乳动物。老鼠、鼹鼠和鼩鼱常常捕猎冬眠的蜂后。大型哺乳动物比老鼠和鼹鼠更引人注目，它们更是严格意义上的黄蜂捕食者，经常摧毁完全成熟且成员众多的群落。在英国，獾尤为重要。[15] 有一次，两位杰出的黄蜂研究者珍妮·扬特和鲍勃·珍妮在威斯康星州一个家庭后院挖掘黄蜂群落时，看见一只大浣熊坐在后面门廊上。浣熊也在看着他们，显然是在等待一顿大餐——残余的黄蜂巢穴碎片（它没想到，珍妮和鲍勃不会给它留下任何残羹冷炙）。虽说这只浣熊未能成功得到一顿美餐，但在北美东部地区，浣熊被认为是地下黄蜂最重要的捕食者，它们贪婪地挖掘巢穴，拆散蜂巢，并吃掉蜂巢里的幼虫，样子很像一个人在啃玉米棒子。[16] 在英国，大型捕食者还包括鼬鼠之类的动物；在北美，臭鼬、獾和黑熊可能是重要的捕食者，如果它们在那个地区数量很多的话。我们不太清楚大型捕食者究竟是如何忍受黄蜂叮蜇的，但知道黄蜂螫针确实会带来伤害。难道这些动物皮足够厚、毛足够密，可以阻挡叮蜇吗？看似不太可能，特别是眼睛、鼻子和嘴巴周围，这些部位皮又薄毛又短。我曾数过，一只德国牧羊犬被蜜蜂蜇了 3,305 次，90% 在面部，尤其是眼睛和口鼻周围。[17] 如果说黄蜂在发布叮蜇信息方面不及蜜蜂，那才叫奇怪呢。熊在卡通片里以酷爱蜂蜜著称，它也爱吃黄蜂富含蛋白质的幼虫。这种爱好能让它忍受蜇痛，正如比奇洛在 1922 年描述的那样："它们会扒开地下的蜂巢，虽然挖得很快，但因为遭到那些发怒昆虫的叮蜇，经常不得不停下来。它们咆哮着在地上打滚，然后继续挖掘。虽然遭到严惩，但熊先生会一直坚持下去，直到最终获得来之不易的战利品。"[18]

也许熊、獾、浣熊和臭鼬比人类更顽强，更能够忍受蜇痛；也许它们更饥饿；也许它们对毒液有抵抗力，能抵消其毒性，就像猫鼬会抵消眼镜蛇毒液的毒性一样。我们尚不知道这些问题的答案，请对这些问题保持关注！

鸟类也是黄蜂和其他蜇刺昆虫的重要捕食者。许多鸟，包括欧亚黑鸟、大山雀和美洲食蜂鹟，都能够捕获飞行中的黄蜂。另一组鸟极擅长捕食飞行中的蜜蜂和胡蜂，以至于被称为蜂虎。欧洲蜂虎（*Merops apiaster*）捉到一只飞行的胡蜂后，会把它往一根树枝上撞，以便清除毒液，然后痛快地吃下去。如果是雄蜂，这种鸟就会省略清除毒液的步骤，直接吃掉。[19]一种被特地命名为蜂鹰（*Pernis apivorus*）的旧大陆鸟，尤其擅长捕食蜇刺昆虫。它长着一个精巧的喙，与𫛭（*Buteo*）没有近缘关系，当然也不属于美洲鹫类，即北美人通常所说的红头美洲鹫。蜂鹰喜食黄蜂和其他蜇刺昆虫。这种鸟从巢中挖出幼虫和蛹以及吃掉幼虫和蛹时显得轻松自如。它似乎并不在意聚集在头部周围的黄蜂，也没有被蜇的迹象。它似乎更专注于搜寻天敌和享受美餐。

如果大、中、小型捕食者都能够以黄蜂为食，那么蜇针的价值体现在哪里呢？难道蜇针只能用于杀死或麻痹猎物吗？对于第一个问题，简明扼要的回答是，蜇针是对抗大多数潜在捕食者的出色防御手段。蜇针在防御上的有效性存在例外提醒我们注意，进化过程是如何不断打磨捕食者的适应性、策略和防御行为的。这些例外也会让我们关注防御手段的常规价值。关注一种防御手段的成功，虽然通常不及各种失败的情况吸引人，但对了解这种生物的生活至关重要。

关于黄蜂是否会叮蜇猎物这个问题的解答，相关文献中充斥着轶事趣闻、糟糕的观察和粗陋的见解。常识告诉我们，胡蜂会叮蜇猎物，但常识是靠不住的。引用我高中物理老师的话："常识是稀罕物，因为很少有人拥有它。"常识易于偏向我们的观察。声称或暗示猎物会被叮蜇的经典报道包括 1911 年卡尔·邓肯极其草率做出的早期陈述："母蜂将蜇针用作它为子女获取所需动物食物的重要手段……母蜂反复用蜇针戳刺对方 [从而杀死苍蝇]。"[8]

其他人的结论较为谨慎，认为蜇针用于对付强悍的大型猎物。怀有这种想法的作者包括菲尔·劳，他说："我们看见另一只 [黄蜂] 叮蜇一只成年蚱蜢，后者负痛而去，黄蜂跟在后面不断叮蜇对方，直到它俩从我们的视线中消失。"[20]

菲利普·斯普拉德贝里写道:"只有在极个别情况下,黄蜂才会使用螫针——比如当它和猎物较量,对方体形极大或者竭力挣扎并有可能脱离黄蜂的束缚时。"[15]

一旦先前那些根据仓促或糟糕的观察得出的结论进入文献,就很难从人们的头脑中清除。其他一些有关黄蜂叮螫猎物的故事主题与危险的猎物相关,其中包括几则黄蜂和蜜蜂的故事。"[黄蜂]总是试图控制对手的头部,这样就能够使蜜蜂始终后背着地。只要蜜蜂开始变得乏力,黄蜂就会加强攻势,用腿抓住对方,并叮螫后者的胸部。"[21]另一处,"在多次叮螫和猛咬它[蜜蜂]的身体之后,大黄蜂把它拖走,并在闲暇时将其吃掉。"[22]

还有一些例子与胡蜂叮螫危险对手有关:陷入蛛网的胡蜂会叮螫织网的蜘蛛;[23]一只被蜻蜓捉住的胡蜂扭转形势,叮螫蜻蜓并将它作为猎物。[24]在评论一只黄蜂如何捕获苍蝇时,奥鲁克谨慎地写道:"黄蜂会强有力地使用螫针,但不总是如此。"接着,"当它控制住苍蝇时,会极有力地使用螫针,与此同时开嚼苍蝇头和胸之间的连接部分……杀死苍蝇并非借助叮螫,而是咬掉猎物的头部。"[25]

黄蜂行为的两个特征歪曲了人们对被螫猎物的观察。捕捉猎物是一个消耗能量和氧气的过程。和大多数昆虫一样,黄蜂的呼吸经由气管进入组织,腹部像手风琴一样抽吸空气。因为螫针包在突出的腹尖内,所以在叮螫过程中突然暴露出来时,你不可能看见它。我们会预期,螫针是靠腹部泵吸而刺入目标体内的。捕猎行为另一个令人困惑的特征完全源于力学上的考虑。我们怀抱婴儿或其他重物时,会很自然地使其紧挨身体侧部,以便用髋部作支撑,我们的髋部就像是一只额外的手臂。黄蜂没有髋部，但有时像我们一样，需要额外的手臂控制和操纵挣扎的猎物。腹尖就是那只灵活、方便的额外手臂，使用腹部完全符合我们对叮蜇过程的预期。

导致我们编造被蜇猎物故事的最后一个要素是，混淆了被动防御和主动猎杀。当捕食者发动攻击时，黄蜂或其他蜇刺昆虫会尝试使用螫针进行防御，这种防御已被胡蜂与发动攻击的蜘蛛或蜻蜓进行搏斗的情形所证实。如果胡蜂赢得战斗，它会转守为攻，杀死先前的捕食者，把它带回巢穴。卡尔·邓肯简洁地表达了对猎物被蜇故事的态度："这些陈述是错误的，因为皆是基于先入之见而非精确的观察。"[8]

具有讽刺意味的是，螫针要成为有效的防御手段，有时必须经历"失败"。如果黄蜂没有天敌，其有毒螫针从一开始就不会获得进化，自然选择会很快淘汰掉耗能的无用器官。如果螫针是无用的，它就会像洞穴盲鱼的眼睛一样退化——洞穴盲鱼的祖先曾经具有功能完善的眼睛。从另一方面说，如果螫针在对抗主要捕食者和竞争者方面只具有最低限度的作用，就会发生类似于森林草蚁那样的演变——其螫针演变成喷射甲酸的"喷嘴"。螫针发生演化的关键是，有时能起作用。在将基因（包括个体特有的螫针）传递给下一代方面，能打败更多捕食者的蜂后和工蜂，较之其他具有低效率螫针的同类，具有一种选择上的优势。捕食者"过滤"螫针的基因库，是螫针得以进化、改良和维系的驱动力。如果黄蜂的螫针能更有效地对抗更多的潜在捕食者，就能为生存提供很多机会。现在，拥有防御能力的黄蜂不再是唾手可得的美味佳肴，也不需要去过那种担惊受怕、躲躲闪闪的生活，它们敢于在大白天远离巢穴，去寻找提供甜品的花朵和落在草地间的新鲜牛粪上的苍蝇。它们也能够繁殖更多的后代。

我亲身体验了胡蜂叮蜇带来的额外好处（指对胡蜂而言）。就像森林草蚁一样，有些胡蜂会喷射毒液，但喷出来的不是甲酸，而是含溶胞素和致痛成分的蛋白质。我是在招惹一个东部黄蜂群落时第一次察觉到这种行为的。我成功地将数百只工蜂吸引到我的防蜂面纱周围，它们试图进入面纱叮蜇我。突然，空气中散发出芬芳扑鼻的香水味。这种气味宛如花香一般沁人心脾，只是当时的场景不怎么令人愉快。香味是从哪儿来的？作用是什么？第二个问题的答案再清楚不过，一旦出现这种气味，黄蜂的攻击迅速变得凶猛起来。香味是信息素，警告和招募更多的姐妹前来参战。它的来源呢？我怀疑是毒液。回到实验室将一个新鲜的毒液囊压碎，果然香味出现了，黄蜂身体的其他部分都不可能产生这种气味。另外，当这种气味在野外出现时，我脸部周围的空气变得令人不快。工蜂会把毒液微滴喷洒到空气中，这些微滴是释放信息素的媒介。

　　喷射到空气中的黄蜂毒液并无大碍，至少没有直接影响到我，不过热带地区的另一种群居蜂就没那么简单了。一种具有近乎透明的白色翼尖、身体精致可爱而又晶莹剔透的黑胡蜂（*Parachartergus fraternus*），能用灰色薄"纸"覆盖蜂巢，制作出的具有完美波浪形外观的巢穴如同一流艺术品。在哥斯达黎加，蜂巢经常建在高出地面数米的小树上。仅因为这些胡蜂是黑色的，就足以告诫我们，它们是不好惹的。

　　一天，我和助手驱车前往哥斯达黎加的蒙特韦尔德。当我们沿着一条陡峭公路前行时，看见公路左侧的一棵小树上有个特别漂亮的蜂巢。蜂巢比地面高3米，位于一棵直径15厘米的小树上，那棵树以约20度角向外倾斜，俯瞰着下面的深谷。这个目标似乎可以手到擒来：只需穿上防蜂服，提着袋子爬到树上，小心地将袋子罩住蜂巢，折断挂蜂巢的树枝，转眼间蜂巢就可以到手。可是胡蜂并不这么认为。我开始爬树的时候，振动惊扰了它们，但它们只是观察动静，没有飞走或发动攻击，直到我来到它们身边。这个时候，我屏住呼吸以防遭到大规模攻击（到此为止进展一直很顺利），一切按计划进行，直到袋子碰到一根断枝，没能把整个蜂巢罩在里面。这简直就是赤裸裸的挑衅，胡蜂一窝蜂地飞出巢穴向我冲来。它们无法突破面纱，但另有高招——它们透过面纱网眼朝我的眼睛喷射毒液。当第一滴毒液碰到我的眼睛时，我紧闭双眼，避免更大的潜在伤害和疼痛。与此同时，我在悬崖上方 3 米的地方，手里拿着一半裹在袋里的蜂巢，而且看不见东西。我不想失去这个机会，无论如何想方设法将整个蜂巢塞进袋里，然后折断相连的树枝，手里拿着战利品，闭着眼睛从树上滑下来。助手引导我坐进车里，然后驱车离开。疼痛和眼泪持续了几分钟，好在毒液溶于水，眼泪最终把毒液冲走了。

我们人类并不把黄蜂视为最好的朋友。用霍华德·埃文斯和玛丽·简·韦斯特·埃伯哈德的话说："胡蜂不属于最受欢迎的动物，因为我们很难接受在自我保护方面装备得如此完善的生物。"[26] 随后哈里·戴维斯也就此发表意见："几乎没有例外，人们都不希望家中出现胡蜂，他们最担心的就是被蜇到。"[27] 最早关于胡蜂的书面记载与埃及国王美尼斯有关。美尼斯执政时间长、实力强大，是埃及的第一任法老，野史记载他是被一只胡蜂叮蜇而丢掉性命的。据说大约在公元前 2641 年，国王美尼斯被蜇刺致死，当时他正在一艘驶近大不列颠的战船上。尽管胡蜂爱好者和过敏症专科医生都希望从这样的故事中获得快感和想象力，但那个国王并不是被一只胡蜂杀死的，他极有可能是在航行尼罗河时被一只河马咬死的。这个故事的寓意尚不清楚：仅仅是为了表明胡蜂如何强烈影响了我们的情绪和恐惧感，还是暗示我们对胡蜂的恐惧甚于河马？

约 2,300 年前的亚里士多德是第一个记载黄蜂和大胡蜂的科学家，他提出，它们的螯针比蜜蜂的螯针更强大。亚里士多德精准地描述了它们的许多生活习性。他指出雄蜂无螯针，还对它们的领袖（蜂后）是否有螯针进行了讨论（他的结论是：蜂后很可能有螯针，但不会付诸使用）。在亚里士多德之后是一个迷信、浪漫和无知的时代。罗马人相信，黄蜂产生于死马，大胡蜂较特别，是由死去的战马产生的，而蜜蜂是由死牛产生的。这些信条在欧洲一直持续到 16 世纪，直到 1719 年，善于观察的法国博物学家德雷奥米尔才首次确立了对于胡蜂的现代科学理解。[28]

这些故事和历史记载是要告诉我们，黄蜂和大胡蜂在人类与蜇刺昆虫的生命游戏中是赢家吗？一些证据显示，答案是肯定的。在美国，每年大约有 50 人死于各种蜇刺昆虫的叮蜇（各种类型的胡蜂、蜜蜂和火蚁）。[29] 与此同时，死于吸烟的人数是这个数的 10,000 倍，死于糖尿病的人数是这个数的 1,000 倍。我们在鸡尾酒会上会不会说起如何幸免于一个烟雾缭绕的环境，或者如何在中间休息时克服被高糖、高脂肪的炸面圈所诱惑呢？不，我们会津津乐道地谈起遭遇一只蜇刺昆虫后幸运逃脱的故事。这显然说明，蜇刺昆虫是令人恐惧的。虽然没有完全被吓倒，但我们的确害怕蜇刺昆虫；我们并不害怕烟雾、糖尿病以及其他更危险、更容易预防的生活片段。在杀灭黄蜂的现代技术手段出现之前，胡蜂是赢家，我们放任它们自行其是，做它们想做的事情。

人类和大胡蜂之间逐步演化的心灵游戏非常有趣。我们不只是害怕蜇刺昆虫，还津津乐道于对它们的恐惧。我们添油加醋，润色关于蜇刺昆虫的恐怖故事，以便更吸引眼球。1999 年 7 月的一个阳光明媚的下午，《时尚》杂志②的编辑给我打电话，说想要采访我。考虑到自己并非女性社交文化或时尚方面的专家，我向我的学生安德烈娅询问该杂志的背景，你可以想象一下她脸上的惊恐表情：“《时尚》要采访您？”我诚惶诚恐地接受了采访。让我如释重负的是，《时尚》杂志找我是想了解有关蜇刺昆虫的知识。《时尚》杂志为什么会对黄蜂感兴趣呢？原来，杂志是为年轻读者的安全着想：考虑到年轻人在美妙的秋日午后喜欢去树林中玩耍，编辑希望写一篇让人心安的报道。这个回合黄蜂得一分。

　　最近，我们的老朋友、世界上最大的蜇刺昆虫——金环胡蜂（ *Vespa mandarinia* ）成为中国新闻报道的主题。标题是《杀人大胡蜂横行中国》《超大杀人大胡蜂在中国致 42 人死亡，1,600 余人受伤》《亚洲大胡蜂正在中国大量繁殖和杀人》。一篇文章的附图显示，四只金环胡蜂与一个人的手掌等宽。我的第一反应是，“哇，好大的金环胡蜂。”这大概就是预期中的印象。接着，我头脑里的应用程序开始发挥作用，好像有什么地方不对。昆虫柜刚好就在离书桌三步远的地方，那里有两只蜂后，蜂后在金环胡蜂中个儿最大，也就是说是所有大胡蜂中最大的。我把它们放在左手上，刚好超过手掌宽度的一半。我的手掌只比成人平均水平略小一点儿，这怎么可能呢？两只蜂后是我在中国杭州云栖竹径捉到的，当时它们正像蜂鸟一样漫游于林褥之上，这两只蜂后可是货真价实的家伙。那篇文章没有交代手掌来自多大年龄的人，也看不到除手掌之外的部分。我把金环胡蜂放在 11 岁儿子的手上，简直是绝配！很明显，仿佛黄蜂和大胡蜂还不够大，我们必须让它们显得更大。这个回合黄蜂和大胡蜂又得一分。

黄蜂对人类情感的影响甚至延伸到法律系统，黄蜂被列入英国民法中有关"蓄意包庇危险而有害的动物"部分。苍蝇、蚱蜢和螳螂并未被归入这一类，但蜜蜂和胡蜂却位列其中。我曾作为专家证人参与了一个案子，原告是一名女士，她从美国蒙大拿州比灵斯市全国大型零售连锁店购买了一份草莓蛋糕卷。一天晚上快半夜时，她买来这块小点心，还吃了一小条，一切正常。然而，第二天早上吃蛋糕时，她竟被蛋糕卷里的"蜜蜂"蜇到了，而且因为出现过敏反应不得不到医院急诊室接受治疗。这是蛋糕制造商的责任，还是零售店的责任？我作证说，那只德国黄蜂（不是蜜蜂）在当事人察觉被蜇时不可能是活着的，因为生产和塑封蛋糕是厂家几天前在东部 1,600 英里（2,575 千米）以外的地区完成的，而且黄蜂完全嵌在粉红色糖霜里，说明在生产过程中它就被困在蛋糕里面了。一只黄蜂工蜂在这种"待遇"下，顶多存活几个钟头。而且，那只黄蜂不可能飞进商店的蛋糕里，因为蛋糕在购买时是密封的。进一步检查发现，那只黏糊糊的黄蜂尚有一丝生气，其螫针完全缩在腹部里面。螫针尖部很完整，既没有弯曲，也没有折断。就此结案：黄蜂是无辜的，律师和黄蜂赢了。在人蜂之间的心理战中，黄蜂又得一分。

就像对待火蚁一样，人类并不甘心输给黄蜂。厌恶和经济损失是发动战争的理由之一。水果种植者愤怒于一年的收成被毁，公园和度假村运营商关闭或限制某些活动，伐木工停止工作，消防员在对抗森林火灾时受阻，养蜂人的蜂房受到攻击，这些都是因为黄蜂。[30] 需要采取行动打击黄蜂。砷酸铅被派上了用场，但它未能消灭蜂群。接着，神奇杀虫剂——滴滴涕和氯丹被添加到作为诱饵的马肉中。频繁使用诱饵降低了局部地区的工蜂数量，[31] 但杀虫剂对环境是有害的。为对付火蚁研制的奇效杀虫剂——灭蚁灵在用作诱饵时很管用，但同样会造成环境污染。

为找到完美的黄蜂饵剂，人们付出了巨大努力。最初，金枪鱼和其他鱼的鱼饵很受青睐，尤其是"穿靴子的猫"牌鱼味猫粮。[32,33] 猫粮的统治地位并非不受质疑，普渡大学研究教授约翰·麦克唐纳及其同事在参观当地动物园时发现：该动物园喂养大型猫科动物（而非家猫）的"内布拉斯加"牌猫科动物食物被黄蜂一扫而空。不管怎样，它对黄蜂极具吸引力。相对于"穿靴子的猫"牌和另外四种用于测试的猫粮，以马肉为基础的饵剂在吸引这些"小人国"的食肉动物上更具优势。[34] 两年后，人们发现煮火腿比"内布拉斯加"牌马肉更有吸引力。[35] 1995 年，不甘居人后的斯珀尔在新西兰测试了 9 种鱼类和 7 种肉类产品对黄蜂的吸引力。[36] 鹿肉最受欢迎，其次是兔肉和马肉。黄蜂最不喜欢牛肉，各种鱼介于牛肉和马肉之间。野餐者是否应该首选牛肉三明治而不是鹿肉或兔肉三明治？

新西兰饱受德国黄蜂入侵之苦，在这里，有人建议每捉住一只黄蜂蜂后就给予补贴，以阻止蜂群的建立。这个捕猎倡议得到孩子（以及成年人）的巨大支持，在三个月时间里，他们就满腔热情地上交了11.8 万只蜂后。每个人都从这次冒险行动中找到了乐趣，然而，下一个繁殖季节到来时，人们发现黄蜂数量似乎并未受到影响。塞浦路斯在某年冬季实施了类似的补贴政策，人们同样投入了极大的热情（政府付了一笔很大的费用），结果第二年人们迎来的却是黄蜂活动最猖獗的年头之一。[15] 黄蜂又赢了，但至少这些杀灭项目对环境来说是友好的。

经历过黄蜂战争的将军认为，需要一种新的方法。即便是最好的饵剂也有双重缺陷：含毒性物质而且很快变质或变干，失去味觉上的吸引力。与其使用诱使黄蜂带回巢穴的饵剂令群落中毒，何不直接对付那些外出觅食者呢？毕竟，招惹人类的是觅食者，而不是群落。何不直接诱捕它们，立刻把它们从系统中清除出去？因此，在单向陷阱中使用无毒化学引诱剂是控制黄蜂的理想方式。哈里·戴维斯，一位擅长简洁写作和注重实用方法的科学家，有针对性地解决了这个问题。在几年时间里，他和他的团队测试了许多种化合物对黄蜂的诱惑力，筛查量多达293种不同的引诱剂。[37] 筛选出来的引诱剂首先是2,4-己二烯醇丁酸酯，其次是丁酸庚酯，最后是丁酸辛酯。在4天时间里，这些引诱剂将20万只觅食的黄蜂引入致命的陷阱（足以填满一辆手推车），成功挽救了8公顷桃园的收成。因此，我们能够赢得对抗黄蜂的小战役，也许这就足够了。

赢得这些小战役的一种途径是，靠近黄蜂展开近身"肉搏"。如果我们被蜇，通常是因为太靠近群落，那样就会遭到报复。需要找到附近哪里有蜂巢入口，尤其是在我们的院子里。过去几年里，人们设计了许多解决方案，包括趁晚上吹入、喷洒或沿入口通道灌入各种有毒杀虫剂，然后封住入口（建议用红灯，穿防护服，在蜂巢附近屏住呼吸）。有人建议用几种对环境更友好的材料替代有毒杀虫剂。奇怪的是，或许因为法律原因，有一种非常有效的方法几乎从未在美国的文献中提及。农村或者农场的孩子都知道，汽油（或煤油）能即刻杀死昆虫。官方没有鉴定过用汽油控制黄蜂或其他昆虫，所以专业人士不会推荐它，甚至不承认用过它。我也不予推荐，只想讲一件使用这种不乏风险的"偏方"的趣事。

我亲身体验过用汽油控制黄蜂，那是在为太平洋西北部一家木材采运公司开辟防火生土带期间。我们砍伐并清除植被，在伐木区旁边清理出一条宽两米的裸露地面。这样一来，如果某个机器零件打火引起火情，我们就有了一道屏障，阻止火势在防火生土带蔓延。团队由四个人组成：两个持链锯的锯木工负责锯开路上被砍倒的原木和幼树，还有两个人挥动大锄头（超大号鹤嘴锄）清理地面。锯木工往往会触动蜂巢里的黄蜂，每每此时即得到指令："快拿汽油桶。"有人抓起鹅颈汽油壶，给链锯重新注满油，将喷管对准蜂巢入口倾倒大量汽油。问题解决了。咒骂几句之后，我们又开始工作。火和汽油不能混合在一起，否则会发生爆炸。那两个锯木工绝不会点燃汽油，毕竟我们要防止火灾，而不是制造火灾。但不幸的是，点火之于人类是一种普遍性的消遣，我们在野外烧荒、燃烧路边植被、烧掉院子里的废品……点火是一件迷人的事。就人的本性而言，烧死黄蜂似乎尤其让人兴奋和满足，一般人往往会在往黄蜂巢穴灌注汽油后点火。没有人在意，这不但危险而且无效，因为火势只会在地面上蔓延，地面上根本没有黄蜂，而且火势会使巢穴内部真正起杀灭作用的汽油加速蒸发。一句忠告：千万不要点火。这样做可能会使对抗黄蜂的战役功败垂成，并导致灾难性的后果。1770 年提出的用于控制群落的想法更愚蠢：加入"湿"火药后点燃，火焰将会杀死黄蜂。[38] 可以想见，现代人的生活有多么危险。

　　我们经常被告诫要"爱你的敌人"。如果黄蜂是我们的敌人，就像我们的言行所表明的那样，我们是否应该去爱它们呢？潜台词是，敌人也不是一无是处。除为惊悚、刺激和传闻提供素材外，黄蜂能给我们带来什么好处呢？但是，等一下！黄蜂能够成为我们的好朋友，只不过是那种毛茸茸的、易受刺激的朋友。黄蜂最爱吃的两种食物是蝇类（包括咬人和传播疾病的苍蝇）和喜食庄稼的毛虫，农场的孩子都喜欢看光面大胡蜂和黄蜂扑向谷仓里落在风化木头上的苍蝇。布赖森描述过150年前苍蝇造成的重大伤亡：

> 在布里斯班爵士的庄园里清除所有胡蜂得到的结果是：两年时间里，这个地方像埃及一样苍蝇成灾……我们很难意识到胡蜂的劳动给我们带来的间接好处，正如我们不大可能适当地感激那些主动帮助我们捕捉猎物的野兽一样。虽然猫、鼬鼠和狐狸不适合吃，但相比于兔子，农民们往往更愿意与它们为邻。[39]

如果有谁转世后成了一头巴拉圭牛或者牛的主人，那么有一种社会性胡蜂（*Polybia occidentalis*）就是真朋友，因为它们能够捕捉大量会咬人的苍蝇，尤其是喜欢聚在牛眼周围的苍蝇。[26]

毛虫在生态学上相当于一台进食机器，无止无休地将嚼烂的树叶塞进香肠似的身体里。只要你不是那种植物，或者那种植物不是农作物，那就不会有什么妨碍。马蜂属（*Polistes*）胡蜂几乎只以毛虫为食，因而得到某些农民的喜爱。北卡罗来纳州烟草种植者很不情愿与烟草天蛾幼虫"共享"他们收获的大部分烟叶，后者是一种喜食尼古丁的大型毛虫，生长速度极快，最终蜕变成一种战斗机形状的天蛾。最近烟草天蛾成为一种备受昆虫生理学和神经生物学研究者青睐的模式生物，这些半盎司（14.2克）重的毛虫可以轻松吃掉十几倍于自身体重的鲜嫩多汁的优质烟叶。北卡罗来纳州的昆虫学家为马蜂制作小木箱，将它们搬到烟草种植地附近，从而导致烟草天蛾幼虫的数量大幅减少，甚至避免了烟叶的经济损失。[40] 烟草爱好者在伤害一只马蜂前一定要三思而后行。

接下来谈一谈黄蜂和光面大胡蜂的螫针。与火蚁相比，它们的螫针更引人注目，也更值得认真对待。这些螫针致痛性很强。在疼痛等级中，黄蜂和光面大胡蜂的螫针都能导致显著的 2 级疼痛，与蜜蜂的致痛能力相当。奇怪的是，体形更大、更骇人的光面大胡蜂在致痛能力上其实和黄蜂差不多甚至略低于黄蜂，这或许说明光面大胡蜂更擅长吓唬人。无论如何，黄蜂和光面大胡蜂的螫针都会瞬时导致灼热感，这种复杂的感觉能吸引一个人的注意力，不管当时他的思绪正被什么想法所占据。疼痛持续约两分钟后逐渐减弱，第二个两分钟后留下一个红斑，以至于让我们长时间地记住这次经历。这种被刺痛的感觉值得我们向所爱的人倾诉。

注释
① bald 的本义是"秃头"。
② 《时尚（Cosmopolitan）》杂志 1886 年创刊于美国，是当下全球最畅销的女性杂志。它不仅仅是一本杂志，同时也是读者的一种生活方式。主要面对全球那些勇敢、有娱乐精神并想在各个领域中成为佼佼者的年轻女性。

第 8 章

收获蚁

毫无疑问，加利福尼亚收获蚁（*Pogonomyrmex californicus*）是索诺拉沙漠中最凶猛、最果敢、性情最暴躁的蚁种。此外，它的叮蜇速度最快，致痛性也最强。

——乔治·卡洛斯·惠勒、
珍妮特·惠勒
《深谷里的蚂蚁》，1973年

8

CHAPTER **8**

HARVESTER ANTS

威廉·斯蒂尔·克赖顿在 1950 年写道："人们一直认为，在西方更为野蛮的年代里，印第安人有时会在收获蚁（Pogonomyrmex）巢穴前放置人类牺牲品。如果这是真实的，那么很难想象出一种比这更痛苦的死亡方式。"[1] 数年前，威廉·莫顿·惠勒在他 1910 年的经典之作《蚂蚁》中讲过一个类似的故事："据说，古代墨西哥人会将敌人绑在蚁巢前来折磨或杀死他们，如果这是真的，那么有一种收获蚁（Pogonomyrmex barbatus）肯定就是实施这项酷刑的蚁种。"[2] 这些故事是真实的还是只是市井传言，目前难以考证。但在 2009 年出版的《六腿战士》一书中，杰弗里·洛克伍德提供证据表明，这些故事中的观点可能蕴含几分事实。[3] 美国加利福尼亚州中部的北米沃克族男子会自愿站在或躺在受惊扰的收获蚁巢穴前，来确定谁是四五个男子中最强壮的。在蚁丘上坚持最久的人可以得到族长的奖赏。[4] 自从文明人见到它们以来，收获蚁就吸引了公众的注意力，并引发了无尽的想象。这类蚂蚁不仅建造令人印象深刻的巢穴和充当一种被称为"蚂蚁农场"的儿童玩具的主角，而且拥有北美蜇刺昆虫中致痛性最强和最不同寻常的螯针。

你可能倾向于从被蜜蜂、黄蜂、光面大胡蜂、熊蜂、汗蜂及其他蜇人蜂甚至火蚁叮蜇的经验中总结出：所有昆虫的叮蜇都类似蜜蜂叮蜇，只是强度上有所不同。任何被收获蚁叮蜇过的人都知道，这远非事实。收获蚁是性情温和的蚂蚁世界中"温良的巨人"，默默地四处收集用作食物的种子。它们不像火蚁那样有脾气，如果不去招惹则完全无害。但是，如果你坐在它们身上或者用手去捏它们，就会了解它们带来的蜇痛与蜜蜂截然不同。疼痛相当剧烈，痛感阵阵袭来并深入骨髓。剧痛持续 4～8 小时，而被蜜蜂蜇疼痛一般持续 4～8 分钟。

除收获蚁（Pogonomyrmex）外，许多其他蚁种也收集种子，包括《圣经》时代就已知名的蚂蚁（*Messor*^①）、世界上最大的蚁属（*Pheidole*）、长腿的沙漠蚁（*Aphaenogaster cockerelli*）及某些火蚁。收获蚁（*Pogonomyrmex*）常被认为是真正收获种子的蚂蚁，是大多数地区最常见的收集种子的蚁种，它激发了我和其他许多人的想象力。奇怪的是，在上述蚁种中，只有收获蚁和火蚁会蜇人，其他蚁种的螯针没有叮蜇功能。其他那些非常成功的蚁种为何失去叮蜇能力，其原因尚不明确。主流意见认为，功能丧失是竞争及被其他蚁种捕食的结果，这时螯针不能作为抵抗对手的有效武器。火蚁拥有一种不同寻常的高效毒液，涂抹或喷洒在其他蚁种身上时，能渗透表面的蜡质保护性屏障，从而杀死它们或使它们致残，这就解决了无效叮蜇的问题。[5]遗憾的是，收获蚁毒液局部作用于其他蚁种时不能造成伤害。除毒液无效外，这些生活在美国沙漠地区和东南部的体形巨大、行动迟缓而又毫不起眼的蚁种活得还不错。它们的名字暗示辛勤劳作、没有娱乐，这种生活给人留下单调枯燥的印象。可是无聊也能出彩，收获蚁出色地在自然界为自己赢得大量生态位，人类的脑海里留下了它们不可磨灭的形象——从卡通片中描绘的、后院如火山爆发般挤满家园遭到入侵的疯狂蚂蚁的画面，到广袤的美国西部土地被蚂蚁城堡破坏、大片土地被一道道壕沟侵蚀的场景……草原一望无际，承载着块块伤痕似的收获蚁蚁丘，它们仿佛让地球染上了天花。那么，我们要不要为人类向全体收获蚁族群发动的一次次烧荒战争而震惊呢？与这些战争指挥者的破坏性意图相比，我们能责怪那些观察大型红收获蚁和大型黑收获蚁的孩子内心怀有将红蚁扔进黑蚁巢穴入口的冲动吗？

就像圣诞礼物包装纸的销量揭示即将到来的圣诞购物季能否大获成功一样，昆虫俗名体现了我们对昆虫的看法。昆虫俗名如此重要，以至于美国昆虫学会为其保有一份官方的登记表。这个大约拥有7,000 名昆虫爱好者的组织设有常务委员会，其唯一职责就是研究、命名和检查俗名，俗名就这么重要。俗名大致代表了人类对某种特定昆虫的兴趣——从无名的甜菜块根蚜虫和鸡粪苍蝇到常见的蜜蜂。在比试哪种蚂蚁拥有的俗名最多时，赢家当属收获蚁，它以 6 个俗名险胜位居次席的火蚁，后者有 5 个俗名。这两个家族都彻底打败了大头蚂蚁——最大蚁属中唯一的代表种。收获蚁家族俗名数量之多表明人类对它们有兴趣，就算是著名的黄胡蜂属（*Vespula*）黄蜂也只有 4 个俗名。除熊蜂家族出人意料地拥有 36 个俗名（显然，美国人对熊蜂情有独钟）外，收获蚁在蜇人昆虫各属中拥有的俗名最多。收获蚁家族的名字如此讨人喜欢：加利福尼亚收获蚁、佛罗里达收获蚁、马里科帕收获蚁、红收获蚁、强壮收获蚁以及西方收获蚁。

相比之下，早先直接与蚂蚁打交道的分类学家，往往选择听上去更有力的名字——通常是为了纪念美洲印第安部落，包括"阿帕奇""科曼奇""马里科帕"和"皮马"，或者采用包括 *desertorum*、*bigbendensis*、*huachucanus* 和 *anzensis*（指加利福尼亚州的安沙波列哥沙漠）在内的学名，这些名称表明某些蚁种栖息地的恶劣环境。也有些很糟糕的名字，例如双色收获蚁（*Pogonomyrmex bicolor*），表明最早发现、描述这种蚂蚁时它们具有红色的身体前部和黑色的尾部。在前往墨西哥奥希多斯地区的考察之旅中，我和妻子发现其实这种蚂蚁全身都是红的。基于颜色的名字到此为止！最后要说的恐怕可以算收获蚁中最有名的种（*Pogonomyrmex barbatus*），翻译过来是"有很多大胡子的蚂蚁"。难怪它的俗名是"红收获蚁"。

收获蚁是新大陆蚁类的象征。收获蚁属的 60 多个种分布广泛，从加拿大西部三省到美国、墨西哥和危地马拉，跳过中美洲其他地区，重新出现于南美各国（除北方小国苏里南和法属圭亚那之外），直到阿根廷和智利南部。它们甚至横跨加勒比海到达伊斯帕尼奥拉岛。有些收获蚁全身亮红，有些带有棕或黄的斑点，其他则是黑色的。大多数收获蚁体形大，体长通常可达8毫米（1/3英寸），最大能达到13毫米。所有收获蚁的生命循环都始于处女雌蚁和处子雄蚁，它们通常会成群地飞离各自的群落并形成交配群，两性在其中短暂而疯狂地进行交配狂欢。尽管有例外，但雌雄两性的多重交配是基本规则。在某些蚁种中，交配可能仅发生于群落内。

有一组不同寻常的收获蚁将"两性交配战争"推向一个新的高度，它们栖息在人烟稀少的美国西部，靠近亚利桑那州和新墨西哥州的交界处。参与交配狂欢的是强壮收获蚁（*Pogonomyrmex rugosus*）和红收获蚁的雌雄两性。在交配过程中，每个种的雌蚁必须在短短几小时内与同种和异种雄蚁完成交配。倘若雌蚁只和一种雄蚁交配，则它的前景不容乐观：如果只和同种雄蚁交配，它只能产下有性繁殖蚁，后代没有工作能力会导致早期的群落萎缩以致消亡；如果只和异种雄蚁交配，则只能繁殖工蚁，没有蚁后，这使它的繁殖能力仅限于生产可育的雄蚁，得到的"奖励"是那些未受精的卵会变为雄蚁。蚁后的兴趣点主要是和异种雄性交配，而仅和一到两个同种雄性交配。这样它就可以获得大量异种雄性的精子，以生产足量至关重要的工蚁，而用同种雄性的少量精子生产雌蚁。雄蚁的兴趣点则截然不同：如果它和异种雌蚁交配，精子就会浪费在无繁殖能力的工蚁上，那么，它的遗传谱系会因缺乏携带其基因的新一代雌性而灭绝；如果雄蚁和同种雌蚁交配，就能成功制造延续其谱系的雌性后代。因此，雄蚁和雌蚁之间就有了利益上的冲突：雌蚁希望和大量异种雄蚁交配，雄蚁希望只和同种雌蚁交配，于是就产生了问题。在疯狂的交配大军中，短时间内雄蚁和雌蚁不能或者不去区分对象是同种还是异种，只有真正开始交配时，才能彼此区分。一旦陷入其中，雄蚁或雌蚁会怎么办呢？如果雌蚁发现交配对象是同种雄蚁，它会迅速结束交配，用时远远短于与异种雄蚁交配；如果雄蚁发现交配对象是同种雌蚁，它射精的速度会快于和异种雌蚁交配。这场两性战争的最终结果是平局——每只蚂蚁部分得到自己想要的东西——也许对双方来说都是好事，因为若有一方彻底成功，整个群落将发生崩溃。[6]

刚刚交配完的雌蚁——现在是蚁后，立刻就要考虑如何生存下去并建立一个群落。与此同时，雄蚁可能会在交配场所滞留一到两天后死去。与大多数蚁种一样，新蚁后也有交配后立即折断翅膀、开始新生活的奇异习性。而雄蚁不会也不能折断翅膀。蚁后的翅膀在结构上和雄蚁略有不同，翅膀根部附近有预先"弱化"的区域，当蚁后用正确的方式向下弯曲时，翅膀就会啪地折断。想象一下工程设计上的难度——能让蚁后猛烈扇动翅膀飞入空中而不致折断，还能在蚁后不需要翅膀的时候轻易折断。

现在，无翅的新蚁后将面临生命中最关键、最危险的时刻。它们必须迅速找到一处新巢址，然后挖掘地道，在底部建造有保护功能的巢室——这些都得在成为他人口中之食或者被骄阳烤干之前完成。绝大多数情况下，蚁后需要独立完成这项任务，加利福尼亚收获蚁例外——多个蚁后常常联手建造并共享一个新蚁穴。加利福尼亚收获蚁的这种奇怪的"多后制"，显然是它们对恶劣自然环境和竞争环境的适应。[7]一旦地道和巢室完工，蚁后就会封闭地道，在地道里生育家族的第一代，从此开始遁世生活。蚁后产下若干卵，用自己身体储备的养分喂养刚孵化的幼虫。在交配飞行之前，蚁后会疯狂进食，储存大量富含能量的脂肪，通常超过其总干体重的40%。[7]还记得蚁后之前有过翅膀吗？扇动翅膀需要强有力的胸肌，不能飞的蚁后不再需要那些肌肉，利用翅膀肌肉分解的蛋白质及体内储存的脂肪和蛋白质，蚁后能养育10～12个微型工蚁。在这段时间内，它绝不离开自己建造的保护性巢室。这一回例外又是加利福尼亚收获蚁：不幸的蚁后有时会被迫离开蚁穴，为成长中的幼虫觅食。

一旦孵化出来的微型工蚁有了硬朗的身体，它们就会从蚁后手中接管群落里除产卵和分泌信息素外的一切工作。这些微型工蚁打开封闭的地道外出觅食。它们还会向下挖掘以便扩充巢穴，为蚁后、幼虫及储存食物建造新的巢室。第一代微型工蚁是短命鬼，不过，假设一切顺利，能赶上第二代正常尺寸的工蚁出世。第一年结束时，蚁群很小，仅由蚁后和相对较少的工蚁组成。到第二年和第三年，群落增长迅速，无论在成员数量上还是在巢穴尺寸上。群落通常在第四年达到成熟，开始繁育用以继续生命循环的雄蚁和雌蚁。[8]

问小学生最长寿的动物是什么，典型的回答是"海龟"和"鲨鱼"。问他们最长寿的昆虫是什么，知识渊博的孩子可能会说："白蚁蚁后。"人类自古以来就对长寿感兴趣，孩子和昆虫学家都很自然地对长寿昆虫感兴趣，包括蚂蚁。

最长寿的蚂蚁是什么？目前收获蚁是首选，其寿命超过其他所有蚂蚁，包括第二长寿的蜜罐蚁。后者是沙漠居民，群落内有一些葡萄大小的个体充当活储存罐，以备艰难时期的生存之需。有些收获蚁群落几十年呆在一处地点不动，而且很显眼。确定某个收获蚁群落的寿命极为困难，答案各种各样——从实验室繁育群落的平均15～17年，到 22 ～ 43 年，甚至长达 29 ～ 58 年。[9]

　　一则与收获蚁寿命相关的传奇故事始于查尔斯·米切纳 1942 年发表的一部作品。米切纳是著名的蜂学家，曾对现代蜜蜂生物学进行过改革，直到 96 岁高龄还在继续这场改革。米切纳自小就对包括蚂蚁在内的昆虫感兴趣，16 岁时开始发表相关文章，直到 26 岁的成熟年龄才转向蜜蜂。在 1942 年的论文中，米切纳详细描述了加利福尼亚收获蚁群落的来历和习性，他从 6 岁起在自家后院观察这种蚂蚁，坚持了 16 年，直到蚁群毁于阿根廷蚂蚁的攻击，或者那年冬天恶劣的气候，或者两者兼有。因此，米切纳记录下来的寿命是 16 年。[10] 在一条最后以小号字体印刷的著名脚注中，他提到"根据其所在地业主的报告，有个收获蚁群落至少已经存在了 40 年"。后续几位作者对米切纳提到的真实数字——16 年不予关注，却把某个邻居的道听途说作为证据证明收获蚁可以存活 40 年。那么，收获蚁群落的寿命，即收获蚁蚁后的寿命，到底是多少年呢？答案依旧不明确，最靠谱的估计来自内布拉斯加州凯瑟琳·基勒的精细研究，她在 15 年时间里研究了 56 个西方收获蚁的蚁丘。在所有收获蚁中，西方收获蚁可能算寿命最长的种。从 56 个群落中，基勒计算出最后阶段的群落可存活 44.9 年。[9] 这是到目前为止最靠谱的答案——有人愿意从事更长时间的研究吗？即使是基勒的研究，也没有涉及收获蚁群落老死的原因。是因为蚁后用光了第一次也是唯一一次交配飞行获得的精子，就和导致火蚁群落消亡的原因一样？或者因为蚁后已经精疲力竭？还是另有其他原因？解决这些问题的手段可用于未来的研究，但就目前的情况来看，我们得出的结论是：收获蚁群落活得确实很长。

　　为活 45 年，收获蚁蚁后必须有惊人的安全保障，它是怎么做到的？首先，周围要有一群蜇刺能力强大的工蚁。其次，从不单独离开蚁穴，如果不得不离开，比方说蚁穴因洪水或背阴而变得不再适合居住时，它需要在一群工蚁的护送下，从老巢所在地去往待建的新巢。这些防御手段都比不上它的绝招——只需深藏在城堡般的巢穴里不离开。

读研的时候，我需要活的收获蚁群落，以便比较分布区边缘和中心部分的蚂蚁。最西边的佛罗里达收获蚁种群，孤立地生活在路易斯安那州东部的阿米特小镇上，那里是美国国家橄榄球联盟中后卫拉斯迪·钱伯斯的老家。两个研究生同学和我一起挖掘整个成熟群落和收集包括蚁后在内的所有蚂蚁。幸运的是，阿米特地区基本上是纯沙土质，很适合挖掘。一个人挖出一铲子混有蚂蚁的土，倒在附近的地面上，其余两个人用抽吸器收集蚂蚁。抽吸器对蚂蚁学家来说不可或缺，它由一个瓶子、一根用来吸入蚂蚁的进口铜管和一根经由橡皮管与瓶口相连的出口筛管组成。操作抽吸器是必备技能，要用足够大的力量吸起蚂蚁，把它拽入瓶子，又不能用力过猛以至于带起一堆泥土。为预防这种情况，使用者要学会将橡胶管流出的气流导向舌头。这样，泥土会粘到舌头上（而不会吸入喉咙或肺里），很方便就能吐出来（当着心仪的同伴的面抽吸蚂蚁难免有些"不雅"）。移开几铲子泥土后，形成一个沙堆，蚂蚁暴露了出来，当蚂蚁和沙子从沙堆上滚下来的时候很容易进行收集。几小时后我们收集了数千只蚂蚁，沙土洞深 6 英尺（1.8 米），直径 3 英尺（0.9米），始终不见蚁后踪影，但有许多工蚁出现。此时，普通铲子已经派不上用场，蚂蚁学家的必备工具——工兵铲闪亮登场。真正的工兵铲在二战期间很流行，这种铲子受到我们的青睐不仅因为坚固耐用，而且因为铲刃和铲柄可锁定在呈 90 度夹角的位置。一个人蹲在沙土洞里，挖起满满一铲沙子，像托着食物托盘一样高高举起，把工兵铲递给地面上的人，让地面上的人抓住铲柄。在 8 英尺（2.4 米）深的地方，我们找到了蚁后和剩下的工蚁。对蚁后来说，那里是安全之所。我严重怀疑，就算它们生活在路易斯安那，土豚恐怕也懒得挖那么深。

我们穿着短裤和轻薄的上衣，对叮蜇几乎不设防。然而，我们仅仅付出被蜇三次的低廉代价就收获了整个收获蚁群落。至少那天，佛罗里达收获蚁展现了它们南方式的好客。

获得初步成功后，我们前往路易斯安那州的拉基，拉基位于该州西北部，在科曼奇收获蚁分布区的最东端。拉基是一座居民人数不足 300 的小村庄，有一位名气很响的居民——全美超级模特新秀大赛选手乔斯琳·彭尼维尔。我们没碰见乔斯琳，但的确找到了蚂蚁。挖掘过程和前面差不多，蚁后就藏在 8 英尺深的地下。我们度过了一段令人愉快的时光，没人记得是否被蜇过，作为友善的告别礼，我们将一对废弃的轮胎扔到洞里，并填上沙子，这样可以防止小孩子掉进去，还能减少两块轮胎大小的蚊子滋生地。

正如艰辛的挖掘工作所展示的那样，收获蚁以巢穴的深度而闻名，在所有蚂蚁中排行第一。确定收获蚁蚁穴的深度不是一件容易的事。大多数蚁穴不在令人愉悦的沙子里，而在干燥、坚硬的石质土中。怀俄明大学的鲍勃·拉维涅发现了一种革新的方法，可用于解决收获蚁群落的硬土和深度问题——他引入反向铲挖掘了 33 个蚁穴。[11]"人肉马拉松挖掘器"比尔和埃玛·麦凯的努力则更进一步，这也是比尔在加州大学河滨分校博士论文研究项目的一部分。他们手工挖掘了总共 126 个收获蚁群落，最高纪录是挖到 4 米深度，蚁后位于 3.7 米（12.1 英尺）处。[12]这很可能是群落深度的最高纪录，不过麦库克在 1907 年提到过，一个蚁穴"因一次深度挖掘幸运地暴露出来，地道和巢室的深度可达 15 英尺（4.6 米）"。[13]

生物系统中的极端情况提供了理想的调查机会，因为非凡的特性来自非凡的适应和习性。多年来，人们提出若干理由来解释收获蚁群落为什么那么深：防止冻结或酷热、防止野火、防止干燥以及防止捕食者。基于两点原因，不太可能是为了防止冻结。第一，许多地区（包括西南沙漠、墨西哥、路易斯安那州或佛罗里达州）冬季气候温和，能达到冻结温度的土层厚度不超过几厘米，但群落深度却至少为 2 米。第二，即使在分布区内最冷的地方，包括怀俄明州卡斯珀市周围 1,600 米高的草原，地表 60 厘米以下的土层也不会冻结，在那些地方收获蚁群落的深度同样超过了 2 米，这个深度远远超过了预防冻结的需要。以异乎寻常的群落深度对抗夏季的骄阳和地表的热度似乎也不合情理。我在亚利桑那州威尔科克斯的露天沙壤土中测试过各种深度的土壤温度，许多年来从未在 30 厘米深度处记录到高于 32℃的温度，这个温度远低于至少 40℃的致命温度。同样，异乎寻常的群落深度作为预防火灾的办法似乎也无必要。土壤是极佳的热绝缘体，几厘米深度就能阻挡周围环境升至致命温度——除非一棵燃烧的死树刚好倒在蚁穴正上方。即便如此，2 米以下的温度也不足以致命。一项研究表明，火实际上对强壮收获蚁有利，可为其提供烤熟的昆虫尸体以补充日常膳食。[14]

就异乎寻常的收获蚁群落深度而言，防止干燥和抵御捕食者是剩下的两种解释。这两种因素并不相互排斥，很可能同时起作用，线索来自其他生活在极端环境下的沙漠蚁。墨西哥蜜罐蚁和沙漠收获蚁（Veromessor pergandei）（《圣经》时代另一种采集种子的著名蚂蚁）都会筑造深穴，前者至少 4 米，后者大于 3.4 米。这三个种的共同特征是，生活在炎热、干燥的沙漠地区，蚁穴非常深。其中两个种——收获蚁和墨西哥蜜罐蚁，蚁后寿命超级长。第三个种（*Veromessor*）的寿命长短尚不明确，如果寿命也很长，则不必惊讶。土壤湿度通常随深度的增加而增加。这些特征均符合异乎寻常的深度有双重目的的观察结果——既能保护蚁后免遭捕食，也能在周期出现或一年一度的干燥季节中保护长寿的种。

　　正如名字所暗示的那样，收获蚁以收集种子为生。它们擅长发现种子。在阳光炙烤、狂风肆虐的沙漠，人眼只能看见光秃秃的土地和少量灌木，野草早已被饥饿的牛群啃完，就算这样，收获蚁依旧会长途跋涉寻找种子。有些种会修筑又长又宽的小径，从巢穴入口处绵延约 30 米。这些蚂蚁干线的功能与人类的高速公路极其相似，都用于加快货物运输的速度，减少路面上的凸块和凹坑。出巢旅行时，觅食者如跑车一般奔驰在光滑的路面上。在归巢途中，蚂蚁带着种子，有时数倍于自身体重，像牵引式推车一样蹒跚前进，假使路上没有障碍物，会轻松很多。

　　名字有时会掩盖真相。"收获蚁"这个名字带给人的遐想是，一种平和而富有献身精神的素食蚂蚁像农夫般有条不紊地收割着谷物，在潜意识里，我们倾向于接受麦库克的命名——农蚁，他在 1879 年的那本关于红收获蚁的畅销书中就是这么命名的，[15] 而收获蚁的其他行为被视为反常的例外，不值得考虑。实际上，收获蚁是活跃的捕食者和食腐动物，会利用各种机会收集死去的昆虫或其残骸。在干旱地区，一年中大部分时间里几乎没有昆虫，收获蚁只能专注于寻找种子，这就是我们看到的情况。当夏季到来时，降雨带来大量昆虫，收获蚁的觅食模式转变为攻击性捕猎。外出觅食的蚂蚁倾向于放弃它们常走的运粮小道，到介于中间的区域觅食。它们会袭击遇到的昆虫，将小昆虫带回巢穴。如果昆虫较大，比如体形比蚂蚁大几百倍的毛虫，一队队蚂蚁就会联合起来，竭力制服猎物，把它拖回巢穴。夏季，西方收获蚁表现出双重性格：白天，它们主要表现为以种子为生的传统觅食者；晚上化身为凶猛的捕食者，更多地致力于寻找昆虫猎物。迥然不同的行为绝非空穴来风：白天，地面温度可达 40 ~ 60℃甚至更高，昆虫很少，地面上的昆虫主要是其他蚂蚁。晚上温度下降，许多昆虫出现在地表。

在北美西南部的索诺拉沙漠，夏季第一场主要季风雨给干渴的居民带来了巨大的喜悦——野生动物和人类皆然。昆虫变得生机勃勃。甲虫四处飞舞，蚂蚁中出现一群群可育的有翅雌蚁和雄蚁，蜘蛛和昆虫的捕食者纷纷离开它们隐秘的避难所，白蚁成群出没。当白蚁群集时，捕食者眼里再无其他猎物。带翅膀的雌雄白蚁成为所有捕食者关注的焦点，哪怕只有一丝一毫的捕食倾向。有些鸟在空中抓取飞行的白蚁，另一些落下来啄食在地上跑的白蚁；蜥蜴巡逻于地面，吃光任何活动的白蚁；蜘蛛猛然扑向猎物；各种蚂蚁倾巢而出，加入疯狂进食的大军。看似收获蚁是失眠症患者，因为它们会日夜不停地觅食。为何白蚁对收获蚁来说这么特别？在收获蚁眼里，白蚁是可移动的种子，不仅富含脂肪和蛋白质，还很柔软，容易吃进嘴里，与它们通常啃食的又干又硬的种子不一样。白蚁的尺寸和一颗大型种子差不多，而且数量丰富，非常适合被收获蚁当作种子收集。

第一场季风雨既令人兴奋，又危机四伏。我和其他昆虫学家一样，都喜欢这个时间段。到了这个时候，我会丢下手头所有事情出发去旷野，有时引起妻子的不满。被降雨唤醒的响尾蛇和随之活跃起来的啮齿类动物会带来一定的威胁，收获蚁也是一种威胁。我通常穿凉鞋来往穿梭于沙漠中，不时停下来检查蚂蚁及群落，很少担心被蜇。最大的风险是，游来荡去的蚂蚁爬上我的脚，不经意间被困在凉鞋和脚底板之间。我那柔嫩的脚没有老茧保护——哎哟！除此之外，收获蚁经常爬到我的光脚上，但几乎不会蜇我。到了雨季，情况就不一样了。现在，收获蚁布满地表，它们比往常移动得更快，很容易爬到任何东西上，包括我的脚。如果它们遇到动物类的东西，就会撕咬和叮蜇。不管我如何小心翼翼，都免不了挨蜇。这是喜欢收获蚁的代价。

　　收集种子的习性不可思议地导致了收获蚁与人类之间的所谓竞争。从 19 世纪到 20 世纪后期，在西部土地上放牧牲畜的人发现草料量很少，原因是收获蚁收集了过多的种子，剩下的草太少，长不成优良的牧草。加之许多大煞风景的蚁丘导致的情绪反应，使我们有了和收获蚁打一仗的念头。在这场战争中失去的是收获蚁的基本生物学数据。收获蚁收集的种子作物到底占多大比例？和悲观的估计相反，这个比例低得惊人。估算值从粗放的 10% 降到更为精确的 2%，后者基于仔细控制的实验，该实验对种子进行了标记。[16] 就算使用种子损失的最高估计值，与过度放牧以及随之而来的土壤流失相比，收集种子给草原带来的危害也是微不足道的。收获蚁的反对者不满足于将宣战理由仅仅归咎于种子损失，他们声称还有更严重的破坏：清除蚁群周围的植被、移走作物的幼苗、攻击马匹等牲畜、叮蜇农业工人以及最糟糕的——那些撞上高大蚁丘的农用割草机和其他设备会因此受损。加之地下作业会破坏飞机跑道和路面，对收获蚁的指控可谓铁证如山。收获蚁带来的小恩小惠，比如增加土壤通气性、提高蚁穴周围土壤的氮磷含量以及蚁丘附近植物变得郁郁葱葱，都可以忽略不计。一同被遗忘的还有小孩子和大孩子玩弄角蟾的乐趣，因为收获蚁是角蟾赖以生存的主要食物来源。

　　犹他州立大学久负盛名的爬虫学家乔治·诺尔顿写道，"收获蚁要为西部地区数千英亩②没有植被覆盖的土地负责，这些土地本可用于种植牧草、饲养牲畜，"还称之为"对犹他州经济影响最大的蚁害"。[17] 早在现代杀虫剂诞生数年前，剿灭收获蚁的工作就已开始。这些早期努力仅限于强毒性、非特异性的毒药。1908 年的一份特别详细的研究报告表明，最好的杀虫剂是二硫化碳。二硫化碳是一种挥发性的易燃液体，可形成比空气重 2.5 倍的蒸气。效果最好是因为二硫化碳密度大，烟雾能深深渗入群落，从而杀死蚁后和栖息的蚂蚁。接着，这份报告的作者详细阐述了氰化氢气体为何无效，因为它比空气轻，无法沉入蚁丘杀死蚁后或大多数工蚁；汽油和煤油更无效，同样因为渗入蚁丘不够深。在证明了二硫化碳的作用之后，他们最后的一条建议是不要点燃它，因为"随后的爆炸不会……将蒸气向下吹入巢室"。[18]

另一些不甘落后的虫害控制热衷者使出了最后一招（抑或是第一招？）——各种含砷化合物，包括服装染色业的副产品"伦敦紫"。这些重型武器都不如二硫化碳，最终遭到可悲的失败。不久之后，工业化学家们创造出多种"神奇"杀虫剂——滴滴涕、氯丹、艾氏剂、狄氏剂、七氯、毒杀芬（应有尽有）——它们当然有效。同样，群落的深度常能阻止这些杀虫剂到达蚁后所在的位置。没关系，从火蚁战争指南中随便找出一页就能如愿以偿，譬如添加灭蚁灵、开蓬、氟蚁腙，氟蚁腙直到现在还被用于杀灭收获蚁。人们总算找到了赢得这场战争的弹药，可有多少农场主和农民愿意使用呢？我们不禁要问，所有这些努力是否真的有必要？

收获蚁会蜇人。为什么蜇人？为了保护自己，特别是保护蚁后和同伴。比起其他蚂蚁，收获蚁的捕食者似乎更多种多样，窥探一下它们的生活方式，原因一目了然。成员数量更多、族群更兴旺的收获蚁居住在露天的空旷地带，那里惹人注目又缺少其他猎物。成员众多的巨型群落对任何捕食者来说都是慷慨的赠与。更不幸的是，收获蚁年复一年地住在同一个地方的同一个聚居地，轻易不会将群落搬到更安全的所在。最后，收获蚁体形较大，提供营养的潜能值得大小捕食者关注。叮蜇绝不是收获蚁唯一的防御手段，强有力的咬合性颚部、各种行为防御手段以及警戒/征召信息素，都能加强防御能力。

为了应付迥然不同的捕食大军，收获蚁针对每种类型的捕食者（甚至每种捕食环境）进化出了个性化的防御手段。对某种捕食者有效的防御手段，常常对另一种捕食者效力不足或者完全无效。叮蜇对于人类来说效果显著，但对蜘蛛没用；撕咬对来犯的其他蚂蚁相当有效，但抵挡不了覆羽之禽。即便如此，仍然存在一些共性：叮蜇通常对脊椎动物捕食者有效，对昆虫和其他节肢动物捕食者无效；咬合性颚部通常对昆虫和其他节肢动物捕食者或竞争对手有效，但对大型脊椎动物捕食者收效甚微。生命世界的法则通常有例外：在两个被收获蚁杀死的鞭尾蝎中，我发现叮蜇位置在鞭尾蝎破碎爪状须肢（嘴边的附肢）的节间膜上。撕咬防御对许多大型脊椎动物收效甚微，却对角蜥类捕食者行之有效。

社会性昆虫是超个体，尽管每个个体都能单独活动，但整个群落表现得像一个生物。正如人体内的细胞和组织为整体利益而工作一样，社会性昆虫的个体会为群落利益而行动。和我们的皮肤细胞负责保护身体的其余部分一样，工蚁负责保护蚁后和群落的其他成员。收获蚁超个体通常不受小型昆虫和其他捕食者的影响，正如臭虫叮咬不会严重伤害到我们一样。毫无疑问，臭虫叮咬令人讨厌，也的确会杀死一些血细胞，但除此之外，对我们的生存影响甚微。同样，在小型捕食者那里损失掉少量觅食的收获蚁，几乎影响不了整个收获蚁群落。无脊椎动物捕食者威胁到的是个别工蚁，而不是整个群落。蚁狮，一种常见的无脊椎动物捕食者，喜欢捕食应景的工蚁，它以在沙地里建造锥形坑并在坑底隐秘地潜伏而出名。如果一只倒霉的收获蚁沿松散的沙坑边缘滑落，一对早已埋伏在那里的冰钳般的大颚就会夹住它。蚂蚁会本能地感觉到危险，试图往沙坑外跑。蚁狮使出另一招——扬起一股沙，盖在蚂蚁身上，持续滚落的沙子夹着蚂蚁落入事先等在那里的大颚中。幸亏大多数收获蚁体形足够大、速度足够快，能避开流沙、逃离沙坑。下一次，蚁狮必须找一只小一点儿的蚂蚁。

其他节肢动物捕食者，包括食虫虻、猎蝽以及多种蜘蛛，也会伏击或诱捕少量收获蚁工蚁。在这组捕食者中，只有少数几种蜘蛛具有潜在杀伤力，黑寡妇和假黑寡妇（Steatoda）可能是最麻烦的。假黑寡妇公然在收获蚁群落入口正上方结网，潜伏在几厘米高的位置，准备抓捕觅食者。这种蜘蛛的成功之处在于蛛丝网非凡的强度和黏性，以及蜘蛛超然安居其上的能力。尽管一只蜘蛛每天仅捕食 6 只蚂蚁——对群落成员的总数影响甚微，但蚂蚁的反应很强烈——它们会消极地移动蚁穴入口的位置，或者一连几天停止所有户外活动，迫使挨饿的蜘蛛离开。与损失觅食活动相比，蚂蚁的这种英勇举动似乎在经济方面会产生不良后果，但总体上可能是有益的，只不过相对于那种简单的经济学上的精打细算，它采取的方式不那么明显而已。蜘蛛以及其他倾向于居住在蚁穴入口附近的捕食者，被认为是西方收获蚁清除群落周围所有植被的主要原因。清除工作移除了假黑寡妇和其他蜘蛛的蛛网连接点，把这些蜘蛛和其他捕食者暴露在天敌之下。这些蚂蚁捕食者不太可能为区区几只蚂蚁搭上身家性命。[19,20,21]

大自然从未停止过新奇的创造，一项令人惊奇的设计就隐藏在 Clypeadon 这个属的掘土蜂和收获蚁的故事里。在这个不大的属（Clypeadon）里，有几个种专门捕食收获蚁工蚁。这些掘土蜂会在蚁穴附近捕捉工蚁，当外面的蚂蚁很少时，干脆进入蚁穴，攻击躲在地下的单个蚂蚁。两种情况下，被叮蜇的蚂蚁都会陷入永久的深度麻痹，并被带回蜂巢。尽管拥有能轻易撕碎掘土蜂的强壮颚部，但不可思议的是，蚂蚁极少发动激烈的反击。我们不知道原因所在，可能是因为没有闻到掘土蜂身上有效的异味。正如我们无法在黑暗中看到黑色物体一样，蚂蚁无法闻到一只显然无臭无味的掘土蜂，而看不见、闻不到的威胁是无从发现的。这个场景对于如我们一样主要依赖视觉的生物来说，简直离奇得不可思议，但对大多数蚁种来说，视觉在识别方面没有多大意义，蚂蚁依赖于身体的"气味"特征。

这类掘土蜂（*Clypeadon*）将麻痹的 16～26 只蚂蚁掳走，储存在自己巢穴中的每间"育幼室"里。它会在每只被麻痹的蚂蚁身上产一颗卵，然后封闭"育幼室"。卵孵化为幼虫后会吃掉所有蚂蚁变成蛹，最后成为成虫。乍看上去，这类掘土蜂（*Clypeadon*）的生命史似乎和许多其他掘土蜂差不多。它们与寻常掘土蜂生物学特征的不同之处，首先在于运输被麻痹蚂蚁的机制。掘土蜂运输猎物的标准方法是，用颚部及一对中足固定住猎物，或者将之卡在有倒钩的螫针上，但前面提到的掘土蜂（*Clypeadon*）不是这样。它飞行的时候，颚部、六足和螫针都是自由的，蚂蚁似乎"卡"在它的腹尖上。雌蜂有一个独特的结构，雄蜂和其他蜂种都不具备，被称为"蚁夹"可谓恰如其分。"蚁夹"由增大版的双凹形上腹部以及与之匹配的可移动双叶下腹部组成，能夹住蚂蚁腿的根部并"上锁"，这种机制很适合"无负重"运输。不幸的是，这同样适合快如闪电的寄生蝇在被掘土蜂操控的蚂蚁身上产下微小的蛆。随后，蝇蛆会在"育幼室"中非法侵占蚂蚁，最后孵出的是苍蝇而非掘土蜂。[22] 大自然的最新设计逃不过一双双窥伺的眼睛。

几乎没有鸟类，更没有哺乳动物成功"利用"过收获蚁的群落。犹他州立大学的乔治·诺尔顿长期致力于研究捕食昆虫的脊椎动物，被捕食对象包括收获蚁。至少偶尔会以收获蚁为食的鸟包括：岩鹪鹩、高山弯嘴嘲鸫、西美草地鹨、蓝头黑鹂、艾草漠鸦、艾草松鸡和北扑翅䴕。[23]不太清楚这些鸟如何避免被叮蜇，是因为速度还是敏捷性？或者主要因为光滑的羽毛和坚硬的利喙？艾草松鸡——现在是濒危物种，偶尔吃西方收获蚁，还羞辱性地利用蚁丘作为醒目高点，将雌鸟吸引到这个雄性求偶高地跟前。[24]北扑翅䴕表现出一种与西方收获蚁相关的有趣习性。早晨，蚂蚁将幼虫和蛹放到向阳的一侧，这时，造访锥形蚁穴的北扑翅䴕会拨开薄薄的保护性土壤结皮，让白色幼虫和蛹暴露出来。这些高蛋白、高脂肪、低纤维的白色小东西是北扑翅䴕的最爱，不过在这个过程中，少数低蛋白、低脂肪、高纤维的工蚁也会被吃掉。[25]

对收获蚁威胁最大的捕食者是蜥蜴。侧斑蜥蜴、长吻豹蜥和棘趾蜥常吃工蚁，包括收获蚁的工蚁。山艾蜥蜴（*Sceloporus graciosus*）对于蚂蚁的嗜好更进一步，大多数个体的分析结果显示，胃里有收获蚁。角蜥（*Phrynosoma*）捕食蚂蚁的技术更是登峰造极，帝王角蜥89%的日常食物是收获蚁。[26]角蜥是一种圆胖的动物，头后部立着一圈乱蓬蓬的骨状突出物，很久以来一直为人们所喜爱。圆而胖的体形和慢得可怜的移动能力，让它们易于捕捉，这些特性使得宠物爱好者爱它们爱到在某些地区已经灭绝。角蜥有很多不寻常的特征，其中之一是巨大的胃，能装载占自身体重13.4%的食物，[26]其他蜥蜴难以望其项背，就好比体重200磅（90.7千克）的人一餐吃下去27磅（12.2千克）食物。正如日本相扑选手不能参加短跑或者马拉松一样，角蜥失去了快跑和长跑的能力。这就是成为收获蚁专业捕食者的代价。

如果一个行动迟缓的胖子主要以空旷地带的蚂蚁为食，那么技巧是必需的。最现成的技巧是伪装术——除非角蜥跑动，不然难以发觉。它们的体色非常接近四周的地面，而且身体又短又宽，不会留下影子。有些种甚至长有外侧鳞片以改变身体轮廓，几乎与背景完美融合。再加上极其缓慢的移动速度和高度的警惕性，角蜥很少被捕食者或蚂蚁发现。由于每天的膳食需要多达100只蚂蚁，一些战术策略是必要的。角蜥的策略是，放弃在蚁穴入口正面进攻的蚂蚁，选择跑到干道边缘或蚁群所在空地外围的蚂蚁，在那里能捉到落单的蚂蚁。只需舌头一卷，蚂蚁顿时消失。

在所有已知的昆虫毒液中，收获蚁毒液对哺乳动物的毒性最强，这一点让我们几个人搞不明白角蜥是怎么把收获蚁吃下去而不中毒的。一只收获蚁所具有的毒液足以杀死角蜥大小的老鼠好几次。那么，吃到肚里100只蚂蚁的角蜥是如何免于一死的？角蜥研究先驱韦德·舍布鲁克、我太太和我决定集思广益，寻找解决这个问题的答案（可能还因为喝了些啤酒）。韦德撰写的那篇关于角蜥改变肤色以适应环境的博士论文正在收尾，我问他采用的是什么方法。

"就牺牲了一只蜥蜴，培养它的皮肤，然后做激素和其他分析。"

"蜥蜴剩下的部分你怎么处理？"

"哦，我直接扔了啊。"

"啊！你扔了，浪费掉蜥蜴所有其他部分？你不能那么做。把血液给我吧。"

项目就这样开始了。韦德提供蜥蜴血液，我太太——解剖收获蚁获取毒液的高手，解剖了成千上万只蚂蚁，我则专注于查明角蜥耐受蚂蚁叮蜇的生理机制。第一个问题是，角蜥对收获蚁毒液敏感吗？当受试于足以杀死100只小鼠的毒液时，角蜥未受任何影响，这说明它们对蚂蚁毒液不敏感。所以，把铲子和桶拿出来，我们有工作要做。顶着亚利桑那州的炎炎烈日，我们又收集了好几桶马里科帕收获蚁。回来以后，我们着手提取远比以前多得多的毒液。利用这些提取液，我们终于得到了毒液对角蜥的半数致死量③：杀死一只角蜥所需的毒液量超过杀死一只小鼠的 1,500 倍，产生这些毒液需要 200 只蚂蚁。角蜥的一类亲戚——亚罗多刺蜥蜴，对毒液要比角蜥敏感得多。生活在缺少收获蚁地区的新生角蜥，与以蚂蚁为食的蜥蜴具有相同的抗性。这些发现表明，角蜥的抗性是天生的，并非由免疫诱导。角蜥不曾通过膳食自我免疫；它们大嚼收获蚁而无恙，是因为血液中有一种因子能中和蚂蚁毒液，这已被经典的抗毒液 + 毒液研究所证实——混合蜥蜴血浆与 3.6 倍致死剂量的毒液，然后将混合物注射给小鼠，小鼠没有不良反应。角蜥是脊椎动物捕食者进化出昆虫毒液天生抗性的第一个已知例子。[27]

　　收获蚁和角蜥的故事并未到此结束——角蜥和收获蚁都有更多的惊喜带给我们。角蜥能分泌一种黏滑的特殊液体，这种液体布满了它的口腔和消化系统。一只蚂蚁被吃掉后，其螯针通常会无害地滑落，不会刺破角蜥娇嫩的喉咙或者胃黏膜。蚂蚁一方有两种防御手段。具有讽刺意味的是，虽然角蜥不为叮蜇所扰，却无法耐受撕咬。如果蚂蚁对角蜥变得警觉，其颚基部的腺体就会释放警戒信息素，召集其他蚂蚁群起而攻之。这种聚众攻击不仅可以赶走角蜥，还能得到额外的"红利"——让逃跑的角蜥暴露在走鹃或者其他天敌的眼皮底下。作为对角蜥最后的羞辱，蚂蚁一直咬着角蜥的脚趾或柔软的下腹部，提醒对手自己不是好惹的，就算蚂蚁已经死去很久，其头部仍有可能还在角蜥身上。

　　有一种神秘的收获蚁（*Pogonomyrmex anzensis*）生活在角蜥无法生存的严酷环境中。关于这种蚂蚁的描述源自采集于加利福尼亚州安沙波列哥沙漠的一批单一样本，之后在学术界销声匿迹达45年之久，不过当时有一些非常杰出的蚁学家一直在苦寻它的踪迹。1997年，这种"神秘"的蚂蚁被经过多年仔细搜寻的戈登·斯内尔重新发现。蚁穴位于坚硬多石的朝南山坡上，所处的环境恶劣得难以想象——那里被太阳晒得异常干热。角蜥无法生活在那里，实际上，戈登在那里未曾找到任何潜在捕食者。我们不禁要问：在没有脊椎动物捕食者的情况下，蚂蚁的毒液会怎样？为了回答这个问题，戈登把采集的蚂蚁运到我这里，让我做对比试验。这些蚂蚁的毒液囊已萎，而且多半是空的，只含有预期毒液量的约六分之一。毒液囊尺寸正常，只是里面几乎不含毒液。戈登还注意到，这些蚂蚁胆子太小，很难强迫它们蜇人。分析毒性时，这种蚂蚁让我们大吃一惊。它们跻身最具毒性的收获蚁之列，比惠勒收获蚁的毒性高大约3倍，后者是北美体形最大的收获蚁，也是北美最具攻击性的收获蚁之一。显然，神秘收获蚁（*P. anzensis*）对艰苦环境及缺乏主要捕食者的适应不是失去或者牺牲毒液活性，而是通过减少毒液产量的方式节约能量。[28]

蜥蜴并不是唯一能一口气吃掉数百只收获蚁的动物；历史上，人类也这么做过。1994年，某个晴朗的下午，我接到加州大学洛杉矶分校硕士生凯文·格罗尔克打来的电话，他正在研究大量英国人涌入美洲前加州原住民的文化传统。当地几个部落的年轻人参加了名为"寻梦"的心灵之旅，希望找到改善生活和提供力量的"梦想助手"。开始这个活动之前，经常需要禁食甚至呕吐数天以做准备。"寻梦"仪式通常在冬天进行，这个时间搞活动难度更大。一切准备就绪后，老妇将收获蚁裹在鹰类绒羽球里送过来，请他们咽下去。凯文想知道，毒液的毒性能否让年轻人产生幻觉，在此状态下神灵会进入他的身体，给予他指点或者力量。

"绝对不会，"我回答，"收获蚁毒液对人类的中毒量是将近1,000次叮蜇。也许极端痛苦本身就能让他们进入恍惚状态。"

凯文的回答是，他们吃了很多蚂蚁。

"多少？"

"350只左右。"

"哦。那可以造成亚致死效应，再结合仪式的其他部分，有可能引起幻觉。"

我难以想象经受这种仪式所承受的痛苦，更不用说顽强的意志力。根据人类学前辈的详细记录和凭证标本④，人们认为仪式中所用的蚂蚁是加利福尼亚收获蚁。[4]"寻梦"仪式造成的痛苦好像还不够，有些印第安部落通过成年礼"淬炼"年轻人。根据约翰·哈林顿1933年的描述，少年会被"荨麻鞭打并覆以蚂蚁，这样才能让他们[那些男孩]更强壮。苦刑一般在七八月间施行，那时正值夏季，荨麻长得如火如荼……[男孩被鞭打]直到他无法行走。接着，他被带到不远处的蚁穴，躺在性情最暴躁的蚂蚁中间，他的一些朋友不停地用棍子激怒蚂蚁，让它们变得更狂暴。那是怎样的折磨，怎样的疼痛啊，就像在地狱走了一遭！然而，信仰带来的力量使他们能够默默地忍受这一切，他们一动不动地躺在那里，好像死了一样。"[4]现在，加利福尼亚州的年轻人已不再举行这样的仪式，这对蚂蚁来说也许是一件幸运的事。

无论从哪个角度看，收获蚁都很不同寻常，尤其是它们的螯针和毒液。从我第一次遭遇它们起，就对到底什么因素让它们变得如此特殊感兴趣。真是一"蜇"钟情！有关蚂蚁的文献通常会关注和记载收获蚁的叮蜇情况。

麦库克在1879年写道：收获蚁"让孩子们感到畏惧倒也罢了，成年人也不愿招惹它们……我试图雇佣他 [一个精明的强壮青年] 协助挖掘，但他以让人好笑的惊恐之情一口拒绝了我的提议…… '给俺 5 美元一天 [在 2014 年相当于人工费 845 美元] 也不干！'"[15] 麦库克接着写道，在被蜇之后

     会感到钻心的疼痛，就像被蜜蜂蜇一样。紧跟着是两次间隔很短的神经质的寒战，从下到上，头发根附近有明显的感觉。这的确是一种非常奇怪的感觉，在我看来很像是由突然发生的警报或兴奋引起的，其中恐怖元素占主导地位。再后来是创口附近持续的剧烈疼痛，长达差不多 3 小时，伴随着轻微的麻木……被收获蚁蜇确实让我感到非常疼，这种不适感可持续 24 小时以上。[15]

    戴维·雷在 1938 年这样描述他自己被佛罗里达收获蚁叮蜇后的感觉："肤色变成深红，随即出现黏稠的水样分泌物，像汗珠一样顺着我的胳膊流下来。那块区域火辣辣的，难忍受的剧痛持续了整整一天直到深夜。"[29] 克赖顿在其 1950 年的经典之作《北美蚂蚁》中实事求是地写道，"须蚁属（*Pogonomyrmex*）的大多数种蜇人很疼，那不是类似蜜蜂叮蜇那样的局部反应，而是会沿着淋巴管扩散，即使在最初的蜇痛消逝之后很久还经常造成腋部或腹股沟处淋巴腺的强烈不适。"[1] 阿瑟·科尔在其 1968 年作品《收获蚁》的导言中详述了一次被叮蜇的经历："被蜇后会很疼。紧接着出现局部肿胀和炎症。不久之后，根据叮蜇位置不同，一种有可能持续数小时的抽痛扩散到腹股沟、腋下或颈部区域的淋巴结。通常情况下，伤口周围的皮肤会变得非常湿润。"最后引用乔治和珍妮特·惠勒这对出色的夫妻搭档在 1973 年的陈述：

[作者]上唇边的中部被蜇到。蚂蚁被迅速打落……前10分钟没感觉到疼——只有一种火辣辣的烧灼感。1小时后，嘴唇、门牙和邻近的下巴开始隐隐作痛。嘴唇的中间三分之一稍有肿胀和发红……6小时后疼痛消退，转为上唇有烧灼感。第二天早上（被蜇10小时后），唇中部55毫米范围内有水肿但不发红，烧灼感减弱；这55毫米的中间10毫米摸上去没感觉。12小时后，感觉开始恢复正常，但唇缘处依旧麻木，还伴有轻微的肿胀和烧灼感。24小时后，肿胀几乎不可见，但感到嘴唇绷得很紧。痛感退去……两天后嘴唇内表面非常敏感，揉搓时感觉发热……被蜇26天后，嘴唇中间区域仍对触摸高度敏感。[30]

从这些描述中可以看到，所有被收获蚁蜇过的人都受到了不同程度的影响，他们一致认为，蜇痛非同寻常，再也不想重温一遍。

收获蚁的叮蜇至少在五个方面与其他所有已知昆虫有所不同。首先，叮蜇后不会瞬时产生反应，这对受害者很不利。没有闪电般出现的痛感，没有烧灼皮肤的火辣辣的感觉；与之相反，在疼痛被察觉之前，反应处于延迟状态，在疼痛被察觉之后，痛感无可阻挡地迅速增大。被蜇后初始的那段"无痛"阶段到底有多长很难得知，因为如果我们没有意识到自己被蜇，就无法启动计时；当我们察觉时已经太迟——伤害已然造成。我感觉无痛时间大概是30秒，至少对于腿脚部分的叮蜇应该如此。这种痛感上的延迟怎么会让收获蚁受益呢？即时产生痛感对蚂蚁来说不是更有利吗？答案可能在于，蚂蚁及其群落短期利益与长期利益的博弈。这种蚂蚁的毒液注射系统相当低效：如果刚开始注射就产生痛感，受害者会迅速移去蚂蚁以终止伤害；如果痛感延迟，蚂蚁就能注入更多乃至完整剂量的毒液，从而最大程度地导致长期伤害。

收获蚁叮蜇与其他昆虫叮蜇的第二点不同是，在叮蜇部位造成局部出汗。这种汗液似乎比寻常汗液更黏稠，并且不会出现在皮肤的其他部位。将手指从叮蜇区域的一侧轻轻移到另一侧，就能轻易发现这种出汗现象。手指顺畅地滑过无汗区，在有汗区感到摩擦阻力，最终回到顺畅滑动的无汗区。为了让试验更灵敏，有时候我用上唇代替手指。其他昆虫的叮蜇都不会导致被蜇区域出汗。因此，如果蚂蚁在被发现前逃走，则被蜇区域出汗可作为收获蚁叮蜇的证据。

收获蚁叮蜇与其他昆虫叮蜇的第三点不同是，局部立毛现象，即叮蜇部位毛发竖起。螫针扎入处周围的毛发会竖起来，和受惊的狗肩膀上的立毛很像。此外，由区域内每根毛发根部的单细胞竖肌收缩造成的"鸡皮疙瘩"，会让皮肤表面变得不平整。和出汗现象一样，叮蜇区域之外的毛发并无异常。其他昆虫叮蜇都不会导致局部毛发竖立，这个特征同样可以用来诊断是否为收获蚁叮蜇。

收获蚁叮蜇与其他昆虫叮蜇的第四点不同是，淋巴结疼痛。最近的淋巴结——叮蜇手臂是在腋下，叮蜇腿部在腹股沟——会变硬。疼痛并非不可忍受，但显然令人很不舒服。这种感觉难以描述，我称之为"美感缺失"，因为它干扰了人的幸福感和健康感。其他昆虫叮蜇都不会导致淋巴结疼痛或者敏感，这个特征也可用来诊断是否为收获蚁叮蜇。

收获蚁叮蜇与其他昆虫叮蜇（只有一种蜇刺昆虫例外）的第五点不同是，痛感的持续时间和性质。一旦痛感在大概5分钟内快速上升，几个小时内都不会减弱。疼痛像波一样，先达到一个峰值——令人咬紧牙关的极度疼痛，再回落到一个可接受的程度，接着上升到下一个峰值，如此循环往复。不幸的是，那种痛感不会迅速消失。对大多数人来说，持续时间为 4 ～ 12 小时，取决于收获蚁的种类、注入毒液的剂量以及每个人对疼痛的敏感度。强壮收获蚁、红收获蚁或西方收获蚁的蜇痛持续大约 4 小时，而马里科帕收获蚁、加利福尼亚收获蚁或佛罗里达收获蚁的蜇痛持续近 8 小时。我选择的研究方向刚好是马里科帕收获蚁和佛罗里达收获蚁！

由于收获蚁叮蜇产生的反应有不寻常的性质，我怀疑收获蚁毒液的化学成分肯定和其他昆虫毒液不同。我第一次被蜇是在 20 世纪 70 年代，当时关于收获蚁毒液的化学成分还是一片空白。第一个用化学方法表征的昆虫毒液来自马蚁，或称英国红木蚁（*Formica rufa*）。1670 年，约翰·雷断定这种蚂蚁含有蚁酸（90 年后林奈才为这个蚁种确定学名）。[31] 当时这种酸没有名字，因为发现于蚂蚁，所以被命名为"蚁酸"。雷的发现成为科学界热烈讨论的话题，甚至连公众都有所耳闻。此后，公众和许多科学家逐渐认识到，（所有）昆虫毒液都含有蚁酸，这种认识延续至今。市井中流传的神话，比如关于蚁酸的神话，几乎不可能消除。从 19 世纪末到 20 世纪 30 年代，德国科学家达成的基本认识是：蜜蜂毒液含有高活性的固体毒素，而蚁酸是易挥发的液体，有刺激性气味——如果存在蚁酸，气味会非常明显。同样，当被采集或吸入罐子时，具有功能性螫针的有毒蚂蚁（制造蚁酸的蚂蚁没有功能性螫针，只能撕咬）从未释放过类似蚁酸的气味。昆虫毒液中含有蚁酸的神话，很可能仍会是街谈巷议的一部分，让我们乐此不疲地谈论几十年。

除有关蜇痛的描述之外，我们对收获蚁毒液一无所知，因此我的首要任务是采集毒液以便进行化学和药理学分析。蚂蚁本身容易采集，但它们只含微量毒液——每只蚂蚁产大约 25 微克毒液。要采集 1 盎司（28.35 克）毒液，需要超过 100 万只蚂蚁，如果采集一只蚂蚁需要

3 分钟，就需要 6 年半时间日夜不停地工作。显然，采集大量毒液不在计划之列。好在很多分析只需要微量毒液。利用酶解离化学键，使生命体及其组织的生物化学功能遭到破坏，是毒液发挥作用的一种有效方法。佛罗里达收获蚁的毒液是酶的聚宝盆，含有更多异于其他昆虫毒液的高活性酶。一旦通过螫针注入某物皮肤，比如我的脚，这些酶就会干各种坏事。两种磷脂酶 A1 和 B，能解离细胞膜中的磷脂，在此过程中释放可致痛的脂质溶血卵磷脂及其他成分以破坏细胞膜。哎哟，好痛！另一种酶——透明质酸酶，作为肉品嫩化剂，能软化皮肤中的结缔组织，使其他毒液成分更容易进去搞破坏。还有一些酶，包括酯酶和磷酸酯酶，能够分解皮肤和身体中的其他分子，与其他毒液成分协同发挥作用，它们本身是否具有直接毒性尚不可知。最后一种酶——脂肪酶，尤其耐人寻味，这种酶能够破坏脂肪族分子的化学键。[32,33]其他昆虫毒液中没有脂肪酶，它的具体功能还是个谜，但我猜测，它可能和酯酶一起，造成刺骨的疼痛和类似荨麻疹的感觉。

　　直接的药理及毒性反应是收获蚁毒液的另一个特征。[34]毒液具有高度溶血性，能迅速破坏红细胞的细胞膜。遭到破坏的红细胞释放出所含的血红蛋白，不仅削弱了身体中的氧气输送，还阻塞了肾脏的过滤系统。如果肾功能失效，人会在几天内痛苦地死去。溶血作用可以作为间接的死亡原因。

　　激肽是高活性肽，以影响心脏搏动、降低血压及引发疼痛等作用著称。胡蜂激肽似乎是黄蜂和其他群居蜂致痛的主要原因。在收获蚁毒液中，药理学研究检测到激肽样活性，不过产生激肽样活性的分子的确切化学结构尚未确定。[35]不清楚该活性在叮螫反应中的作用，大概能引起短期疼痛吧。

收获蚁毒液最致命的作用是直接毒害神经。这种神经毒性直接靶向皮肤、脊髓、大脑和（很有可能）心脏处的神经，可能导致即时毙命的后果。即使只被几只收获蚁叮蜇，小型脊椎动物捕食者也会有严重危险。幸运的是，对人类来说，几下叮蜇的毒液剂量太低，不足以产生重大毒性反应。此外，我们较厚的皮肤也具有让毒液无法迅速扩散的神奇功效。来自几下叮蜇的毒液聚积在皮肤中，扩散速度之低不足以造成全身性的损害。

毒液的致死毒性，可用杀死 50% 受害者所需毒液剂量的中值来衡量。与致死毒性广为人知的蛇毒相比，昆虫毒液中只有蜜蜂毒液的致死毒性已知。蜜蜂毒液的毒性极强，超过许多蛇毒。让我们惊讶的是，对收获蚁毒液的分析表明，其效力使蜜蜂毒液相形见绌。须蚁属下各物种的平均致命性比蜜蜂毒液高 6 倍，栖息于亚利桑那州威尔科克斯的马里科帕收获蚁大约是蜜蜂毒性的 20 倍。[36] 迄今为止，收获蚁毒液的毒性是已知昆虫毒液中最强的，甚至强于除少数澳大利亚海蛇外的所有蛇的毒性。我猜想，如果收获蚁和海蛇同样大小，我们对前者的毒液会了解得更透彻。

为保卫群落，有些种类的收获蚁还有另一个像变魔术一样的花招。许多昆虫叮蜇系统的局限主要在于毒液的输送速度。蚂蚁和蜜蜂缺少强有力的机制，无法做到几乎瞬时输送毒液。快速输送毒液的主要好处是，能够在被发现、被移除或被杀死前，将大量毒液注入攻击者体内。加利福尼亚收获蚁和佛罗里达收获蚁有个了不起的系统，能解决毒液输送问题——螫针自断于攻击目标的皮肉中。这样的话，即便你移走、压扁、吃掉或用你想用的任何方式处置蚂蚁，完整的毒液系统还留在你体内，继续悄然输送所含的全部毒液。螫针自断在蜜蜂中很常见，可作为判断蜂蜇的标识：如果蜇针留在皮肤里，那就是被蜜蜂蜇了；如果没有蜇针，那就是别的昆虫。这个判据不完全正确，收获蚁和几种蜂（多生活在热带地区）也会将蜇针留在目标动物皮肉里。单个蚂蚁死了，但它会输送完全部毒液，以保障群落超个体（包括蚁后、未成年个体和其他成年个体）的安全。因为收获蚁工蚁本身不可育，所以自杀行为对繁殖后代没有直接影响，而输送全部毒液的策略能最大限度地提高蚁后、兄弟、可育姐妹等近亲和所在群落的繁殖能力。

让我们认识一下收获蚁的叮蜇。收获蚁的叮蜇绝非脆弱的心脏所能承受，相比较而言，养蜂人的差事倒显得自在而逍遥，犹如在草地上漫步一般。被收获蚁叮蜇很痛苦。起初没什么危害，感觉可能有点儿像有人用牙医的冲洗器向痛处注入微量的水，但这种感觉很快变成钻心的剧痛。有时这种疼痛类似被别人用包有皮革的铅棒重击，另一些时候又像巫师钻到皮下，撕裂肌肉、腱和神经。只是肌肉、腱和神经并非只被撕裂一次，而是不断循环——撕裂，稍有缓解，再次撕裂。为了让感受更刻骨铭心，这种折磨持续数小时不衰，预期会疼痛 4 ～ 8 个小时。在疼痛等级中，收获蚁的叮蜇高达 3 级，远高于蜜蜂蜇刺。此类叮蜇需要爱人和朋友对当事人尽表关切与同情之意。

注释

① *Messor* 是收获蚁属，*Pogonomyrmex* 是须蚁属，两者都被称为 "收获蚁"。

② 1 英亩 = 4,047 平方米。

③ 一种药物杀死试验动物中一半个体所需的剂量。

④ 指物种标本所附带的采集资料，以提供证据证实某一物种在某一时间和空间确实存在。在调查研究过程中，凭证标本的保存非常重要，需要有详细的标本编号、存放地点等详细信息，以便于日后查证。

第 9 章

沙漠蛛蜂
和
独居蜂

我宁愿被掘土蜂叮蜇一百次，也不愿被哲学家们的宠儿——蜜蜂叮蜇一次！

——霍华德·埃文斯
《胡蜂农场》，1973年

CHAPTER **9**

TARANTULA HAWKS AND

SOLITARY WASPS

犹如电击，晴天霹雳，这就是被沙漠蛛蜂叮蜇的感觉。问题不在于沙漠蛛蜂的螫针与其他蜇刺昆虫不同，而在于它们之间为什么不同以及如何不同。提问"为什么"是给科学出难题，因为这些问题暗示观察到的现象背后存在深层原因，这些原因还没有被科学方法证明。就目前来看，如果我们忽略这种缺陷，将"为什么"作为解放思想的催化剂，用以产生可以解释相关现象的想法，那么我们就打开了认知的大门。接下来，我们可以对进入这扇大门的想法进行检验，如果运气好的话，就能够得到新的认知。

解开沙漠蛛蜂蜇痛之谜的一个良好开端是，研究沙漠蛛蜂和其他"独居"蜂的生物学特征。独居对于蜂类生物学来说意味着缺少社会性，也就是说，不与兄弟姐妹、母亲和成长中的幼虫或蛹共同生活在群落中。相反，独居蜂的雌性过着"单身"的生活，凡事必须亲力亲为，以确保子孙后代能够生存繁衍下去。独居蜂是真正的单身母亲。雄蜂对繁殖下一代没什么帮助，它们的用处仅在于与雌蜂交配，提供必要的精子，否则它们情意绵绵的求爱对雌蜂而言基本上是一种骚扰。在蜜蜂中，有些种的雄性确实能提供某种帮助：守卫巢穴入口，用脑袋堵住入口阻挡寄生虫或其他篡位雌蜂的入侵。这些雄蜂还真是在使用脑袋。与蜜蜂不同，独居蜂不会和其他雌蜂共居一巢，雄蜂也不会用自己的脑袋保护那个"堡垒"。

独居蜂通常是能够主动捕猎和制服猎物的捕食者；而蜜蜂是素食主义者，吸食花蜜或其他甜味液体，还咀嚼花粉。有一种特殊的蜜蜂（*Scaptotrigona*），通常被称为"秃鹫蜜蜂"，这种蜜蜂放弃了采集花粉的习性，而偏好以动物腐肉为食，它们是素食性蜜蜂的例外情况。在捕食规则方面，独居蜂内部也有例外，其中之一是马萨胡蜂亚科的花粉胡蜂，它们和陶工蜂①（因经常用赏心悦目的陶瓷花瓶抚养后代而得名）有亲缘关系。正如名字所暗示的那样，花粉胡蜂为后代提供采来的花粉而不是猎物。花粉胡蜂与蜜蜂是趋同进化的一个例子，因为两者之间并无亲缘关系，处于生命进化树上的不同分支。

如果你是胡蜂，独居生活相比于群栖生活有几点劣势。在这里我们不涉及人类的社交生活——交朋结友、组织聚会、一起购物、共同进餐、相互说笑，我们指的是缺少兄弟姐妹和社群共同努力改善生活前景的优势。在群栖性昆虫中，多个成员共同完成一项工作，完成情况通常优于任何单一个体。举例来说，一个成员可能会发现一处大宗食物来源，比如一只大个儿的死蚱蜢或一小片新发现的鲜花，一个个体只能采集一小部分食物，即使这一小部分也可能被竞争对手一并抢走，群栖性成员则可以招募其他同伴共同占有、采集大宗资源。如果找不到食物或水源，独居昆虫将可能陷入绝境。如果某个群栖性成员未能找到食物，其他成功采集到食物的成员会与之分享。独居个体必须是万事通，什么事儿都得自己做。在群栖性昆虫中，个体有专业化的分工：有的采集食物，有的找水，有的收集筑巢的原料，有的喂养和照顾后代，还有的负责保卫巢穴。这里列出的只是专业化分工的一部分，未列出的项目还有很多。[1]社群性的一个重要好处是，某些个体可以经常留守巢穴，抵御天敌、寄生虫或入侵者。而独居蜂则必须离开巢穴寻找食物、猎物和水，让房子空着，没有谁会去保护家里的宝宝。

独居生活是蜂类昆虫在群栖性的优势和独栖性的优势之间取得平衡的结果。独栖性的一个优势是能够把握时机：如果丰富的食物只能在一段很短的时期内获得，比如只能等美洲大螽斯幼虫出现时，那么独居蜂就必须在那个时间段现身。这种蜂在一年中的其他时间段不需要活动也不需要存在，这不仅可以节省能量，还能降低捕食者以及气候条件等非生物因素带来的风险。独居昆虫也可能是某个领域的超级专家，做一件事的水平高于任何单个个体。例如，彩纹泥蜂（Cerceris fumipennis）很擅长寻找、捕捉和麻痹身体如岩石般坚硬、闪着金属光泽的钻木甲虫，能高效地找到它们。[2] 相比之下，研究这种甲虫的昆虫学家却很难找到它们，某些情况下需要通过发掘彩纹泥蜂的巢穴，才能找到这个新种。另一个例子是杀蝉泥蜂，这种泥蜂善于发现和捕捉蝉，这一点往往连群居蜂和人都做不到。

家长们都知道，学龄前儿童容易感染和传播传染性疾病，许多传染性疾病也会流行于群栖性昆虫之中。独居昆虫因为彼此接触的频率比较低，避免了相互传染的问题。独居生活的另一个重要优势是，不太容易被捕食者发现。与独居蜂的窝巢相比，热闹的大家庭及其尺寸通常较大的巢穴，更容易被饥肠辘辘的捕食者发现。独居蜂极少外出活动，非常不容易被发现和引起不必要的关注。更重要的是，许多大型捕食者根本不屑于把单个独居蜂捉来吃掉，或者挖掘和毁掉它的巢穴，以便吃掉里面囤积的食物和幼虫。大型捕食者恐怕更愿意把聚集众多个体的巢穴看作是值得它们付出艰辛努力的目标，可以用人来打比方：是一粒花生还是一碗花生更有可能诱惑一个人穿过房间去取？

和群栖性昆虫相比，独居昆虫还具有另一种防御选择——逃离捕食者。如果群栖性工蜂就在巢穴附近，它们往往会尽力击退捕食者，保卫自己的堡垒。逃跑的念头对工蜂来说想都不会想，如果工蜂放弃对蜂后的保护，那么整个群落，或者群落中的大部分成员，都将消亡。假如被攻击的是独居蜂的巢穴，那只独居蜂只需一走了之，保全自己即可。即使巢穴被毁，独居蜂也很容易再建一个新的取而代之。考虑到大多数捕食者难以发现巢穴的存在，或者认为巢穴没有多少价值，这种情况不大可能发生。

一个生命最大的危险是生存。"自己活，也让别人活"和"吃东西，但不要被别的东西吃掉"这样的表达，反映出了生存问题的本质。生命关乎家庭（每个个体成员都有家庭）和家庭繁衍生息的能力，生命的价值在于繁衍后代，但生存过程危险重重。无论何时，一旦你成了别人的美餐，你的生命就终止了。活的时间越长，被吃掉的危险就越大。延续生命和家庭的一个解决方案就是快速繁殖后代，一旦任务完成，就可以安然死掉了。蜉蝣是一个极端的例子：有些成虫生存时间不到一小时，交配之后即死在水面上，死亡时会产下大量的卵。[3] 自然选择要确保最大的繁殖效率，并将尽可能少的时间用于那些不能直接促进繁殖的活动。对许多独居蜂来说，短暂的生命是一种适应，可以避免危险重重的生存过程和在非繁殖季节被捕食者发现。如果蜂类昆虫是捕猎专家（大多数蜂类昆虫正是如此），且猎物每年只存在几周左右，那么最佳生存策略就是，成蜂长成于猎物出现的时候，在捕猎季节狂热地工作和繁殖后代，并在捕猎季节结束后死去。除此之外，继续生存下去还有什么意义？许多群栖性昆虫的成虫期并不短，它们必须终年维持群落生存，包括整个或几乎整个非繁殖季节，在这个漫长的时间段中，它们很容易被捕食者发现。

你是否被沙漠蛛蜂蜇过？我在演讲时给出的建议是，躺下来尖叫。那的确是一种令人乏力的钻心的疼痛，受害者面临进一步损伤的风险：在路中间的土坑前或障碍物前失去自控力，跌倒在仙人掌上或者有刺的铁丝网上。在经受这种蜇痛的人当中，几乎没有谁能维持正常的协调性和避免意外伤害的自控力。尖叫给人带来满足感，有助于减少受害人对蜇痛的关注。很少有人甘愿被一只沙漠蛛蜂叮蜇。我从未听说过有谁为了求知而进行这种勇敢的尝试，因为食蛛蜂，尤其是沙漠蛛蜂的名声在生物界众所周知。当采集者兴致勃勃地摘取标本时，一旦遭到叮蜇，通常的反应都是惊叫一声，扔掉蜂巢，然后大声尖叫。那种即发的疼痛使人如遭电击，而且是一种让人感到浑身乏力的钻心的疼痛。

霍华德·埃文斯写的几本书《在一个鲜为人知的星球上生活》《胡蜂农场》《昆虫学的乐趣》深受大众喜爱，这位杰出的博物学家还是研究独居蜂的专家。霍华德是一位身材修长、沉默寡言的绅士，长着一头乱蓬蓬的白发，两只眼睛炯炯有神，他对沙漠蛛蜂尤其着迷。有一次，为了深入调查这些蛛蜂，霍华德从一朵花上成功网住了大约 10 只雌性沙漠蛛蜂。他激动地把手伸进捕虫网，想取回蛛蜂，很快被蜇了一下。他没有畏惧，继续抓蛛蜂，直到又被蜇了几下，剧烈的疼痛使他不得不放开所有蛛蜂，爬到一条沟里呻吟起来。他后来总结说，自己当时太贪婪了。[4]

就我所知，只有两个人"自愿"被沙漠蛛蜂叮蜇。我说"自愿"，是因为他们都是电影演员，要履行自己的职责，他们的职责包括"主动"被蜇。其中一个是年轻英俊、喜欢运动的昆虫学家，他对蛛蜂很了解。只见他灵巧地将手伸进圆柱形的蓄电池容器里，捏住了一只蛛蜂的翅膀。他捏蛛蜂的姿势刚好让蛛蜂的螫针从他的拇指指甲处安然滑下去。我们就沙漠蛛蜂聊了一分钟左右，与此同时，镜头聚焦到那根从指甲旁安然滑落、未能刺中目标的长螫针上。随后蛛蜂猛然将腹部拉向自己，其螫针朝指甲下端的皮肉刺去。哎哟（我们不记得当时从他嘴里是否冒出过不适合普通公众的措辞），那只蛛蜂随即被抛到空中，它安然无恙地飞走了。这一局，蛛蜂得一分，人类零分。

另一个演员体格健壮，过去很可能是橄榄球中后卫球员，他也是个善于表演不惧各种疼痛的硬汉的人。不过，我得负责捉住蛛蜂，把它带到拍摄现场。从一株金合欢树开的花上很容易网到五六只沙漠蛛蜂，不幸的是，网子被荆棘钩破，除一只蛛蜂外，其余的都逃掉了。留下的那只蛛蜂是雄性，所以我招呼摄影师过来展示一下雄性蛛蜂不蜇人、对人无害。我漫不经心地把手伸进去抓它，没想到那是一只雌蜂。哎哟！只不过这次轮到了我。我竭力把它扔回捕虫网，同时试图对着镜头解释我的失误和蜇痛。可惜我不是演员，所以这段胶片就被存放在某个籍籍无名的电影公司的档案室了，也许某一天会出现在YouTube网站上吧。小插曲到此结束，沙漠蛛蜂被交给那个硬汉演员。后者抓住它，随即被蜇了一下，除了有些不悦地说了声"哎哟，确实有点儿疼"之外，没有表现出任何其他反应。我想，这家伙是不是没有神经啊。导演递给他一只哈瓦那辣椒——辣椒中的"沙漠蛛蜂"，他兴致勃勃地咬了一口，立刻说不出话来，他的嘴、鼻子和耳朵一定有种火烧火燎的感觉。看来他还是有神经的，至少对辣椒很敏感。

沙漠蛛蜂从未出现在人类战争的记录中，但有可能出现在未来的某些冲突中。而且，如果一对一较量，其战斗力几乎与人类旗鼓相当。霍华德·埃文斯在盛怒之下，写下了他在墨西哥的一段经历："[沙漠蛛蜂]是引人注目的生物，我在美国西南部和墨西哥多次捉到过这种蛛蜂，一群小顽童追着我问问题，还试图帮我的忙。为了甩掉他们，我耍了一个把戏，用手指从花儿上取下一只沙漠蛛蜂拿给他们看。当然，我拿起来的通常是不会蜇人的雄蜂。但那些充满好奇的跟随者会去拿个头儿较大的蛛蜂——通常是雌性，于是他们很快知道，再也不要去碰这种东西。"[5]

像沙漠蛛蜂这样的小动物是怎么进入人类的灵魂深处而成为赢家的？几年前，我尝试在一篇题为《沙漠蛛蜂的毒液和美好生活：如何吃而不被吃以及如何长寿》的论文中解决这一问题。[6]沙漠蛛蜂的生活史能够提供某种思路。沙漠蛛蜂是蛛蜂科昆虫中成员最多的类别，该科包括 5,000 个种以上，只以捕捉蜘蛛为生。[7]沙漠蛛蜂的一个与众不同的特点是，选择体形最大的蜘蛛——凶猛可畏的捕鸟蛛作为目标猎物。俗语"吃什么，像什么"②对沙漠蛛蜂很适用：如果你吃最大的蜘蛛，你就得成为最大的食蛛蜂。和其他食蛛蜂一样，雌蜂在后代的整个发育过程中仅提供一只蜘蛛作为它们的早餐、午餐和晚餐。供求原则在这里很适用：大蜘蛛产生大蛛蜂，小蜘蛛产生小蛛蜂。故事到这里并没有结束，蛛蜂妈妈并不是完全凭借运气和命运把它遇到的或大或小的蜘蛛随机分配给自己的宝宝，它有选择后代性别的特殊能力。膜翅目昆虫是基因世界的异类——雌性产自受精卵，雄性产自未受精卵。这不仅意味着雄性的遗传信息只有雌性的一半（不能就此解释为，雄性的智力只有雌性的一半，也许有些妇女会产生这样的想法），还意味着妈妈可以选择生儿还是生女——用或者不用存储的精子使卵子受精。在沙漠蛛蜂的世界里，雌蜂是很金贵的：它们要做所有工作，承担捕猎蜘蛛的全部风险，有时还要将一只 8 倍于自身体重的蜘蛛拖回巢穴。因此，为了高效率地工作和繁殖更多后代，雌蜂必须高大、强壮。相比之下，雄蜂的生活主要是吸食花蜜、驱赶其他雄性和与雌性交配。体形小的雄蜂也可以与雌蜂交配，所以大小并非关键因素，不过个儿大的雄蜂往往更容易赢得更多雌蜂的青睐。沙漠蛛蜂妈妈会选择将宝贵的大捕鸟蛛给予雌性后代，将小捕鸟蛛给予雄性后代。

沙漠蛛蜂的生命史与其他许多独居蜂很相似。成年雌蜂从地下巢室里钻出来觅食花蜜和交配。此时，雄蜂也出来找花儿并开始交配行为。半沟蛛蜂属（*Hemipepsis*）雄性沙漠蛛蜂以登顶行为著称，它们会去山顶、山脊线或其他突出的高点建立求偶场。在这些求偶的地方，雄蜂之间会彼此搏斗以捍卫自己的领地，较大的雄蜂往往取得最佳领地——通常靠近求偶场的中心。处女雌性会去求偶场寻找雄性。雌蜂完成一生仅一次的短暂交配后，便开始独居生活。在亚利桑那州，蛛蜂属（*Pepsis*）沙漠蛛蜂的交配地点似乎是以其偏爱的花种为中心的，尤其是马利筋属植物、西方无患子树或牧豆树。雄蜂会在有这些资源的地方积极巡逻，否则的话，其交配过程很可能与半沟蛛蜂属一样短暂。然后，交配过的雌性便开始寻找捕鸟蛛。它们并不是很挑剔，几个种的捕鸟蛛都能接受：不管是雄性捕鸟蛛还是雌性捕鸟蛛，是成年捕鸟蛛还是个头儿较大的未成年捕鸟蛛，都会成为它们的目标。绝大多数身体粗笨而又多汁的雌性捕鸟蛛，早晚会成为幼年雌性沙漠蛛蜂的食物。长腿的雄性捕鸟蛛骨瘦如柴，体重通常比雌性轻很多，它们中的大多数早晚会成为下一代雄性沙漠蛛蜂的食物，所以雄性沙漠蛛蜂与其姐妹相比通常体形较小。

沙漠蛛蜂叮蜇捕鸟蛛猎物的部位位于腿基部和腹板之间，即各条腿之间的盘状区域。叮蜇直指控制腿和螯肢的大神经节，能在 1.5 秒到 2.5 秒之间让蜘蛛完全失去活动能力并永久麻痹。软绵绵的捕鸟蛛会被拖到雌蜂建造的地穴里，或者捕鸟蛛自己的地穴里。黄昏时刻，大自然舞台上上演着一幕幕大戏。其中一幕是，沙漠蛛蜂拖着一只巨大的蜘蛛长途跋涉于地面之上，任何有幸见证这一幕的人，都会被认为经历了一次值得终生铭记的冒险。雌蜂将蜘蛛放入地穴底部的一个巢室里，在蜘蛛身上产一颗卵，然后用土填满地道并封住。妈妈完成了自己的职责，便出发寻找下一个猎物。几天后卵孵化成一龄幼虫，它会从那只被麻痹的活蜘蛛身上吸血。在接下来的 20 天到 25 天，幼虫经历四次蜕皮，最终成长为五龄幼虫。此时那只蜘蛛仍旧活着，不过血液、肌肉、脂肪、消化系统和生殖系统被吃光，只剩下心脏和神经系统。五龄幼虫在蜘蛛腐败变质前，会迅速消耗掉它的其余部分。食物耗尽之后，幼虫化茧成蛹。如果离冬天还早，虫蛹可能只需几周时间就能长成成虫；如果时间已临近冬天，蛛蜂会在茧里越冬，待到次年春天再破茧而出。成年雄蜂只能存活几周左右，而雌蜂能存活四到五个月。[8]

　　一个难解之谜是，为什么捕鸟蛛在受到沙漠蛛蜂攻击时不做反抗。人们难以理解，为什么能用大而有力的螯肢轻易捣碎一只大蟑螂（通常伴有心满意足的嘎吱声）或者一只硬甲虫的大蜘蛛，却对蛛蜂不做抵抗。为什么捕鸟蛛总是被动地屈服于那个杀手，不做哪怕是最轻微的抵抗？我们无法进入蜘蛛的意识去探究这个问题的答案。食蛛蜂家族有几千个种，绝大多数（即便不是全部）其他成员的蜘蛛猎物也是如此。或许从长远来看，逃跑或站住不动比反击更有利。我们同样不知道捕鸟蛛是如何把沙漠蛛蜂和蟑螂或甲虫区分开的，不过有些想法似乎是合理的。和人类首先通过眼睛，其次通过耳朵，借助触觉、嗅觉和味觉等精微方式"看"世界不同，蜘蛛、昆虫和大多数其他无脊椎动物感知世界的方式主要是，首先通过嗅觉，其次通过触觉以及部分视觉或听觉。在蜘蛛和昆虫中，嗅觉器官包括触角、须肢、腿和身体其他部位的触觉感受器。许多感受器可以检测猎物体表的化学物质，这些体表化学物质的组合为昆虫或者蜘蛛提供了信号源的可识别特征。对我们人类而言，蛛蜂的气味几乎和甲虫、蛾或蝇一模一样，也就是说没有任何气味；但对蜘蛛或者昆虫而言，它们的气味是不同的。捕鸟蛛，一种近乎全盲的动物，很可能主要是通过气味识别沙漠蛛蜂的，或许借助了蛛蜂通过土壤表面或者气压波而传输的所谓"触碰"和振动。也有可能通过蛛蜂释放到空气中的独特气味来识别，这种独特的气味很容易被人类发觉，尤其是当蛛蜂被捉住或受到威胁时。那种气味很刺激，不仅仅难闻、刺鼻和令人厌恶（类似于死亡动物或下水道溢水的味儿）。那种气味非同一般，似乎会影响人的心理，产生强烈的排斥感。

博物学家经常评论这种气味。亚历山大·彼得伦克维奇，耶鲁大学早期的一位研究蜘蛛的著名学者，是这样记录一只接触到捕鸟蛛的颚的沙漠蛛蜂的："雌蜂抬起翅膀，突然释放出一种相当刺激的气味。"他的结论是："释放这种气味一定是因为愤怒，也许是一种警告信号。"[9]威廉斯研究沙漠蛛蜂的行为可能比任何人都深入，他把那种气味描述为"蛛蜂味儿"，一种在蛛蜂属各个种中普遍存在的气味。[8]霍华德·埃文斯指出，蛛蜂属的雄性和雌性"都带有这种特征性的气味，这种气味很可能是用来排斥捕食者的"。[5]遗憾的是，尽管我们知道气味产生于上颚腺（如此命名是因为这种腺体位于上颚基部），但尚未确定它的化学性质。这并不是因为没有做过尝试，我和五六位优秀的化学家合作研究了30多年，也没能解开这个谜。而且，这种气味起到的是一种作用还是多种作用，也是一个谜。最显而易见的作用是对捕食者的化学防御，包括针对试图捕捉它们的昆虫学家。这种防御不是直接的，即不同于会对袭击者喷射腐蚀性甲酸的木蚁，或者会引发致痛性和发疱性皮疹的芫菁（这一类昆虫中包括斑蝥）。相反，这似乎是一种间接的防御，用气味警告对手远离自己或者别的什么。所有抓过雌性沙漠蛛蜂的人都知道，这种警告防御机制的真实性是显而易见的。这种气味也可能是一种聚集信息素，吸引雄性和雌性到富集植物的地带、可以聚在一起的栖息地或者求偶繁殖地。最后，那种气味可能是为了将捕鸟蛛逐出地穴，或者作为抵御蜘蛛的自然防卫行为。[10] 就像在生物界经常出现的情况一样，可能这种气味首先是为一种角色而进化的，后来被选择用作多种角色。

让我们回到捕鸟蛛为什么不做反抗的问题。难道沙漠蛛蜂通过某种方式让捕鸟蛛的防御机制失去作用，或者以行动、振翅或气味使捕鸟蛛因为惊恐而全身麻痹了？这样的想法确实看起来太离奇，以至于不像真的，但谁知道呢？我们对于恐惧以及恐惧如何改变行为所知甚少，我们所知道的是，这场战斗是高度失衡的——偏向沙漠蛛蜂一方。即使捕鸟蛛反击，它的螯肢也基本派不上多大用场，只会从沙漠蛛蜂身上滑脱下来。沙漠蛛蜂的身体坚硬、平整、光滑，没有粗糙区域，没有凹口或者隆起，而且体形圆溜溜的。正如一个人一手持玻璃啤酒瓶，另一手持电钻，试图在瓶子侧面钻孔一样，捕鸟蛛用螯肢猛捣时也会遇到同样的问题：螯肢和电钻只会滑向一边。一些观察者报告说，当捕鸟蛛果真试图咬碎和猛捣沙漠蛛蜂时，我们会反复听到螯肢在很大的力量下猝然从沙漠蛛蜂身上滑脱产生的劈啪声，沙漠蛛蜂最终安然无恙。[9] 也许捕鸟蛛的最佳策略不是战斗，而是逃跑抑或一动不动，以此希望沙漠蛛蜂失去兴趣。幸好我们人类这个物种很少遇到类似的情况。

我们人类是自己的主人，不再害怕可能会把我们当成猎物的大型动物，我们早就解决了大型动物中的大多数，排除了它们带来的威胁。我们已经征服了很多疾病，但是又出现了很多威胁我们健康的新疾病。我们通过驯养动物和栽培植物得到更可靠的稳定食物来源。我们制作服装、建造住所，让生活变得舒适。我们设计游戏、生产玩具来娱乐自己。沙漠蛛蜂还不能像人类那样掌控自己的生活，不过它们紧跟在人类后面，排名第二。当然，这里的"掌控"并不是指，沙漠蛛蜂会像人类那样做出有意识的决定，以改变自己的生活——我们没有关于沙漠蛛蜂具有意识思维的证据；确切地说，是大自然通过自然选择，把它们变成了自己生命的主人。沙漠蛛蜂的存活时间很长，成年雌性没有任何已知的天敌，而且在一天里的任何时间都可以活跃于所选择的任何地方。这种美好生活是如何实现的？对抗捕食者的防御机制是长久自在生活的最重要因素。没有好的防御机制，动物要么只能过隐密的生活，要么生命短暂，在被吃掉之前抓紧时间交配和繁殖。没有哪个捕食者能成功猎杀健康的雌性沙漠蛛蜂，[6] 不过有一次，在马利筋属植物的花上，我确实看到有一只很小的雄性沙漠蛛蜂被合掌螳螂吃了。走鹃是大无畏的捕食者，敢于向包括响尾蛇在内的许多动物挑战。亚利桑那州博物学家皮诺·梅兰报告说，曾见到一只走鹃从沙漠蛛蜂那里盗走被麻痹的捕鸟蛛，喂给自己的孩子，惟余前功尽弃的沙漠蛛蜂。走鹃、其他鸟、蜥蜴、蟾蜍和哺乳动物等大型捕食者不去捕食沙漠蛛蜂的原因，显然与螫针有关。螫针本身不足以保护沙漠蛛蜂在强有力的鸟喙或毁灭性的蜥蜴颚下幸免于难，它还有第二种防御工具，与对付捕鸟蛛的防御工具相同——坚硬、光滑、丰满的身体外壳，这种工具的作用是为实施叮蜇争取时间。沙漠蛛蜂的身体太过坚硬，捕食者很难在嘴或舌头不被蜇的情况下用喙或颚部迅即咬碎它，哺乳动物的牙也会从沙漠蛛蜂身上滑下去，争取的时间足以让螯针派上用场。与大多数昆虫和蛛形纲动物相比，沙漠蛛蜂可利用硕大的体形防御节肢动物。即便仅靠身材难以奏效，螯针、坚硬的体甲和强有力的尖锐颚部也能用来对付节肢动物。

生命的普遍法则是，避免与捕食者对抗往往好于正面冲突。对沙漠蛛蜂来说，如果能避开和一只鸟儿或蜥蜴正面冲突，何必要冒险失去一条腿或触须，或者让一只翅膀被压得皱皱巴巴呢？避免攻击的要旨是，想办法告诉攻击者，这种行为是危险的。沙漠蛛蜂是沟通交流的高手，会使用多种形式的警告信号。由红、黄、橙或白与黑组成的各种鲜艳夺目的颜色模式，是警戒色的典型例子。彩虹般熠熠闪亮的深色调是警戒色的另一个例子。这些颜色模式告诉捕食者："瞧我多亮丽、多大胆、多厉害。如果你敢来招惹我，你会吃苦头的。"沙漠蛛蜂拥有耀眼的橙色翅膀或者发亮的黑色翅膀，和闪闪发亮的蓝黑相间的身体或黑色身体，这些都能传递出强烈的警告。为增强这种颜色模式的视觉效果，沙漠蛛蜂在地上呆着时会做出一种独特的痉挛式动作，四处走动时会急速扇动翅膀，以确保自己被旁人看到。受到威胁的沙漠蛛蜂会通过振翅发出声音警告，这很像受到威胁的蜜蜂会提高嗡嗡声的分贝。最后一种警告信号是沙漠蛛蜂强烈的气味。人类嗅觉系统不发达，只有当一只受到威胁的沙漠蛛蜂放出大量气味时才能闻到。少量气味可能会被持续不断地释放出来，对嗅觉灵敏的哺乳动物来说，这是一种长距离的预警信号，警告它们不要靠近。在所有这些警告方式的预警下，潜在捕食者不可能注意不到一只沙漠蛛蜂的存在。

想象一下摆脱了捕食者的自由意味着什么。没有捕食者，意味着不需要那么着急寻找伴侣和繁衍后代。不考虑捕食者的因素，就无需去选择一种短暂、高效的生活；无需因为害怕捕食者看到而避开开阔地带、有花区或者地表；也无需把活动周期限制在被捕食风险最小的时刻。对沙漠蛛蜂而言，这样的自由是至关重要的。捕鸟蛛数量有限，很难找到，在环境中分散分布，而且出现在一年中的大部分时间。沙漠蛛蜂需要花费大量时间寻找自己的食物和为后代寻找捕鸟蛛。如果寿命很短或者活动受限，它们将很难把自己的基因传给下一代。

螫针是大自然给予生命形态的美妙恩赐。是什么力量让螫针变得如此强大？是什么化学成分让它变得如此神奇？在昆虫毒液中，沙漠蛛蜂的毒液几乎是独一无二的。大多数蚂蚁和蜂的毒液只有一种功能：要么用于攻击猎物，要么用于抵御捕食者。防御时，致痛性和杀伤力都很重要；攻击时，致痛性无关紧要，甚至可能有害，因为它会给猎物带来不必要的紧张感。若为后代提供新鲜的活物，杀伤力并无益处。进攻时，毒液的重要特性是麻痹猎物，使猎物失去行动能力。沙漠蛛蜂的毒液介于进攻和防御之间，这种非同寻常的毒液既能长期麻痹猎物，也能防御捕食者。疼痛是防御捕食者的标志性影响。沙漠蛛蜂的毒液对捕食者伤害很小——对哺乳动物的杀伤力至多只有蜜蜂毒液的约 3%。为什么沙漠蛛蜂的毒液缺少毒性和致命性？也许因为自然选择不支持产生对捕鸟蛛有毒或致命的毒液化学成分。对哺乳动物有毒的毒液，很可能对捕鸟蛛也有毒。如果捕鸟蛛被毒死，沙漠蛛蜂的幼虫也会死。[8]另外，沙漠蛛蜂不需要保护巢穴，没有理由伤害或杀死捕食者，它的目标是让捕食者中止攻击，速速张开嘴让自己逃跑。捕食者只需把嘴张开一会儿，就可以让沙漠蛛蜂飞走，现有的致痛能力已经足以制造这种神奇的效果。

我们不了解沙漠蛛蜂毒液中的致痛化学成分是什么。这种毒液含有目前已知的最高浓度的柠檬酸盐，柠檬酸盐是 6 碳小分子多元酸的盐，存在于所有毒液中，目前尚不清楚这种物质是否会致痛以及怎样致痛。[11] 毒液中还包含神经递质乙酰胆碱和激肽，这两种化合物都能致痛。[12] 以上这些化合物都不会导致捕鸟蛛麻痹，麻痹很可能是由毒液中所含的多种蛋白质中的一种导致的。[13] 无论沙漠蛛蜂毒液中的活性成分是什么，人类和捕鸟蛛都不会因为被蛰而死亡。两者之间的一个重要差别是，捕鸟蛛会死于沙漠蛛蜂幼虫之手，人类不会。

温和的巨人——杀蝉泥蜂。正如这里所预见的那样，杀蝉泥蜂是蜂类昆虫世界温和的巨人。杀蝉泥蜂没有采取特迪·罗斯福③所谓"温言在口，大棒在手"的策略，而是带着小棒子"大声说话"。没错，它们的确有个大棒子（螫针），这个大棒子对蝉影响很大，对人类影响很小。20 世纪早期勇敢无畏的蜂学家菲尔·劳曾经写道：杀蝉泥蜂"遭到打扰后表达愤慨的方式是，发出我们所听到过的蜂类昆虫世界的最大噪声"。[1] 这没什么可奇怪的，因为杀蝉泥蜂是世界上最大的蜂类昆虫之一，在体形上与沙漠蛛蜂不相上下。

杀蝉泥蜂是泥蜂类昆虫，隶属于方头泥蜂科杀蝉泥蜂属（*Sphecius*），杀蝉泥蜂属在美洲有 5 个种，其中 4 个在美国。正如名字所暗示的那样，杀蝉泥蜂会搜寻潜藏在地下巢穴的蝉，作为其幼虫的食物。从纯粹意义上说，它们算不上"杀手"，只是麻痹专家，真正的"杀手"是以麻痹的蝉为食的幼虫。杀蝉泥蜂体长 2.5～5 厘米，属于大型独居蜂，有时被称为"地面大黄蜂"，一个极其乏味又容易引起误解的名字。它们不是大黄蜂，后者以令人惊恐的致痛性叮蛰著称，也不喜欢大部分地面，只偏好舒适的沙地。这些忙忙碌碌的泥蜂活跃于最温暖的盛夏时节，给足够幸运能够一睹它们芳容的人带来欣喜和惊奇。

杀蝉泥蜂的生命周期开始于夏季，与蝉羽化为成虫的时间同步——每年夏天都有在地下呆了数年的若蝉钻出地表羽化为成虫。雄性杀蝉泥蜂从地下巢室向上挖，以花蜜或植物渗出液为食，在羽化地点附近建立领地。大约1周之后，雌蜂开始出现，它们也从越冬的巢室径直向上挖。杀蝉泥蜂是聚群的独居蜂，即每只雌蜂独立抚育后代；不过，尽管雌蜂之间并无合作，但它们的巢穴通常集中于一小片区域。单个巢穴之间往往相距不到1米。在一个局部区域，聚集的地穴从不到12个到上千个不等。营巢区的生活很混乱，杀蝉泥蜂四处乱飞，频繁剐蹭，但相互之间绝无合作——只有交配例外。产生下一代需要雄蜂和雌蜂之间的短暂合作。

一旦完成一生仅一次的交配（雌蜂很讲究效率：为什么要浪费时间和其他雄性相处呢），雌蜂就会用花蜜和其他甜性液体给自己补充给养，并在四周巡视，准备搭建巢穴。雌蜂用前腿在沙地里挖出长约30～50厘米、深15～25厘米的地穴，[2] 很可能借助大颚去松动难克服的障碍，然后用每条后腿上异常隆起的刺（称为距[④]）帮着把障碍物向上推出地穴。雄蜂不干挖土的活儿，所以毫无疑问，它们的距远远小于雌蜂。当雌蜂将地穴挖得足够深时，它会改变策略，开始集中精力捉蝉。人的直觉让我们相信，杀蝉泥蜂会循着响亮、嘈杂的鸣叫声优先找到雄蝉。声音在我们的世界里很重要，所以我们很自然地这么认为。在杀蝉泥蜂的世界里，声音即便有价值，其价值也微不足道。没有证据表明，杀蝉泥蜂能听见声音，或许能听到声音对杀蝉泥蜂反而不利。蝉的警告性鸣叫可将声级提高到105分贝，是16米远处一只手提钻发出的响声的10倍，远远超过导致人类听力损失的持续噪声水平。我们知道，蝉受威胁时发出的嘶鸣会干扰捕食它的哺乳动物，[3] 因此，同样有可能干扰要捉住这个聒噪的猎物的杀蝉泥蜂，如果后者有听力的话。

杀蝉泥蜂并非通过声音锁定蝉的位置，而是利用视觉寻找它们，很可能也捕捉到了接触蝉时所识别的化学物质。雌性杀蝉泥蜂通过用眼睛缓慢地上下、左右扫描附近的树枝来寻找蝉。一旦看到蝉，为了进一步确认，雌蜂会冲到蝉的面前左右打量，就好比人类为取得更好的视觉效果会使用双目镜。然后它猛然扑向蝉（如果后者是公的，通常会听见一声粗厉的嘶鸣），迅速对它实施叮蜇。[2] 麻痹过程几乎瞬间完成，蝉被麻痹只需 1 ～ 2 秒。随后它把蝉翻个身，和自己肚皮贴肚皮，用中足抱着蝉飞回（或者说试图飞回）地穴。蝉通常比杀蝉泥蜂大得多，这种飞行对普通雌蜂而言是一项极其繁重的任务，除非是最大个儿的雌蜂。小个儿雌蜂往往不能为成功繁育后代运回足够多的蝉。[4] 在杀蝉泥蜂的世界里，做一只大个儿雌蝉绝对有好处。在树底下，人们经常能看到被麻痹的蝉，它们是被无法将其带走的杀蝉泥蜂丢掉的。

乔·科埃略是伊利诺伊州昆西大学的杀蝉泥蜂专家，后来成为一位出色的直升机工程师，他将大部分学术生涯献给分析杀蝉泥蜂和其他蜂是如何带着那些看似不可能携带的重物飞行的。这个问题有点儿像预言"熊蜂不能飞"的著名推算；其实，熊蜂能飞。乔发现，一只杀蝉泥蜂可以携带一只体重是自己体重 1.42 倍的蝉勉强飞行。在杀蝉泥蜂的一个聚居地，他发现它们这样解决了携带略微超重的蝉的问题：用尽全部提升力量飞上天，然后向前顺着一条下降的滑行路径飞向巢穴。如果在到达巢穴之前撞上地面，它会带着那只蝉爬到附近的树上或者高大的植物上重复上述过程。通过分段的方法，它终于把这个大得超乎想象的货物运回巢穴。[5] 于是我们也就不奇怪，为什么杀蝉泥蜂只在距离巢穴大约100米的范围之内寻找蝉了。

来自北肯塔基大学的乔恩·黑斯廷斯和来自拉斐特学院的查克·霍利迪发现，对于蝉太重的问题，大自然中存在另一种解决方案。他们在佛罗里达州北部研究了两个相距约100千米的东部杀蝉泥蜂聚居地。同样的四种蝉在这两个聚居地占比大致相同，这四种蝉按照体形大小可分为小、中、大三个等级。在一个地点，杀蝉泥蜂主要捕捉大、中型蝉；在另一个地点，它们几乎只捕捉小型蝉。两个杀蝉泥蜂种群的差异是显而易见的：捕捉大、中型蝉的杀蝉泥蜂种群，在尺寸上远大于捕捉小型蝉的杀蝉泥蜂种群。这两个种群为什么要在各自的地盘维持大小上的差异性？我们尚不清楚确切原因，不过喂给幼虫的蝉的尺寸肯定与此有关。[6] 我们所知道的是：小杀蝉泥蜂携带不了大型蝉，大杀蝉泥蜂在周围有小型蝉的情况下会有选择地捕捉大型蝉。因为个儿小，小杀蝉泥蜂在觅食上会遇到很大阻力。因为只能收集小型蝉，它们不得不为每个后代准备双倍于大杀蝉泥蜂后代数量的蝉。在额外觅食成本如此大的情况下，是什么样的选择力量使这个种群产生出小杀蝉泥蜂还是个谜。

成功捕到蝉并运回巢之后，雌性杀蝉泥蜂会将它放在地穴末端那间提前挖好的巢室里。这时它必须做出选择——是繁育一只雄蜂还是一只雌蜂？如果它选择生儿子，就会在蝉身上产一颗未受精的卵，然后封闭巢室，准备处理下一间巢室。母亲能做出后代性别的决定，是因为它可以选择是否让那颗卵受精：受精卵变成雌性，未受精卵变成雄性。因为雄蜂比雌蜂小得多——约为雌蜂的一半，所以通常情况下提供一只蝉的食物量就足够了。如果母亲决定生女儿，外出寻找下一只蝉时就会让地穴的门敞着（这是一种危险的做法，会吸引寄生虫、入侵者和小偷乘虚而入），直到它把第二只蝉带回巢室，产下一颗受精的卵，然后将巢室封闭。这就是大致的情况。有时雄蜂需要两只蝉，而雌蜂需要两只以上；在佛罗里达等地的种群或捕捉小型蝉的某些种中，每间巢室可能需要 4 ～ 8 只蝉。[6] 一间巢室完工后，雌性杀蝉泥蜂会用在旁边挖掘下一间巢室的泥土，将那间巢室以及它与下一间巢室之间的通道封闭，现在雌蜂可以出发为新巢室准备下一只蝉了。在为期一个月左右的生命历程中，如果一切顺利，雌蜂可以造大约 16 间巢室。巢室里的卵会在一两天内孵化，幼虫在 4 ～ 10 天内以蝉为食，吃完后越过冬天到次年春天，大约用 25 ～ 30 天时间化蛹，在夏天蝉出现的时候变成成虫。[2]

杀蝉泥蜂世界的性行为是怎样的？就像人类社会一样，在杀蝉泥蜂的社群中，大部分混乱都和性行为有关，制造混乱的是雄蜂而非雌蜂。如果有一种选择的话，雌蜂似乎只想完成交配，然后默默地履行生育后代的职责。雄蜂只有一种方法能产生后代，那就是和雌蜂交配，它们会以极大的热情参与这项活动。雄蜂先于雌蜂出现以便建立领地，领地通常位于前一年的营巢区域之内。因为雄性的数量大约是雌性的两倍或两倍以上，所以竞争非常激烈。如果一只雄蜂在栖息地附近成功建立了一块小领地——不管是在一株植物的顶端、树枝末端，还是在地上的一块石头上或者裸露的地面，都必须努力防备其他雄蜂找机会霸占这个区域。入侵者，比如飞虫、小鸟、生物学家或者另一只雄蜂，都会被严密监视。如果入侵者不是另一只雄蜂，领主会很快返回它的栖息地。如果入侵者是另一只雄蜂，领主会试着将它驱离，通常是用头去顶它。如果入侵者不走，双方就会沿着螺旋的路径相互绕着圈子迅速飞上天空。进一步的竞争会发展成你死我活的搏斗，双方互相攻击，试图咬对方的腿、翼翅或者任何能咬到的地方。搏斗的结果可能是两只杀蝉泥蜂掉到地面上，它们会继续搏斗，有时能听见响亮的嗡嗡声。有些搏斗可能源于最初在身份识别上的错误——领主把入侵的雄蜂错认为雌蜂，试图得到它。在领地之争中，胜者往往是较大的雄蜂。较小的雄蜂或者在营巢区的边缘建立领地，或者试着在其他雄蜂的领地巡查，期待抢先占有一只雌蜂。个子最小的雄蜂可以潜伏在营巢区外围的植被中，期盼拦截到一只不知什么原因从营巢区飞往附近植被的处女雌性。

　　当一只雌蜂从地下巢室钻出来时，它将以一种独特的方式离开那个出口，沿直线朝附近的树慢慢飞过去。交配后的雌蜂飞得较快，它们沿之字形飞行或者突然改变飞行轨迹，以便将自己与处女雌蜂相区别。雄蜂见到一只飞行中的处女雌蜂就追，想方设法落到它背上，和它一起飞到一处休息地，在那里雄蜂要探查对方生殖器所在的位置，然后开始交配。此时，雄蜂会松开对方，自己向后倒，通常是悬挂在雌蜂的身体下面，看上去就像被麻痹了或者死了。交配平均持续一个钟头左右，[7]我在亚利桑那州鲁比地区看到的一对交配杀蝉泥蜂创下了2小时16分的纪录。如果这对杀蝉泥蜂被干扰，比如存在潜在威胁或者另一只雄蜂，它们就会一前一后飞走，雌蜂在前面拉着雄蜂，后者只提供抵消自身体重的升力。这种理想的交配状态在拥挤的营巢区很难实现，因为周围有太多热情似火的雄蜂。通常的情况是，雌蜂被几只乃至一群雄蜂团团围住，每只雄蜂都试图钩住它，好似一团在地上滚动的火球。最终有一只雄蜂会成功探入它的生殖器，带着它脱离其他雄蜂的纠缠。根据查克·霍利迪的观察，在极其罕见的情况下，扭打中的雌蜂或者雄蜂真的会死于交配"过热"。

怀有"过把瘾就死"生活态度的雄蜂有时会因为这种生活方式而成为输家。雄蜂平均存活 11～15 天，而雌蜂的存活期可达 23～49 天。如果一只雄蜂短暂的生命与雌蜂数量最多的季节重合，它就能有更多的交配机会，从而获得最大程度的成功。但是，雌蜂大量出现的高峰期每年都不一样。在有些年份，高峰期会早于或晚于其他年份 2～3 周。如果一只雄蜂"猜"错了现身时间，那么无论它长得多么魁梧，恐怕都免不了成为输家。相反，小个子雄蜂如果出现在最佳时刻，也有可能成为赢家。[8] 难怪雄性杀蝉泥蜂的生活如此混乱不堪。

捕食者、寄生虫和疾病都会给杀蝉泥蜂带来伤害。硕大的体形，响亮的嗡嗡声以及浅黄、牛奶巧克力色到赤褐色的身体颜色，都使得杀蝉泥蜂在捕食者面前太过显眼。有时这种鲜明的警戒色很管用，有时却不管用。亚利桑那州鲁比地区的西王霸鹟，尤其擅长捕猎杀蝉泥蜂。事实上，它们猎取的是杀蝉泥蜂为下一代准备的食物。西王霸鹟会追逐和攻击一只带着蝉回巢的雌蜂，迫使它丢掉那只蝉，自己抓起来吃掉。西王霸鹟不会攻击卸掉负重的杀蝉泥蜂。

杀蝉泥蜂的地穴也存在风险。多种蝇喜欢潜伏在巢穴入口附近，等着在雌蜂运来的活蝉身上产自己的后代（许多蝇在目标物身上直接产小蛆而非卵）。如果一切顺利，小蛆很快就会战胜合法主人的卵并吃掉蝉。更有吸引力的寄生虫，至少对人类如此，是色彩鲜艳的"绒蚁"。这些大个子"绒蚁"（有时被称为"母牛杀手"）穿着惹人注目的毛皮大衣，有的是红与黑搭配，有的是橙或黄与黑搭配，有的是黄色或白色。与杀蝉泥蜂有关的"绒蚁"是世界上最大的"绒蚁"之一，很大程度上因为它们的后代从杀蝉泥蜂的幼虫那里获得了丰富的营养，这再次说明了"吃什么，像什么"的道理。

最后一个风险未必是最不重要的风险，即其他杀蝉泥蜂。杀蝉泥蜂敞着地穴入口的大门，哪怕在一间巢室里有蝉的情况下也是如此。其他雌蜂可能会利用房主缺席的机会占有那只蝉乃至整个地穴，入侵者的这种篡位行径若能获得成功，远比挖一个新地穴或自己捉蝉容易得多。利用陷阱巢穴所进行的一系列巧妙实验，查克·霍利迪和他的同行表明，这种明显的"偷窃式寄生作风"会导致实验中的弃巢达到50%以上。[9]

那么螫针呢？毫无疑问，杀蝉泥蜂长度可达7毫米的螫针，在防御方面应该能发挥作用。然而，即便有这方面的报道，更不要说那些防御成功的报道，我们也很少听到，这似乎表明螫针没有多少作用。或许杀蝉泥蜂酷似超大型黄蜂的外表，一种令人避之唯恐不及的"猛兽"形象，才是展开防御的关键。似乎很少有人被杀蝉泥蜂螫过这一事实也表明，其螫针的防御价值很小，小到一个人想主动被杀蝉泥蜂叮螫都很难。我研究杀蝉泥蜂及其毒液许多年，从来没有被螫过。这段时间，不管我走到哪里，只要提及杀蝉泥蜂，人们都会表现出极大的惊恐。我经常被问到其叮螫的致痛程度，我的回答是："我从来没有被螫过，但我觉得不会太疼。"在某种程度上，这种回答无论对于提问者还是我自己，似乎都不尽如人意。我可是这个领域的专家，为什么不能给大家拿出一个令人满意的答案呢？终于，我为这件事感到苦恼，我必须有所作为，我该怎么做呢？啊！对了，问问乔·科埃略，前面提到过的那个专家！乔回答："哦，不怎么痛，有点儿像被大头针扎了一下，不很痛。"看来，我的那个"不会太疼"的说法是站得住脚的。不过，乔也许对螫痛只做了轻描淡写的陈述。随后我查看文献，找到了1943年的一份报告。查尔斯·当巴克右手食指的指尖曾被一只"大标本"叮蜇过，他当时写道，"最开始剧烈疼痛，随后感到麻木，伴随着轻微的肿胀和僵硬感，持续时间约为一周。"[2]这再次印证了杀蝉泥蜂叮蜇不会太疼的说法（注意，在他的措辞中没有使用最高级形式）。最后，我意识到，自己应该亲自尝试一下。大众媒体和学术界流传："施蜜特是那种喜欢让所有蜇刺昆虫叮蜇自己的人。"杀蝉泥蜂是制造这个传说的主要来源。没错，我需要得到关于杀蝉泥蜂蜇针致痛等级的数据，我还没有在与这种昆虫的激烈较量中被蜇过呢。不，我不想去吃那个苦头，该怎么做呢？一天，机会来了，一只西部杀蝉泥蜂（乔是被一只东部杀蝉泥蜂蜇到的）碰巧停在一朵花上吸食花蜜，我多么希望当时手里有捕虫网啊。我伸手去抓那只杀蝉泥蜂，砰的一下，或许我应该说啪的一下，我被蜇到了。那种感觉不像是被一颗子弹击中，或者被燃烧的火炬烫到，倒像手掌被图钉狠扎了一下。剧痛瞬间袭来，没有任何烧灼感，持续时间约为5分钟。没有出现肿胀，疼痛在20分钟内完全消退。疼痛等级为1.5级，远小于蜜蜂叮蜇：具有如此长度蜇针的大型蜂，致痛程度竟如此之低。我用亲身经历证实了这个说法。

　　如果杀蝉泥蜂没有攻击我们，也没有蜇我们（即使蜇到也不是很疼），为什么大众媒体还要大肆渲染它们呢？在此，我要请求医疗行业和害虫防控行业从业人员的宽恕，因为我把他们与大众媒体联系在一起。当某地大肆宣传治疗昆虫叮蜇的医疗手段时，这个行业是否会着力渲染真正的罪魁祸首之一——蜜蜂或者黄蜂呢？不，他们总是放一张杀蝉泥蜂的巨照：一只杀蝉泥蜂从黑暗中朝你迎面扑来。再来说说害虫防控行业，那些身着干净、笔挺白大褂的工作人员会上你家撒药治理蟑螂或白蚁吧，当他们需要在有关蜇刺昆虫的杂志上展示一张图片时，他们会选择蜜蜂或者黄蜂吗？不，他们会放一张杀蝉泥蜂的巨照，而且同样是黑色背景。为什么知道或者应该知道杀蝉泥蜂无害的专业人士会大张旗鼓地用杀蝉泥蜂作为蜇刺昆虫的代表呢？答案很简单，那就是人类的心理，越大的虫子越可怕。只需模仿比自己小但很危险的蜇刺黄蜂，杀蝉泥蜂就给我们留下了"巨型黄蜂"的印象，从而在与人类的智斗中获胜，甚至不必展示自己的螫针。这种模仿蜇刺黄蜂的拟态似乎对其他大型动物也奏效。周围有长得像你的小恶魔，还是有其妙处的。

瓦匠泥蜂是世界上最常见的独居蜂，它们在墙上、屋檐下以及昔日的户外厕所里筑造泥做的巢，为我们的建筑增色不少。瓦匠泥蜂（*Sceliphron caementarium*）有时也被称作"土蜂"，更正式的名字是"黑黄条纹泥蜂"。据我所知，它是唯一一种有专门书籍来书写的泥蜂，不是仅针对这个种，而是针对一只被称为"揉翼蜂"的单一个体。曾被瓦匠泥蜂魅力所折服的人还有美国史密森学会著名泥蜂专家阿诺德·门卡。阿诺德是《世界泥蜂类昆虫》（这部关于泥蜂类昆虫的600页经典著作通常被称为"大蓝本"）的合著者，他在许多关于泥蜂的通俗作品中采用了"瓦匠泥蜂"（Mud D'aub⑤）这个笔名。我想"瓦匠泥蜂"将来或许不会像另一位使用笔名的作家——马克·吐温那样有名，但他们所使用的名字都与自己的职业或爱恋之物有关：门卡所熟悉和喜爱的东西是瓦匠泥蜂；而克莱门斯⑥则使用了一个轮船术语（mark twain），意思是"两㖊（3.7米）的水深"，这是在密西西比河可以安全航行的标志。

尽管人们对瓦匠泥蜂很熟悉，但它们似乎被掩盖在了迷信和错误信息之中。许多人，特别是美国南部地区的人，很害怕这种泥蜂，尤其是它们的螫针。琳内·巴赫莱达在一本有关危险野生动物的书中写道："瓦匠泥蜂可能带来极大的螫痛，""瓦匠泥蜂叮螫对于那些容易过敏的人和容易发生过敏性休克的人具有潜在的致命性。"[1]罗德·奥康纳写道："[瓦匠泥蜂叮螫对人会产生一种]极其温和的即时反应，也就是说，疼痛和肿胀都可以忽略。"接下来写道："但已发现一件被瓦匠泥蜂叮螫致死的确认案例。"[2]现在我们知道，这个"确认案例"来自一封未公开的私人信件，私人沟通是开启（或延续）都市传闻的完美来源。参与中伤瓦匠泥蜂的还有北卡罗来纳州著名医生克劳德·弗拉齐耶博士，在一篇介绍昆虫叮螫导致过敏反应的述评中，他把瓦匠泥蜂的照片与惯常嫌犯的照片放在一起——蜜蜂、黄蜂、光面大胡蜂、马蜂和熊蜂。在文中，他还突出介绍了杀蝉泥蜂和"绒蚁"。公平地说，弗拉齐耶博士从未声称在这些独居蜂中哪一种是导致过敏反应的元凶，但人们会从中读到它们有罪的暗示。[3]没有一例记录表明，瓦匠泥蜂叮螫会造成过敏性死亡；实际上，即使被瓦匠泥蜂螫一次，也需要杰出的才能，更不用说引起过敏反应需要被螫两次或者更多次了。

对这种人们所熟知的泥蜂的正面看法要追溯到美国早期的一位有名的博物学家约翰·巴特拉姆，1745年，他首次撰文提及独居蜂叮螫导致猎物麻痹而非死亡的观察结果。他记录了对于瓦匠泥蜂的观察："只是以某种方式让蜘蛛失去行动能力，并没有杀死它们……它们可能会存活到瓦匠泥蜂的卵孵化出来为止，不过不会等太长时间。"[4]巴特拉姆还指出，瓦匠泥蜂"在劳作过程中，会发出一种非常特别的乐声，10码（9.1米）以外都有可能听到"。巴特拉姆首次记录下来的这个观察结果，无论在今天还是在他那个时代，都是正确的。

或许最铁杆的瓦匠泥蜂迷是斯坦福大学生理学教授乔治·谢佛，

乔治研究过瓦匠泥蜂消化过程的基础生理学及瓦匠泥蜂的生命史和生物学特征。从乔治的作品中可以明显看出他对这种泥蜂的感情："我要向潜在的读者推送这种气质高贵的细腰泥蜂——瓦匠泥蜂（*Sceliphron caementarium*），它那看似真实的优雅品性足以吸引一大批倾慕者。"[5] 他的著述娱乐和激励了许多年轻的博物学者，包括我。

有关瓦匠泥蜂的科学知识与相关的民间传说一样丰富多彩。当它们用泥土建筑巢穴时，就成了会弹奏音乐的泥瓦匠。巴特拉姆所说的"乐声"是这种泥蜂收缩胸部的飞行肌产生的，飞行肌收缩会振动头部和颚部，同时发出尖锐的声音。瓦匠泥蜂先挖土，然后在巢穴里涂抹灰泥，整个过程中它会改变声音的频率，显然是在为挖土、涂抹灰泥和刮平过程伴奏。[6] 完工后的泥巢有时会成为令家燕满意的安家地点，这种鸟也用泥土筑造巢穴。[7] 有时瓦匠泥蜂的巢穴甚至会成为羽毛未丰的啄木鸟幼鸟的目标，它们在巢穴上凿洞，从巢室里取出可食之物美餐一顿。[8]

这种泥蜂不仅仅是出色的泥瓦匠（其种名 *caementarium* 是从拉丁语"泥瓦匠"一词衍生而来的），也是化学家。位于瓦匠泥蜂头部的上颚腺能分泌乙酸香叶酯和具有油脂气味的 2-癸烯-1-醇，[9] 乙酸香叶酯闻起来令人舒爽，带有玫瑰般的花香或果香。这些气味所起的作用不明，很可能用于针对捕食者的化学警告或防御。瓦匠泥蜂的才能还包括给花授粉，在犹他州，瓦匠泥蜂是重要程度排名第 10 的胡萝卜授粉者。[10] 在耐受钴 60 产生的 γ 射线方面，瓦匠泥蜂的能力在昆虫中大致处于平均水平。测试对象也包括令屋主深恶痛绝的美洲蟑螂，这种精力十足的大型蟑螂会从下水道钻进屋子里。结果也许出人意料：在所有受试昆虫中，蟑螂最容易受辐射的影响。[11] 这一发现驳斥了核战争之后唯一幸存者将是蟑螂的传言。

瓦匠泥蜂最卓越的才能是能够入侵和移居新领地，其他独居蜂的扩散能力都不能与之匹敌。蜂类昆虫中与瓦匠泥蜂实力最接近的竞争者是蜜蜂，但蜜蜂的扩散几乎完全依靠人力——人类有意将它们带到所有有人居住的大陆。人类并未有意散播瓦匠泥蜂；尽管如此，它们还是传播到了欧洲、日本等多个地区，甚至传到因查尔斯·达尔文的著作而闻名的加拉帕戈斯群岛（现称科隆群岛）。它们的扩散似乎是因为，附着在集装箱上的泥巢经由商业运输被偶然带到了各地。一旦进入新地点，瓦匠泥蜂似乎总能成功移民。有趣的是，法国和日本出现瓦匠泥蜂的第一个报告发表于1945年，与第二次世界大战结束的时间大致吻合，而欧洲和日本的重建正是始于美国物资从瓦匠泥蜂的故乡——北美源源不断地运入。

是什么让瓦匠泥蜂无往而不胜呢？部分原因源于它们的生活史。瓦匠泥蜂建筑泥巢，用蜘蛛喂养自己的后代，泥土和蜘蛛在大多数栖息地普遍存在。瓦匠泥蜂对它们的蜘蛛猎物不是很挑剔，它们最喜欢圆蛛，其次是蟹蛛和跳蛛。[12] 瓦匠泥蜂用视觉定位蜘蛛，然后扑向它们。蜘蛛是通过其外骨骼上的角质结构而被识别的。如果攻击对象不是一只蜘蛛，瓦匠泥蜂会中止攻击，继续搜索。识别线索不但可以鉴别蜘蛛，还可以鉴别特定类型的蜘蛛。在一项研究中，迪维亚·乌马从几类蜘蛛的身体覆盖物上提取蜡质成分，涂抹到纸模型上。瓦匠泥蜂会攻击涂抹二维网蜘蛛（即在花园里经常见到的圆蛛）提取物的纸模型，而避开涂抹三维网蜘蛛（这里所用的是常见的灰色家蛛，一种织造复杂网络的织网蜘蛛）提取物的纸模型。这种泥蜂会叮蜇二维网织造者或涂有其提取物的纸模型，但很少尝试叮蜇三维网织造者或涂有其提取物的纸模型。[13] 瓦匠泥蜂普遍接受跳蛛，但有一种跳蛛比瓦匠泥蜂智高一筹，进化出了独特的化学覆盖物，让泥蜂识别不出它是一只"蜘蛛"。这种蜘蛛甚至还有更好的伪装——长相酷似一只木蚁。[14]

当瓦匠泥蜂找到一只合适的蜘蛛时（在这种情况下，如果想让那只蜘蛛活下来，试验最好失败），就会用颚部和两只前腿抓住它，叮蜇其头胸部以下的部位。通常的攻击模式是，对准控制颚和腿的神经中枢叮蜇三下。被蜇后，蜘蛛因为被麻痹立即变得软弱无力。瓦匠泥蜂经常用嘴紧贴蜘蛛的嘴，从中吮吸液体物质。有时，瓦匠泥蜂也会咬碎蜘蛛腿的基部或腹部吸取液体物质，目前我们尚不清楚它们为什么这么做。吸食蜘蛛的液体物质后，蜘蛛的质量有所下降，难以保证后代健康成长，有时瓦匠泥蜂会把蜘蛛整个丢弃。也许吸食蜘蛛的原因是为了获取宝贵的蛋白质——瓦匠泥蜂通常以甜花蜜为食，苦于缺少这类营养物质。如果麻痹蜘蛛不只为满足自身需求，瓦匠泥蜂就会把蜘蛛运到泥巢，推进预先准备好的泥巢室里。在第一只蜘蛛身上产下一颗卵之后，瓦匠泥蜂会出去寻找更多的蜘蛛。存入 6 ～ 15 只蜘蛛后，瓦匠泥蜂用泥土封闭巢室，并在那个不断增大的泥团上开始建筑新的巢室。在雌蜂 6 周～ 3 个月的生命周期中，可建成 10 来个巢室，分别填以蜘蛛，并按上述方式封顶。卵孵出几乎透明的极小幼虫后，将以巢室内储存的蜘蛛为食。消耗掉所有蜘蛛以后，养得胖乎乎的幼虫开始编织丝茧，休息几天待胃和直肠之间的连接形成之后，幼虫开始在巢室底部排便。在真正成长的幼虫和蛹之间有一个中间阶段，现在称为预蛹，预蛹阶段的幼虫会安静地呆在丝质包裹物中度过冬天。在冬天快要结束时，预蛹蜕变成蛹，然后羽化为成虫。成虫在巢室内休息几天，待表皮变硬后咬穿泥盖子钻到外面。在大多数泥蜂类昆虫中，雄蜂比雌蜂体形小，早熟雄蜂的出现时间会稍晚于第一批雌蜂。尽管瓦匠泥蜂的交配行为是个被忽视的话题，但雌蜂显然会在出现后不久交配，开始夏季筑巢和寻觅蜘蛛。

瓦匠泥蜂能叮蜇，也确实会叮蜇蜘蛛。瓦匠泥蜂会为了防御叮蜇吗？也许吧，至少现在还不清楚。如果瓦匠泥蜂被捉，它会朝攻击者弯曲腹部，做出叮蜇的动作，没有螫针的雄蜂和有螫针的雌蜂做出的动作相同。发生这种情况时，大多数人的反应是立刻放开那只泥蜂，包括昆虫学家。这样一来，虽然没有谁挨蜇，但赢家是瓦匠泥蜂。这是虚张声势，还是在动作背后潜藏着真正的威胁？我支持虚张声势的说法，因为雄蜂和雌蜂一样会被轻易放开，两者都在模仿的确会蜇人的蜜蜂和黄蜂。冒险不放手值得吗？如果判断失误呢？一个不利于"叮蜇"动作之后会导致疼痛的证据是，很难找到人类遭瓦匠泥蜂叮蜇的记载，我本人就没有听说过有谁被蜇。当然反面证据只是一个噱头；我完全相信瓦匠泥蜂能蜇人，正如很早以前罗德·奥康纳对一次叮蜇的描述一样，被泥蜂蜇带来的"疼痛和肿胀都可以忽略"。

分析瓦匠泥蜂的毒液也能得到其防御手段是否有效的线索。如果蜇人昆虫含有防御有效的毒液，那么昆虫的叮蜇就会带来痛感或伤害，或两者兼而有之。致痛成分主要是碱性多肽，常混有诸如组胺、乙酰胆碱和5-羟色胺之类的小分子神经递质。常见于胡蜂的致痛性多肽是缓激肽的类似物，缓激肽是一种作用于心脏并导致剧烈疼痛的小分子肽。瓦匠泥蜂的毒液完全没有这些成分。[2,15] 找不到哺乳动物或节肢动物中毒的案例，也暗示瓦匠泥蜂毒液缺少有效的毒性。被蜇的蜘蛛尽管处于强烈的麻痹状态，但只表现出最小程度的中毒迹象，心脏未受影响，消化系统和血细胞有可能也未受影响。这意味着没有发生直接的中毒或组织破坏。[16]

我们再次陷入僵局。瓦匠泥蜂危险吗？它们蜇人疼吗？我们几乎找不到有关瓦匠泥蜂叮蜇会致痛的证据，更不用说潜在危险。更糟的是，在正常的野外考察或研究中，我从来不曾有幸（或不幸）被一只瓦匠泥蜂叮蜇过（实际上我在靠近它们的时候照旧我行我素、大模大样）。似乎和杀蝉泥蜂的情况一样：我不曾被蜇过，预计它们蜇人不会很疼（或者我已经被蜇过了），但需要拿出证据。只是这一次没有哪个乔·科埃略来提醒我有关叮蜇的事，能找到的材料只有罗德·奥康纳半个多世纪前所写的含糊其辞的评论。好了，该是咬紧牙关的时候了——抓住一只瓦匠泥蜂，把那件事搞定，然后带着一个新数据回家。

六月里一个晴朗的日子，亚利桑那州威尔科克斯已经数月没有下雨了，周围仅有的水源是存在几个储油罐里供牲口饮用的水。我发现一个储油罐里的水来自一只大金属槽，一架艾默拓牌风车将水从地下泵入这只从加油站挖出的、半旧地下燃油箱改装的大金属槽里。储油罐入口的止回阀坏了，导致罐内的水溢出来，形成一大片泥潭，这对我和瓦匠泥蜂来说都是一件幸事。许多瓦匠泥蜂忙着从泥潭边采集泥浆，机会来了！我抓起一只大个儿的瓦匠泥蜂，引导它用尾部攻击我的左前臂。挣扎一番后，它将螫针刺进我的皮肉并射出"子弹"，我随即松开手让它飞走了。没什么感觉，也就只能用这样的话来描述疼痛。能够觉察到的只是瞬间产生的轻微刺痛。疼痛并不明显，没怎么吸引我的注意力。事实上，瓦匠泥蜂产生的痛感介于疼痛等级中0级和1级之间。之后不久，我感到一阵微弱的烧灼感，在疼痛等级中相当于1级。疼痛很快消失，没有留下任何肿胀、发红或刺痛的迹象。尽管痛感微不足道，但这个数据点很重要。是时候逃离炎热的一天，用一杯冰镇啤酒犒劳自己，放松放松写点儿笔记了。

　　独居蜂种类太多，怎么研究也研究不完。不过，闪闪发亮的大个子蓝色掘土蜂——蓝绿泥蜂（*Chlorion cyaneum*）倒是值得我们关注和尊重，假如我们不那么怕它的话。这种泥蜂令人生畏的原因或许是个子大，身长可达 25 ～ 30 毫米；或者一闪一闪的亮蓝色身体和紫黑色翅膀；或者窄细的腰部，人们似乎会对细腰昆虫感到恐惧；或者移动时忽动忽停的姿态。再或者以上所有因素都让我们感到畏惧。

　　20 世纪 70 年代出现在萨尔瓦多面值 30 分纪念邮票上的彩色泥蜂究竟是何方神圣，以至于如此吸引我们的关注？它是由 18 种细腰泥蜂组成的一个良种小属的一员，此类泥蜂多生活在旧大陆。很少量的研究表明，这个类群是捕捉蟋蟀的专家，它们的叮蜇对某些蟋蟀只造成短暂麻痹，却对另一些蟋蟀造成永久麻痹。[1] 有一个广为分布的非洲种（*Chlorion maxillosum*）对后代的照顾简约到了不能再简约的程度。母蜂不仅不会为安置后代和后代的食物——蟋蟀挖掘地穴，甚至也不把蟋蟀运送到一个安全地点。实际上，叮蜇完蟋蟀后，它在被短暂麻痹的蟋蟀身上产一颗卵，然后听之任之，让后代自谋生路。蟋蟀很快从麻痹状态中恢复过来，要么回到自己原来的地穴，要么新造一个地穴。于是乎绿泥蜂（*Chlorion*）的幼虫就可以在蟋蟀准备好的地穴里安然吃掉蟋蟀了。

　　北非有一种捕捉蟋蟀的泥蜂对后代的照顾要稍微周到一些。母蜂把蟋蟀逐出地穴，将它叮蜇至短暂麻痹，在蟋蟀身上产一颗卵，然后将蟋蟀拖回地穴，并将地穴封闭。绿泥蜂属（*Chlorion*）在北美只有三个种，两个已研究过的种都会将猎物叮蜇至永久麻痹。常见的蓝色蟋蟀杀手通常在沙质土壤中挖掘地穴，然后到附近捕猎蟋蟀。一般情况下，地穴的长度为 6 ～ 44 厘米。抓住蟋蟀后，泥蜂会叮蜇蟋蟀的胸下侧至完全麻痹，然后把它拖到预先挖好的地穴里。这对于独居蜂而言是再普通不过的捕猎行为，但蓝色蟋蟀杀手却另有一招独门绝技——它经常在杀蝉泥蜂的地穴深处挖掘自己的地穴。如果我们可以用懒惰一词来形容泥蜂，我们或许可以称之为懒惰行为；否则，也可以称作高效，或隐匿于他人家中获得安全感。不管怎样，杀蝉泥蜂似乎对入侵者不加理睬，两者能够和平共处。[2]

虹彩蟑螂猎手（*Chlorion cyaneum*）是同类群中最不同寻常的成员。它特别喜欢沙丘及其他多沙地区，而且拒绝蟋蟀。它能忍受高达 50℃（122 ℉）的极端沙温。[3] 让它在 17 个亲属中卓尔不群的原因是所选择的蟑螂类型——沙地蟑螂，这种蟑螂确实会在松软的沙地中挖掘和滑行。雌蟑螂无翼；雄蟑螂有翼，身体扁平，呈棕褐色，经常被夜晚的灯光所吸引。虹彩蟑螂猎手挖一个 15 ～ 30 厘米长的地穴，在巢室中放入雌沙地蟑螂、未成熟沙地蟑螂和雄沙地蟑螂，当然这些蟑螂已经被它叮蜇至完全麻痹状态。[1]

在野地里看到虹彩蟑螂猎手的那一刻，我就被它们深深吸引。只见它们扑闪着翅膀昂首阔步，仿佛在说"瞧见了没，我在这儿"，隐含的信息是"最好别理我"。哇，这只泥蜂似乎在警告我什么。这是虚张声势，如同发出嘶嘶声的无毒蛇在树叶间摇动尾巴模仿响尾蛇，还是真实的警告？哦，这些独居的泥蜂类昆虫正变得越来越无聊：看似有太多是吓唬人，没有一只随后真正使用螫针。最糟的是，关于绿泥蜂属昆虫的蜇刺记录为数寥寥，乃至完全不存在，我们能找到的最好记录是埃里克·伊顿在自己的博客——埃里克说虫上的评论：如果一个人"没有遭受过痛苦的叮蜇",就很难仔细地检查活标本（bugeric.blogspot.com，2010 年 8 月 18 日）。好了，该到做那件事的时候了。既然这种泥蜂不情愿蜇我或者别人，我只能把手伸进捕虫网，抓一只身体健康的雌蜂，把它放到我的右前臂上。在被移出来的过程中，它两度叮蜇了我的指尖。痛感很尖锐，有点儿像被荨麻刺到的感觉，所有从北美东部荨麻地走过的人都知道这种感觉。好在那种疼痛比真正的荨麻刺痛轻得多，持续约 3 ～ 5 分钟后，最后一丝刺痛完全消失。疼痛等级定为"1+"，大于瓦匠泥蜂的蜇痛，但肯定比被蜜蜂蜇轻。又一次涉险渡过难关。

马蜂是会导致蜇痛的著名群居蜂，它们会在屋顶下方、门上三角形饰物或其他隐蔽场所建造开放的纸巢。没有谁，或至少没有哪个神经正常的人，会怀疑其螫针的致痛性。马蜂生活在具有辈分交叠、任务分工和亲代哺育等特征的社会性群体中。同科（胡蜂科）亲戚中还有其他群栖性成员，它们长相相似，都主要以毛虫为食。马蜂从独居蜂的某个世系进化而来，这为我们探究马蜂致痛性防御毒液的起源提供了可能。马蜂祖先的螫针就能致痛，还是说，马蜂在从其独居亲戚那儿分支出去之后才进化出致痛螫针的？幸运的是，马蜂的许多独居亲戚还在，这为我们调查"是鸡生蛋还是蛋生鸡"的问题提供了一条便捷的途径。

让我们来看看"在水面上行走"的蜂——有时指的是"耶稣基督"蜂吧。实际上，有几种蜂，尤其是名字读着拗口的佳盾蜾蠃属（*Euodynerus*）蜂经常落在水面上喝水，但这里我们将主要关注长相酷似某些马蜂的隐佳盾蜾蠃（*crypticus*）。隐佳盾蜾蠃并非真的能在水面上行走，它们只是像迷你直升机一样从天空中轻轻降落到开阔水域的水面上，腿完全伸展开，翅膀向后倾斜并且张开，好像随时准备起飞似的。它们从水面深吸一口水，保持 12～15 秒不走也不动，然后像负重的消防直升机奔赴森林火灾现场一样，从水面慢慢升空，飞向远方。

这种行为引出几个问题：为什么隐佳盾蜾蠃要冒溺亡的风险降落到开阔水域上呢？为什么它们需要这么多水？第一个问题很难明确回答，看似是一种降低被捕食风险的方式。在自然界，我们很少发现隐佳盾蜾蠃淹死在水面下的情况，也许正常情况下的风险不如人造环境下大：在人工建造的游泳池中有时能遇到隐佳盾蜾蠃溺水的现象，尤其在一些活跃的孩子抱膝跳水之后。降于水面可以使隐佳盾蜾蠃免遭各种捕食者的伏击，尤其是潜伏在水边的青蛙。

为什么降落于水面的隐佳盾蜾蠃如此渴求水？答案在于它们的生命史。1913 年，德怀特·艾斯利详细描述了堪萨斯州隐佳盾蜾蠃（*E. crypticus*）的生活史。[1] 雌蜂选择在裸露地面上坚硬、干燥的表面挖掘地穴。和其他地区相比，如此炎热、干燥的地区很可能少有入侵者、捕食者或者寄生虫，但地表坚硬得像岩石一样。为解决这个问题，隐佳盾蜾蠃将土壤润湿，然后将掉落的大块泥球转移到旁边不远处，使地穴周围的裸露区域凌乱不堪。地穴的垂直深度约为 10 厘米，里面有 1～2 间巢室。艾斯利描述过一只隐佳盾蜾蠃挖掘地穴时的情况：它在 40 分钟内访问水面 16 次，转移了 86 个土块。挖掘工作结束后，那只隐佳盾蜾蠃捕猎了一些弄蝶科毛虫——它从皱叶中间发硬的丝茧里抽出毛虫，在喉咙处叮蜇每只毛虫控制腿和颚的神经节 3～4 下。它将 5～7 只基本被麻痹的毛虫胡乱堆在巢室里，然后产下一颗卵，将巢室封闭。亚利桑那州的黄色马蜂（*Polistes flavus*）也会浮在水面上取水。

它们的样子也与隐佳盾蜾蠃（*crypticus*）酷似，主要区别在于后者更粗壮。这是一种拟态，还是因为祖先种和衍生种原本就该相似？

让我们回到蜇痛问题：是先有致痛螫针，还是先有群栖性马蜂？有两点值得注意：首先，群栖性马蜂的蜂巢暴露在外，很容易受到各种捕食者，尤其是大型捕食者的袭击，而独居的隐佳盾蜾蠃几乎没有可防范之物，尤其对于大型捕食者，后者不大可能为了如此小的回报去挖掘坚如岩石的地面；其次，隐佳盾蜾蠃需要保证被麻痹的毛虫是鲜活的，而马蜂（*Polistes*）会杀死毛虫，将它嚼成肉球立刻喂给后代。直觉告诉我们，隐佳盾蜾蠃对于可作用于大型捕食者的致痛性或伤害性毒液几乎没有需求，相反，伤害性毒液会将猎物杀死导致变质，可能对隐佳盾蜾蠃不利。相比较而言，马蜂（*Polistes*）不需要保持猎物鲜活，但非常需要致痛性和伤害性的毒液以阻挡捕食者的攻势。因此，我们可以预测，选择压力会导致马蜂（*Polistes*）在进化出社会性的过程中产生致痛能力，而非在完全的独居阶段之前。先有鸡，后有蛋。

验证的时候到了。同样，隐佳盾蜾蠃（*crypticus*）和马蜂的其他独栖性亲戚都不太可能主动或为了防御蜇人。准备好了吗？咬咬牙，让我们上路吧。回到储油罐那儿，不过这一次我是从发绿的水面上收集隐佳盾蜾蠃的。我把三只隐佳盾蜾蠃放在手臂上，引诱它们蜇我。每只隐佳盾蜾蠃都产生了轻微的烧灼感，有点儿像微量的马蜂毒液。在疼痛等级中，这种仁慈的疼痛顶多被列为1级。我不满足于仅验证蜾蠃类胡蜂（马蜂的独栖性亲戚）的一个种，便在南非埃利斯拉斯附近牧羊人之树篷车公园捉了一只较大的陶工蜂，引导它叮蜇我的手腕（它不愿或不能叮蜇我的指尖）。同样，在疼痛等级中充其量列为1级。我很满意这两次实验，但命运似乎就不那么令人满意了。一天，我穿着凉鞋从一片平坦的牧豆树林穿过，突然感觉左脚中趾下方一阵剧痛，又疼又痒，但没有被马蜂蜇的那种烧灼感。这种疼痛级别稍高，在疼痛等级中属于1.5级。肇事者被证明是一只黄色的蜾蠃。虽然外貌像独居蜂，但无论是蜾蠃类还是泥蜂类，都不能产生有意义的蜇痛。

我的儿子轮轮刚满8岁时问过我一个问题："爸爸，有没有昆虫坦克？""哦，如果你指的是和军用坦克一样坚硬，和军用坦克一样快捷，并且和军用坦克一样具备火力，那是有的，它们的名字叫'绒蚁'。""绒蚁"？什么是"绒蚁"？其实，"绒蚁"不是蚂蚁，是长得像强壮蚂蚁的蜂。"绒蚁"身上常密集地覆盖着天鹅绒般柔软的毛，呈红、橙、黄、白或黑色，因此得名。和蚂蚁不同，"绒蚁"不生活在社会性群落里，没有蜂后，过严格的独居生活。通常所知的"绒蚁"指的是没有翼翅的雌蜂，不但没有翼翅，甚至没有一丁点儿翼翅的迹象。它们能够叮蜇（或许可以补充一句，很容易这样做），并拥有已知昆虫中最长、最灵活的螫针。雌性"绒蚁"简直就是架在六条强壮短腿上的微型坦克。它们坚硬如石，有时会让昆虫学家用以固定昆虫标本的钢针发生弯折。对那些随时准备接受挑战的小孩子，我最喜欢提出的一个挑战就是，指着一只从地面上跑过的"绒蚁"说："我敢打赌，你不能把那只虫子踩扁。"这是赤裸裸的挑衅。孩子们通常的反应是去踩那只"绒蚁"，结果只在地上留下了"绒蚁"的压痕，那只"绒蚁"直起身子，向外逃窜。我踩，我踩，我踩，结果相同。但不要赤足做这种事。

和雌性姐妹不同，雄性"绒蚁"看起来完全不像蚂蚁。相反，它们拥有功能完善的翼翅，体色通常为黑色或棕色，有时带有色斑，看上去更像是动作迟缓、身上长毛以致轮廓模糊的飞虫。尽管"绒蚁"属于蜂类，但不像大多数其他蜂那样柔滑和敏捷，雄性"绒蚁"看上去像曲折飞行的玩具小熊。它们的确是"玩具熊"，既不能像雌性"绒蚁"那样叮蜇，也不能真正咬对手，一旦被抓，只会唱歌和释放香气，非常可爱，对人无害。雌性"绒蚁"也很可爱，但远远谈不上无害。

　　1758 年，现代分类学之父卡尔·林奈描述过几种"绒蚁"，其中包括欧蚁蜂（*Mutilla europaea*）⑦。这种罕见的"绒蚁"也是最不寻常的"绒蚁"之一：根据目前了解的情况，在大约 6,000 种"绒蚁"当中，只有这个种（或许还要加上一两个近缘种）将高度社会化的昆虫用作寄主，其他所有已知的寄主都是独居昆虫，充其量是原始祖先具有群栖性。欧蚁蜂早期受关注的原因似乎与寄生于熊蜂和蜜蜂群落的习性有关。在 18 世纪，食糖和糖果价格昂贵、供应不足，而蜂蜜因为味甜等多种原因受到人们的高度重视，难怪很早就有人对攻击蜜蜂之物大加渲染。欧蚁蜂的攻击目标主要是多种熊蜂的群落。自卫的熊蜂和"绒蚁"之间很少发生争斗，这也许对熊蜂有利，因为发起攻击的熊蜂十有八九会死掉。一旦进入目标大本营，"绒蚁"就像在自己家里一样四处活动，不受熊蜂的妨碍，将自己的后代产于喂养后期的熊蜂幼虫和包在丝茧中的蛹上。"绒蚁"的卵孵化成幼虫后，将作为外寄生物以寄主蜂为食，经过四次蜕皮不断长大，最终消耗掉所有食物供应，在寄主蜂茧内织造自己的茧，然后化蛹，在卵被产下 30 天后羽化为成虫。这些"绒蚁"恐怕会对熊蜂构成严重威胁——一个熊蜂群落可以出产多达 76 只"绒蚁"。[1]

　　欧蚁蜂偶尔也会进入蜜蜂群落，这进一步强化了它们的寄生之名。和熊蜂一样，攻击入侵"绒蚁"的蜜蜂同样难逃致命的后果。几分钟后，蜜蜂会避开入侵者，任由"绒蚁"搜寻正在织茧的蜜蜂幼虫并把卵产在其中。一些文献描述过养蜂人损失大量蜜蜂的可怕场景，这在当时可能被过分夸大了，即便这种现象是事实，在现代养蜂人那里似乎也已经不存在了。这些报道非常符合人类的一种持久倾向，那就是对故事进行渲染，使其更令人感兴趣。除欧洲人外，19世纪末20世纪初的几位美国作者也不甘示弱，描述了若干可怕的情况，例如"绒蚁"是"蜜蜂可怕的昆虫敌人"，这些话最好被当作幻想故事或者老妇人的传言（只不过都是男人写的），因为到目前为止没有见到新大陆蜜蜂遭到"绒蚁"入侵和伤害的有效文字报道。[1]

北美最著名的"绒蚁"是母牛杀手，如此命名是因为被蜇过一次的人都感觉那种蜇痛能够"杀死一头母牛"。这种"绒蚁"(*Dasymutilla occidentalis*) 披着规整排列的红黑色短丝绒外套，腹部有两个弧线优美的大红点，足以参评最有魅力的物种。它的美让人过目难忘，常被用来装饰有关昆虫的自然指南。1703年，母牛杀手因詹姆斯·佩蒂夫而为世人所熟知，他让这个物种（*D. occidentalis*）成为北美第一个得到广泛关注的"绒蚁"。惹人注目的生物总免不了伴随各种错误信息，母牛杀手也不例外。赖利是第一位美国官方认可的昆虫学家，也是史密森学会昆虫博物馆的首任馆长，他在1870年发表了某得克萨斯人的一封信，后者报告说，一只母牛杀手进入蜂巢，杀死了攻击它的蜜蜂。[2]对母牛杀手的诽谤从此发端，一直持续到1932年。

"绒蚁"的生命史与其他独居蜂大同小异。雌性"绒蚁"主动搜寻为后代准备的寄主，在寻找过程中，既有变通性，也有选择性：变通性表现在可以接受各种不同的寄主昆虫；选择性表现在只接受哺育后期的幼虫或早期的虫蛹作为寄主。它们会拒绝那些含寄主的卵、正在进食的幼虫、即将成熟的蛹的巢室以及仅有寄主食物储备的巢室。另一个严苛的要求是寄主必须藏身于某种"包裹物"中，通常是一只茧或者硬壳，比如在一个苍蝇蛹壳中或者甲虫蛹壳中。大部分寄主是独居蜂或者蜜蜂，很少见到其他寄主（包括非洲舌蝇和其他蝇的蛹壳、在硬茧中的蛾蛹、在硬壳包裹物中的甲虫蛹以及在硬卵鞘中的蟑螂卵）。一旦找到一个处于适当阶段的合适寄主，雌性"绒蚁"就会在茧或者包裹物上咬一个小洞，插入它的螫针感受茧内情况，然后产一颗卵。大多数情况下，雌性"绒蚁"似乎不会叮蜇幼虫或者蛹，但有可能选择性地叮蜇某些蛹，以阻止它们成长。[3]产卵结束后，它会用唾液涂抹附近的筑巢原料封闭那个小洞，然后继续寻找更多的寄主。"绒蚁"的卵会在两三天内孵化，幼虫以处于休眠状态的寄主为食，边成长边蜕皮，把寄主完全吃掉后结茧、排便、化蛹，最终羽化为成虫。在温暖季节，这一过程不会被打断。如果冬天临近，小"绒蚁"就会作为预蛹越冬并延后排便，到了春天再化蛹，继续完成上述过程。直到最近，每间寄主巢室只产一只小"绒蚁"的规则似乎一直被严格遵守着。但是自然界——本例中指澳大利亚的自然界——倾向于制造规则之外的例外，澳大利亚有两种"绒蚁"在其泥蜂寄主的每间巢室里产四个后代。[4]

生命轮回中少不了一个重要的部分，那就是求偶和交配。对于"绒蚁"的许多种来说，性活动好比一项在继续生活下去之前需要尽快解决的任务。雄蜂飞越大有可为的区域，主要依靠气味寻找处女雌蜂。处女雌蜂释放性信息素引诱剂，从上方飞过的雄蜂探测到之后会落到地面，疯狂地寻找它。视觉几乎没有作用，因为雄蜂经常毫无察觉地从它身边经过。一旦邂逅处女雌蜂，雄蜂立刻从接触的化学物中识别出它，随即爬到它身上，同时用腹部发声器发出尖声鸣叫，并振动翼翅发出嗡嗡声。雄蜂用生殖器试探对方的腹尖。如果雌蜂接受求爱，就会将螯针探出足够长距离，打开腹部末端的板，允许雄蜂插入它的生殖器。此时交配过程进入快车道，持续时间仅为 15 秒左右。雌蜂离开后，永远不会第二次交配，而被抛弃的雄蜂则会去寻找更多的雌性。

"绒蚁"中这种交配故事并非普遍存在。雌性"绒蚁"不能飞行，其散布能力局限于步行能够到达的范围。在很多"绒蚁"类别中，这个问题可以通过交配过程中雄性抓住雌性带着它飞行而得以弱化。前者经常会带着后者飞行两个钟头，每飞行五次大约交配一分钟，随后把后者放到一个新位置。[5] 新位置可能在一条河对面，或者在靠雌性自己无法穿越的其他障碍物对面。为携带雌性飞行，较大的尺寸对雄性更有利。丹尼斯·布拉泽斯是南非的一位天才的昆虫学家，他对"绒蚁"和其他有趣的蜂类昆虫充满激情。丹尼斯展示过一张一对"绒蚁"在交配的照片。照片中，雄性的体长几乎是雌性的 3 倍，根据我的计算，其体重可达后者的 25 倍。[6] 用人类的视角打比方，就好比一个体重 120 磅（54.4 千克）的女性约会一个 3,000 磅（1,360.8 千克）的男性。可以想见，雄性"绒蚁"带着雌伴飞行不会有什么问题。

为什么"绒蚁"堪称昆虫坦克呢？为什么它们需要这样的盔甲、这样的火力和这样的速度呢？答案在于防御。防御什么？防御几乎一切：抵抗它们寄生企图的寄主、争夺花蜜或蜜露的对手（比如蚂蚁）以及寻找午餐的数不清的捕食者。作为回应，"绒蚁"进化出了已知昆虫中最出色、最强大的防御系统，大多数昆虫仅有一两种用以拓展行为和生活方式的防御系统。在"绒蚁"的防御系统中，有防止被发现的神秘伪装、弹跳力卓越的腿、有助于迅速逃离的强大翼翅、能对抗戳刺的硬壳、使自身难以下咽的体内毒液、可击退进攻的化学防御手段和螯针。除具有独特的行为和生活方式外，"绒蚁"还有六种令人惊异的防御系统：螯针、硬如石头的身体、有助于迅速逃离和挣脱束缚的短而有力的腿、警戒色、用于防御的警告性声音以及用于防御的警告性化学物质。并非所有"绒蚁"都有这六种防御系统，例如，在夜间活动的"绒蚁"就没有，也不需要警戒色。有人也许会理性地提出这样的问题：为什么"绒蚁"需要如此多防御系统，而其他昆虫有少数一种或几种防御系统就能过得去？线索来自"绒蚁"的生命史。"绒蚁"的寄主往往数量稀少、分布稀疏，还经常生活在开阔、暴露的沙地或沙丘，在这些地方，不被发现几乎不可能。"绒蚁"的后代普遍数量较少，以至于母亲与后代的存活变得极为重要。雌性"绒蚁"不可能借助飞行逃走。最后一点，雌性"绒蚁"寿命极长，经常超过一年。综上所述，生命史的这些特征意味着在很长的生存时间内，"绒蚁"经常要面对各种食肉蜘蛛，甲虫、蚂蚁和其他昆虫，蜥蜴，鸟类，哺乳动物甚至蟾蜍，它们唯一不需要面对的捕食者大概就是鱼了。对于每一种捕食者，"绒蚁"都需要有效的防御手段。

最为广泛研究的模式"绒蚁"防御系统来自我们的老朋友、"绒蚁"的典型代表——母牛杀手。"绒蚁"最重要的防御手段就是螯针，在针尾部膜翅目昆虫当中，母牛杀手的螯针不仅创下了相对于身体长度最长的纪录，也是最灵活机动的螯针，能够到除很窄一部分胸部和腹部以外的身体所有部位。长度和灵活性的实现源于，螯针在腹部内向前弯曲，在腹部外向相反方向环绕，最终回到腹部尖端，很像老式手表外壳内呈圈状缠绕的发条。在腹部出口点的肌肉和板能够引导螯针伸向前后左右。据我们所知，"绒蚁"螯针极少被用于叮蜇猎物（只有猎物处于几乎动弹不得的静止状态，动用螯针才有效果），基本上只用于防御。螫针的防御价值尤其体现在对抗体形庞大的食肉性鸟类、蜥蜴、哺乳动物和蟾蜍上，但也适用于对抗蜘蛛、合掌螳螂等小型捕食者。

仅用螫针对抗一只鸟或一只蜥蜴的毁灭性突然袭击效果很差，这时就需要动用第二个主要的防御手段了。就像一辆军用坦克很难被摧毁一样，鸟的喙、蜥蜴的颚和哺乳动物的牙齿都不能轻易咬碎或刺穿一只"绒蚁"的外壳。摧毁一只母牛杀手所需要的力，是毁掉一只蜜蜂的 11 倍以上。[7] 这个数字只是故事的一部分："绒蚁"的整个身体是圆形的，各部分非常紧凑，没有牙齿或者螫肢能咬穿或捣穿的柔软膜质孔隙。结果喙、颚、牙齿和螫肢都滑了下来，就像筷子从一块抹了油的大理石上滑下来一样。咬不住，就无法咬穿。在坚硬的外壳保护"绒蚁"完好无损的同时，螫针也会发挥作用。立竿见影的结果是，喙、颚、嘴和螫肢啪地松开，趁捕食者摩擦嘴或者在沙子里揩嘴以消除疼痛时，"绒蚁"安然无恙地逃之夭夭。

雌性"绒蚁"的胸部有一组令人惊叹的肌肉。因为它没有翅膀，不能飞行，所以那块通常用于翼肌的空间让位给了硕大的腿肌。这使雌性"绒蚁"在某种程度上拥有昆虫世界最强有力的腿，既能帮助它挣脱捕食者的束缚，也能确保挣脱之后迅速逃走。强有力的腿加上坚硬的身体共同构成了一个用以对付蚂蚁的理想防御体系。昆虫世界里，蚂蚁无处不在。就连蚂蚁中最好斗的火蚁，也不能刺穿"绒蚁"的任何部分。那些钳住"绒蚁"某些腿的蚂蚁很容易被"绒蚁"用其他腿"踹掉"，与此同时，那只"绒蚁"会迅速跑开。

如果一种具有完备防御手段的动物有能力惩罚意欲实施攻击的对手，则所有可以阻止攻击的机会在进化上都有可能。如果可以避免，为什么要冒流涎或在别人嘴里被伤害的风险呢？警戒色预警系统对达成这一目标大有帮助。一旦捕食者发现某种动物不好惹，它会倾向于避免再去吃这种动物。就宣传自己不好惹而言，还有什么办法会比颜色更管用？鸟、蜥蜴、两栖动物和大多数节肢动物对颜色有识别能力。红色和黑色是通用的警告色，有经验的捕食者和谨慎小心的新手都会唯恐避之不及。母牛杀手火焰般的红色和黑色犹如草地、土壤或者沙地中的灯塔，提醒对方："我在这儿，想想清楚，别乱来。"即便捕食者凑巧是色盲——许多哺乳动物就是如此，母牛杀手纯粹的红色在黑白视觉环境中也会显示出十足的白色，这个信息就像黑白相间的臭鼬传递的信息一样能被周围的觊觎者接收到。

有些捕食者并不以视觉为先导，它们可能要在与"绒蚁"初次接触之后，才会对警告信号做出回应。对那些以听觉或触觉为先导的捕食者，"绒蚁"会发出刺耳的尖叫作为警告。这种信号的作用极像为警告入侵者，响尾蛇用尾巴发出的格格声。响尾蛇和"绒蚁"制造的声音有很宽的音频区间，确保能让范围最大的捕食者听到。[7]哺乳动物和鸟类对声音尤其敏感。大多数蜘蛛类捕食者和昆虫类捕食者要么缺乏听力，要么听力不佳，不管怎样，"绒蚁"的尖叫声可以十分有效地防御上述节肢动物。猎食的蜘蛛会抓住或扑向猎物，同时试着用螯肢把它们捣穿。螯肢很坚硬，"绒蚁"也很坚硬，结果就像用小手提钻给一个人的牙齿钻孔一样。坚硬的螯肢或颚得以松开，而那块"振动发声的石头"被就此放弃。这种振动防御系统本身是否对鸟类、蜥蜴或者哺乳动物起作用，目前尚不清楚。

有些捕食者，尤其是哺乳动物，习惯于以气味作为线索判断猎物是否能食用。爬行动物也拥有敏锐的嗅觉和味觉——通过接触气味类似物。当食虫的哺乳动物或蜥蜴抓住一只"绒蚁"时，那只"绒蚁"

会释放警告性气味，同时尖叫和动用螯针。捕食者尝到螯针的苦头之后，就会将"绒蚁"的毒水与不愉快的蜇痛联系起来，由此学会将那种气味与糟糕的体验加以关联。同样的情形可能也适用于进食之前通常会舔猎物的蜥蜴，对所有蜥蜴而言，只消用舌头轻弹一下"绒蚁"，就足以知道后者的厉害了。

警告性气味或许同时具有警告和化学防御双重作用。许多经过分析的"绒蚁"种和在野外接受嗅觉测试的"绒蚁"种，都会产生两种主要的化合物——4-甲基-3-庚酮和4,6-二甲基-3-壬酮，外加一些微量成分。[8] 第一种化合物是众所周知的警戒信息素或化学防御物质，存在于种类繁多的蚂蚁乃至蛛形纲动物——盲蛛当中。长着长腿的盲蛛喜欢聚集在凉爽、黑暗、潮湿的地区，看上去就像踩着高跷的棕褐色药丸。这为多重拟态创造了条件，在这里，多重拟态指各种"绒蚁"和其他生物都用同样的化学信号警告捕食者，它们不能吃。这些化合物很可能也是化学防御物质，尝味道有点儿像松脂。

"绒蚁"的这些防御系统真的管用吗？多年以前，博物学家就认识到，"绒蚁"通常不会受到攻击。1921 年，在乌干达工作的英国博物学家杰弗里·黑尔·卡彭特测试了多种昆虫对于一只灰色黑长尾猴的适口性。当着猴子的面，将昆虫放在地面上或一个盒子里，然后观察猴子的行为。如果昆虫被认定是美味，一般会被猴子吃掉。当提供一只"绒蚁"时，猴子"扑上去，用前面描述的方式匆匆将它在地上摩擦几下，然后抓住它，想快速将它嚼碎，我觉得它的嘴唇和一只爪子被蜇了。接下来又放了一只体形较小的'绒蚁'，但猴子不为之所动。"一个月后，实验者又提供了一只"绒蚁"，那只猴子"急切地将它从盒子里抓出来塞进口中，结果两只爪子和嘴唇都被蜇了。它颤抖着脑袋跑来跑去，'绒蚁'从它口中掉出来，但贪婪的猴子把'绒蚁'捡起来吃了下去。在随后的几分钟里，猴子抖动头部跑来跑去，用它的爪子抓挠嘴唇。那只猴子一定是饿坏了。"[9]为了测试更多种类的捕食者，实验者用母牛杀手试验了许多潜在的捕食者，包括火蚁、收获蚁、一只中国合掌螳螂、三种狼蛛、两种捕鸟蛛、四种蜥蜴、一只鸟及沙鼠（生活在亚洲沙漠的啮齿动物）。[7]大多数捕食者攻击了母牛杀手，没有攻击母牛杀手的捕食者在放弃攻击企图前都仔细观察过它。只有13只捕鸟蛛中的1只和8只沙鼠中的1只吃掉了母牛杀手。沙鼠提供了单个捕食者具有行为个性的有趣例子：以前这些沙鼠都没有见过"绒蚁"，8只沙鼠中有4只被母牛杀手吓倒，2只在第一次攻击时被蜇，未做第二次攻击，另外2只攻击了两次，一只随后放弃了攻击，另一只成功吃掉了母牛杀手。成功沙鼠的行为尤其能说明问题。那只沙鼠抓住母牛杀手，在两只爪子间快速旋转它，同时飞快咬嚼旋转中的母牛杀手。它最终咬穿了猎物的硬壳，使那只虫子无法动弹，然后将其吃掉。这种行为个性仅针对母牛杀手，对其他昆虫，例如黄粉虫幼虫，沙鼠会像对待一根香肠那样，抓起来从头到尾吃掉。

旋转"绒蚁"让我想起加州大学戴维斯分校的昆虫学家理查德·博哈特。博哈特是一位执着而无畏的学者，对所有类别的蜂都有研究，是许多青年昆虫学者的导师。传统看法是，如果不被蜇到，你是没法把"绒蚁"拿起来的。实际上，你只能用勺子一类的东西把它们舀进瓶子或罐子里。不知因为太懒还是只是太强悍，理查德会在手指间随意而快速地转动"绒蚁"，然后丢进他的收集罐里。很显然，他把沙鼠和其他小型食虫哺乳动物的智慧应用到了自己的采集工作之中。我们不知道他有没有被蜇过；也许即便被蜇，他也会保持恬淡的心态，以免玷污自己的名声。

　　哈佛大学生物学家爱德华·奥斯本·威尔逊就不需要我介绍了，他在与"绒蚁"打交道方面有着与理查德·博哈特不一样的经历。爱德华第一次邂逅"绒蚁"时比博哈特年轻得多，这个经历或许曾激励他走上生物学之路。爱德华写道："那时我很可能才三岁，我只记得当时我在某户人家后院的花园里，我清晰地记得这只'绒蚁'——在它朝前跑的时候我抓住了它。当然，'绒蚁'有可怕的螫针，蜇人很疼，直到今天我还记得花园的样子，还记得那只虫子，还记得自己当时的感觉。其他事情我全回忆不起来了。"[10]

　　衡量"绒蚁"防御能力高低的最后一个方法是，检查野外具有高度食虫特征的捕食者的饮食。宽头的石龙子（*Eumeces laticeps*）是一种大而有力的蜥蜴，能轻易咬碎大型昆虫猎物。石龙子的栖息地盛产母牛杀手，但在这种动物胃里从未发现过母牛杀手，要知道石龙子很喜欢觅食其他有伤害性的猎物，包括斑蝥、灯蛾毛虫、蚂蚁以及会叮蜇的马蜂。实验者在 23 只石龙子面前摆上母牛杀手：8 只石龙子未实施攻击，9 只攻击过 1 ～ 3 次，其余 6 只攻击过 3 次以上。显然有 10 只石龙子被蜇到，其中 8 只后来不再猎食母牛杀手，另外 2 只杀死了母牛杀手，只有 1 只吃掉了整个虫子。那只石龙子在 9 分多钟时间里攻击了 23 次，最后因为无法咬碎猎物腹部，只得把它囫囵吞了下去。[11] 想吃到"绒蚁"大餐可谓难矣。

　　母牛杀手和其他"绒蚁"的实验表明，"绒蚁"的螫针和毒液一定具有某种特殊性。是什么让它们如此不同于独居杀蝉泥蜂、瓦匠泥蜂、虹彩蟑螂猎手或者在水面上行走的蜂呢？就像在生物学中经常遇到的情况一样，有待探索的领域实在太多。我们知道，"绒蚁"带来的蜇痛要比其他独居蜂严重得多。"绒蚁"毒液不专门针对哺乳动物，其致死率是蜜蜂毒液的 1/25，仅为普通收获蚁毒液的 1/200。[12] 在破坏红细胞的能力方面，"绒蚁"毒液的活性分别是马蜂和收获蚁毒液的 1/200 和 1/120。显然，母牛杀手的毒液并不具有特别的破坏能力。这种毒液也含两种低水平的酶——磷脂酶和透明质酸酶，但酯酶含量尚可。[13] 其特别之处在于致痛能力——我们不知道它为什么能致痛。大约一年前，我亲身体验了被一只"绒蚁"蜇有多疼。一天夜里，我在床上安睡，忽然感到大腿有些发痒。我本能地伸手去摸，摸到一个硬物，随即被猛击了一下。打开灯查看，才发现那块卵石一样的东西是一只夜间活动的小个子雌性"绒蚁"，它对我的揉搓表示抗议。疼痛很剧烈，还有种出疹子的感觉，那种感觉让你忍不住伸手去挠，但越挠越疼。除抓挠导致的效果之外，没有明显的红肿特征。疼痛在 5 分钟内退去，我又可以睡觉了。相对于自己的小身材，它打出了一记重拳：在疼痛等级中属于 1.5 级水平。

既然理查德·博哈特能拿起"绒蚁"，我为什么不能？毕竟，它们动作敏捷，连小个儿的都很难吸进抽吸器，还需要花时间清理大量沙子，大"绒蚁"就更难逮了。捕捉这些行动敏捷的毛球不适合使用抽吸器，用镊子夹也几乎不可能，当把它们舀进一只罐子或者大瓶子里时，往往会带入许多沙子和碎石，随后还需要把这些东西清理出去。或许博哈特那么做是有道理的，所以我开始随意地（在这里使用这个词不是太贴切）把它们拿起来，丢进洗干净的空花生酱罐子里。实际上，这个过程更像是，在离那只曲折急行的"绒蚁"几英寸的位置握住罐子，猛地将"绒蚁"连同沙子一同捏住，然后把这一小撮混合物举得稍高于罐子，再朝罐子口方向扔进去。这种方法通常能奏效，我很高兴继续捕捉更多的战利品。但有一天，当我试着去捉一只黑橙条纹的花哨"绒蚁"（*Dasymutilla klugii*）时被蜇到了。尽管刺得不深，穿入皮肤的时间最多也就几毫秒，但立刻就产生了尖锐的疼痛和像出疹子一样的感觉，想要揉搓那个部位的强烈冲动又一次袭来。疼痛在 2～3 分钟之内基本消失，10 分钟后完全消失，但几天之后，一旦触碰那个部位，仍然有出疹子般的感觉。在疼痛等级中属于 3 级水平。两个月后，我好了伤疤忘了疼，伸手去拿一只美丽动人的"绒蚁"（*Dasymutilla gloriosa*），这个物种浑身覆盖着很长的白绒毛，结果同一根拇指再次遭袭。疼痛尖锐、强烈而深刻，同样未出现红肿，同样有那种出疹子般的感觉和想要揉搓的冲动。疼痛等级为 2 级，但是这一次，在 6 个钟头之后，明显感觉到拇指上有一个部位肿成了硬疙瘩，让我联想起一个医学术语——间隔综合征。这个轮廓分明的硬疙瘩停留 3 天后终于退去，我很快就眼不见心不烦了。正好过去两周之后，那个硬块区域的皮整个掉了下来。有时候蜇针会带来难以解释的奇怪反应，其中有一种反应与其说是正常反应，倒不如说是免疫介导的阿蒂斯反应[8]？谁知道呢？

注释

① 这种蜂属于蜾蠃亚科。

② 西方谚语，即所谓"人如其食"，指饮食可反映一个人的性格和生活环境。

③ 这里指美国第 26 任总统西奥多·罗斯福，特迪为西奥多在美国的昵称。

④ 表皮上可活动的刺状突起，通常位于胫节上。

⑤ 字形类似于 mud dauber（泥蜂）。

⑥ 马克·吐温的原名。

⑦ 雄蜂通常有翅（偶有无翅），雌蜂无翅，外形似蚁，故名"蚁蜂"。

⑧ 由法国免疫学家和生理学家尼古拉斯·莫里斯·阿蒂斯所发现的一种过敏性变态反应。

第 10 章

子弹蚁

我只能把这种疼痛比作被荨麻扎了10万下。

——理查德·斯普鲁斯
《一位植物学家在亚马孙河和安第斯山考察的笔记》，1908年

10

当我把它【一只子弹蚁（*Paraponera*）】拾起来时，它蜇了我，瞬间我感到好像有人用锤子砸了我的拇指。

——马林·赖斯，2014年

CHAPTER 10

BULLET ANTS

Bala，tucandéra，conga，chacha，cumanagata，munuri，siámña，yolosa，viente cuatro hora hormiga：这些都是子弹蚁（*Paraponera clavata*）的俗名，在所有蜇人蜂或者蚂蚁中，子弹蚁的致痛能力最强。这种威严的巨型蚂蚁以矮胖的黑色身体、令人印象深刻的颚和螫针为人所知，不管出现在哪里，人们都会给它一个俗名。但是别被这种蚂蚁原始的外观所蒙骗，以为它只是一种行动迟缓、呆头呆脑的动物。它是灵活轻巧的树栖杂技演员，随时乐意在抓握和叮蜇时展示其敏捷性。子弹蚁（*Paraponera*）不懂得伪装，它是货真价实的家伙。子弹蚁（*Paraponera*）是值得讲给孙辈们听的故事中的昆虫明星，也曾在 2015 年大片《蚁人》中闪亮登场。如果被蜇，你可能会联想到自己不能活着见到孙辈了，但是请放心，从来没有人死于子弹蚁的叮蜇。

子弹蚁（*Paraponera*）栖息在大陆分水岭大西洋一侧的潮湿森林里，从中美洲的尼加拉瓜一直到南美洲的巴西。第一次访问哥斯达黎加拉塞尔瓦热带研究站时，迎接我的是一块醒目的告示牌，警告人们要格外小心蜇人的子弹蚁。我大吃一惊，因为这个掩映在热带雨林中的研究站是危险甚至可以致命的矛头蛇的家园。在研究站周围被草覆盖的区域里，可没有安置关于矛头蛇的告示牌。我在研究站的任务是，研究令人不可思议的子弹蚁及其防御手段和毒液。作为一位昆虫学家，我对这些蚂蚁怀有深深的尊重和敬佩，于是立即动身去寻找它们。因为子弹蚁昼夜都活跃，我带着头灯、罐子和普通的捕虫网在夜色中出发。先前我曾看到一队行军蚁穿过小径，于是顺便去找它们的宿营地。在大树下的林丛中穿行很困难。大概 5 分钟左右，我听到前方某处树叶中传出啪啪的响声。起先看不到发出响声的东西，后来看到了：一条两米长的大矛头蛇正从林地上抬起头来，在干树叶中翻动，因此发出响声。当蛇抬起头时，它的嘴是张开的。公平地讲，这条蛇用两种方式警告我不要踩到它。假如没有这些警告，蛇会安然地隐藏在叶子之间，你根本无法看见它。观赏并拍了几张照片之后，我认为若要继续前进，唯一安全的方式是把蛇放进捕虫网里（一个不错的爬行类动物盛放工具），举在面前一臂之长的距离。这样，我就总能知道它在哪里而不会踩到它了。这家伙重量可不轻。很快，将一条 10 磅（4.5 千克）重的蛇举在距身体 6 英尺（1.8 米）远的地方变成了一桩累人的差事。蛇带来的干扰让我迷失了方向，那队行军蚁已不见踪迹。除非我想独自过夜，和大蛇一起迷失在森林里，否则是时候实施 B 计划了：我随手将蛇丢下山，然后奔向通往上坡的路。这就是那天晚上的全部情况。我向研究站的本地爬行类专家请教矛头蛇的事情，他问："蛇的鳞片上有脊棱 [每片鳞中间的脊] 吗？""你在开玩笑吧？靠那么近去看脊棱？"因为矛头蛇没有脊棱，他认为那根本就不是矛头蛇，而是一条巨蝮。巨蝮是新大陆最大的毒蛇，长度可达 3.5 米，也是最致命的哥斯达黎加蛇。在当时，7 个被咬的人中会有 6 个丧生。他推测我遇到了一条"小"巨蝮。照片冲洗出来之后，鳞片上真的有脊棱。而研究站只针对子弹蚁发出警告。

　　子弹蚁尽管不致命，却令人印象深刻。它们在早期的博物学家及其读者心中留下了不可磨灭的印象。植物学家理查德·斯普鲁斯是最早的作者之一，他曾描述过 1853 年 8 月 15 日自己在亚马孙河地区的经历：

　　　　昨天，我有幸第一次体验到在热拉尔语中被称作 tucandéra 的大黑蚂蚁的叮蜇……我没看到一连串愤怒的 tucandéra 从我制造的开口中倾巢而出。大腿上一阵刺痛使我迅速意识到事情不妙，起

子弹蚁 ▪▪▪▪▪▪▪▪▪▪▪▪▪▪▪▪▪▪▪ **191**

初我以为是蛇咬的，直到跳起来，才看到自己的腿脚上覆满了可怕的 tucandéra。除了逃走之外，别无选择……可在此之前，我的双脚已被叮蜇得相当厉害……我痛苦万分，努力控制自己不要像曾见过的那些忍受这种蚂蚁叮蜇之苦的印第安人那样就地打滚……我只能把这种疼痛比作被荨麻扎了 10 万下。我双脚颤抖，有时候双手也会这样，好像瘫痪了似的，有些时候，我还会因为疼痛汗流满面。我艰难地抑制住呕吐的欲望……疼痛变得较能忍受 [3 小时] 之后，当我在 9 点钟和半夜用左脚跨出吊床时，那种痛感又回来了，而且每次都让我饱受一个小时的折磨……令人好奇的是，从外表上看和被普通荨麻扎了没什么两样……自从进入南美洲以来，这是我经历过的结果最糟糕的一次邂逅。我被蚂蚁和蜂蜇过很多次，但从来没有这样严重。[1]

斯普鲁斯并不是唯一提到子弹蚁叮蜇的人，它之所以被这样命名，是因为受害者有时将这种痛苦比作被子弹击中。阿尔戈特·朗厄 1914 年描述过他在亚马孙河支流雅瓦里河的一次旅行，在那次旅行中，他被子弹蚁蜇到了腿："疼痛几乎让我整整 24 小时失去知觉，炎症在被咬 [原文如此] 后第三天才有所减轻。如果巴西人说四只 tucandeira 能杀死一个人，我相信；但他也许不是死于实际中毒，而是死于由叮咬 [原文如此] 带来的折磨。"[2] 此前一年，汉密尔顿·赖斯医生描述了他在亚马孙西北部的经历，观察记录如下："这些地区的昆虫和有害动物让生存变成一种持续的折磨，严重影响了工作效率。最糟糕、最可怕的蚂蚁是 tucandéra 或称 conga，其叮咬 [原文如此] 在若干小时内令人极度痛苦，有时还伴随呕吐和高热。"[3] 显然，子弹蚁对当地人的影响大于黄热病、疟疾或河盲症。

在赖斯医生时代过去将近 40 年后，华盛顿植物学家哈里·阿拉德写下了他试图用折了几道的手帕捡起子弹蚁（*Paraponera* 误作 *Dinoponera*，后者是一种体形更大的蚂蚁）的经历。他将这种蚂蚁描述为"一种好看的亮黑色昆虫，长 1 英寸（2.5 厘米）或 1 英寸以上，什么都不怕"，接下来描述食指根部被蜇后，"疼痛很快变得令人难以忍受，一直持续到深夜。疼痛太剧烈，以至于有时我的手会颤抖。第二天出现发红和肿胀，但没有其他局部症状。"几周后，他的脚踝又被蜇了，"在很短的时间内，我被一阵阵灼痛折磨着——这种痛苦我以前从未经历过，也不愿意再次尝试……我无法让我的脚消停下来，哪怕是片刻。"接下来，阿拉德描述了他那个 3 岁的孙子"带着孩童好奇心"捡起一只蚂蚁时遭到的叮蜇、宠物狗爪子所受的叮蜇以及叮蜇带给两只白面猴的巨大恐惧。[4] 时间快进到约 60 年后，又出现了一位熟悉子弹蚁叮蜇的人——用以考察热带森林中昆虫多样性的树冠喷雾的发明者、史密森学会生物学家特里·欧文，他是我所知的在子弹蚁领域花费时间最多的人，欧文写道："我见过蛇之类的东西，也被子弹蚁（*Paraponera*）蜇过。当你被蜇时，那种惊吓是实实在在的，而且你立刻 [他强调了这个字眼] 就会知道那是什么……所以我抓牢那个东西，把它拽出来……我就挤呀挤呀，然后它掉了出来，但这东西太顽强了，我没能杀死它，让它爬走了。痛感持续了大约半小时，到了第二天，嗬，火烧火燎的感觉过去后，变得像牙齿的钝痛，这种感觉持续了三两天。"[5] 翻来覆去的说明已经足够多了，我想，我们能够体会到子弹蚁的确不是普通的蚂蚁。

是什么让这些蚂蚁如此与众不同？让我们到蚂蚁分类学和子弹蚁

生活史中探究一下吧。目前有记载的约1.5万种蚂蚁被归入16个亚科。直到最近，只有9个亚科得到公认，其中包括第三大亚科——猛蚁亚科。这个亚科下的物种很杂，把它们归并在一起，很大程度上是基于沉重的身体构造、简单的群落结构、简单的行为和其他一些"原始"的特点。子弹蚁（*Paraponera*）就属于这个亚科，尽管鉴于讨厌的叮蜇，它其实是个有些特殊的种，但在其他方面"不过是另一种猛蚁"。因此，其习性和毒液可与其他猛蚁相比较。那么，为什么它如此与众不同呢？近10年来对蚂蚁的遗传分析显示，子弹蚁（*Paraponera*）压根儿不属于猛蚁亚科。以前假设与它最近的姐妹群——外刺猛蚁属（*Ectatomma*）在分类学上和子弹蚁的关系更远，子弹蚁与猛蚁的关系还不如与在人们后院喷射蚁酸的木蚁近。分类学上的这种变化告诉我们，现在归于只有单一种的亚科的子弹蚁，确实是一种独特的蚂蚁，其谱系约在一亿年前与其他蚂蚁分离。[6]因此，不管从外表上看子弹蚁（*Paraponera*）与其他蚂蚁多么相像，也不管分类学上如何界定，都不要指望子弹蚁与别的蚁种特别相似。

子弹蚁在生物学上与其他蚁种不同。它们主要居住在树根附近的地下巢穴里。尽管巢穴在地下，但它们不会在蚁穴入口附近的地面上觅食，而是喜欢爬到树上的林冠层觅食。有时候它们爬入林冠层，是为了顺着另一棵树或者大量像葡萄一样的藤本植物返回地面，到距离蚁穴入口远至60米的地方觅食。这种觅食行为看似是一种防止给潜在攻击者或竞争对手留下足迹等线索的方法，以防它们找到蚁群的位置。有时蚁群栖息于森林地表，蚁巢通常坐落在大量碎屑和腐殖质中，和大树枝杈处积累的土壤性质差不多。在哥斯达黎加，新交配的蚁后倾向于将群落安置在一种特殊的树——大裂五山柳苏木（*Pentaclethra macroloba*）旁边，显然是基于化学气味。[7,8] 这种筑巢行为明显反映了当地的条件，因为子弹蚁是一种机动灵活的蚂蚁。这种筑巢的灵活性在邻国巴拿马的巴罗科罗拉多岛上也很明显，那里的蚁群在76种乔木、灌木、棕榈及藤本植物上筑巢，没有一种是五山柳苏木（*Pentaclethra*），当地根本没有这种树。[9]

　　子弹蚁不是蚂蚁世界中的迅猛龙[①]，它们主要是素食者，以树汁、果汁和林冠层中其他未知来源的含糖溶液为食。遗憾的是，糖类不能提供子弹蚁幼虫生长或蚁后产卵所必需的蛋白质。为了得到所需的蛋白质，子弹蚁也会捕食各种昆虫、蜘蛛和其他无脊椎动物，甚至包括坚硬、多刺、会咬人的切叶蚁，我们在自然类节目中能看到这种大头的橙色蚂蚁排着长队并擎举着绿色叶片回家的场景。[10] 觅食者往往是尺寸从15毫米直至22毫米的工蚁当中的较大个体，它们对猎物很挑剔，不接受许多有化学物质保护的毛虫或其他有毒猎物，包括草莓色（彩色的，千万不要吃！）箭毒蛙（*Oophaga pumilio*）。拒绝箭毒蛙是因为味道，而不是因为它是一种蛙；子弹蚁接受离趾蟾属（*Eleutherodactylus*）中类似大小的保护色蛙。[11]

　　子弹蚁个子虽大，却既不原始，也不是蚂蚁世界中的蠢货。它们生活在多达2,500只个体的大群落中，和蜜蜂一样善于发现获取食物的时机，表现出基于经验和定位信息的学习能力。[12] 当定位到一个丰富的食物源时，子弹蚁返回途中会通过在地表摩擦腹部释放出化学踪迹信息素，招募同巢的伙伴去往那里。[7,13,14] 它们甚至能够根据糖溶液浓度和行进距离来评估收益和招募成本。[15]

　　子弹蚁看似田园诗般的生活并非永远一帆风顺。和人类一样，子弹蚁最可怕的敌人可能是其自身。有时候群落之间会爆发大型战争，十几对敌手常常进行你死我活的搏斗。[16] 群落间的冲突导致蚁穴在环境中过度分散，也就是说，不像目标靶上 BB 枪[2]射击的孔那样随机分布。否则，群落彼此之间会分散得比较均匀。彼此距离小于 20 米的群落较之间隔更远的群落，明显有着更高的死亡率。群落平均预期寿命只有2.5 年，群落间侵略是造成预期寿命短的主要因素。[17]

除了相邻群落，子弹蚁几乎没有天敌。我观察到其他蚂蚁，甚至包括行军蚁，都不去打扰它们。我所能找到的关于子弹蚁的脊椎动物捕食者的记录，只有艾伯特·巴登发表于 1943 年的报道，巴登列举了大量蛇怪蜥蜴胃中的内容物。这种蜥蜴不是《哈利·波特》中声名远播的巨大蛇怪，而是一种中等大小的蜥蜴，中美洲人称之为耶稣基督蜥蜴，因为它能在水上行走。在蛇怪胃里发现的 1,141 样食物中，有一些子弹蚁。[18] 我们永远无法知道，这些子弹蚁是活跃的觅食者，还是从树上摔下来的受伤战士。总之，最乐观的看法也不过是，自然界中子弹蚁的脊椎动物捕食者少之又少。

对蟾蜍的测试。为研究"杀人蜂"（非洲蜜蜂），我和两位同事前往哥斯达黎加瓜纳卡斯特省的干燥森林。我们趁中间休息的时候冒险翻越到山脊那边的大西洋热带雨林。在那里，我们收集了一些子弹蚁工蚁，把它们带回瓜纳卡斯特省。我们住在和平酒店，酒店的餐桌旁边有好多巨大的蔗蟾（*Bufo marinus*）。蟾蜍是最不挑食的捕食者之一，而且无所畏惧。猎物只要动一下，就会被吃掉。1936 年，休·科特报道了他用蜜蜂作为食物喂给普通英国蟾蜍（*Bufo bufo*）的实验。他说，蟾蜍会欣然吃下第一只出现的蜜蜂，在被蜇过一两次后，有些蟾蜍认识到蜜蜂对它们来说太过刺激，另外一些蟾蜍继续吃蜜蜂，直到挨了 5

次蜇才会放弃更多的蜜蜂。他的研究表明，蟾蜍有抵抗力，能忍受叮蜇，有时反应迟钝，但在 7 天之内，所有蟾蜍终于都认识到蜜蜂不是首选食物。[19] 蟾蜍貌似是附近地区最有抗性的捕食者，而且在餐桌旁边就能抓到，我们决定测试一下子弹蚁对它们的适口性。我们任选了一只大号的蟾蜍，然后投给它一只子弹蚁。子弹蚁被一口吞下，蟾蜍的反应是身体如打嗝一样抽搐，眼睛凹进凸出，嘴巴大张。显然，蟾蜍被蜇到了。它会吸取教训吗？不会。第二只子弹蚁被一口吞下，蟾蜍的反应相同。连吃两只蚂蚁会记住教训吗？不会。第三只下肚，还是相同的反应。那只蟾蜍一连吃下 9 只子弹蚁，每次都对叮蜇有反应。此时此刻，我们已经没有子弹蚁了，只能给蟾蜍扔一只不会叮蜇的昆虫，看看它的反应是否和吞食子弹蚁一样。食物顺利下肚，没有一丝不适的迹象。蟾蜍果然很强悍，显然可以作为子弹蚁的捕食者，但没有相关野外报道。桌边的这项测试显示，多么极端的捕食者才能够搞定子弹蚁。

或许子弹蚁面临的最大生存威胁不是捕食者，而是小小的拟寄生蝇。正如蚊子困扰人类一样，蚤蝇（*Apocephalus paraponerae*）会困扰子弹蚁。这种蝇和普通果蝇差不多大小，果蝇喜欢过熟的香蕉，是遗传学研究实验室的宠儿。和果蝇不一样的地方是，蚤蝇会把卵产在受伤的子弹蚁上。当一只蚤蝇徘徊在子弹蚁巢穴入口时，用一位作者的话说，"会有 10 多只蚂蚁迅速爬出巢穴，怒气冲冲地试图捉住它"。[20] 在一只受伤的蚂蚁出现后几分钟内，不知从哪里冒出来许多蚤蝇朝那只蚂蚁奔过去。雄蝇和雌蝇都来了。雌蝇在蚂蚁身上产卵，孵出来的幼虫以蚂蚁为食，最终可以产出多达 20 只成虫。[21] 我们不禁要问：蚤蝇怎么能如此迅速地找到受伤的蚂蚁呢？受伤蚂蚁释放出的气味是一条很有价值的线索。子弹蚁的上颚腺中含有一种酮（4-甲基-3-庚酮）

和相应的醇，受伤蚂蚁会散发出这些化合物的气味。为了测试上述化学物质是否为引诱剂，我们将它们混入高度精炼的橄榄油，以制造一个化学缓释系统。果不其然，这些诱饵对蚤蝇有吸引力。[22] 蚤蝇能够高效率、高针对性地发现和利用食物源，说明受伤的子弹蚁并不少见。子弹蚁个体之间的战斗是死亡的主要原因。

当地人并非没有注意到子弹蚁的叮蜇能力。亚马孙河流域北部的几个土著部落在成年礼上历来使用，有些甚至至今还在使用子弹蚁。阿拉兰图亚拉族有一种长约60厘米、直径20厘米、两端用拉绳封闭的纤维编织仪式筒。圆柱状的仪式筒里塞满子弹蚁，行成年礼的年轻人将手放入筒中，拉绳紧紧地捆在前臂上。如果他能够忍受痛苦，坚持将手放在筒里一段时间，就会被宣布为适合结婚的男人，然后仪式继续进行。[2] 这个过程应验了那句古老的谚语——没有痛苦，就没有收获。

据传，在亚马孙河流域的居民中，成年礼庆典的流程不尽相同。在苏里南，编织的垫子能卡住子弹蚁胸腹之间的狭窄部分，以防蚂蚁逃脱。然后，人们往垫子上装子弹蚁，让子弹蚁蜇人的一端都朝向同一边。垫子被放在候选男孩的腹部、臀大肌、大腿等容易叮蜇的部位。"像男人一样"经受过这种洗礼之后，男孩服下调配的草药，躺在吊床上休息，部落里的其他人则要长时间地庆祝他长大成人。[23] 这种仪式的另一个版本来自美国公共广播公司1997年拍摄的名为《小妖精：森林里的面孔》的自然系列录像片，拍摄重点是发现并记录隐藏在亚马孙森林中的小型狨和怪柳猴。在这次发现之旅中，拍摄者记录了子弹蚁在成年礼中的"补充"用途。录像版中，男孩在接受蚂蚁叮蜇前全身被涂成黑色。继1997年《小妖精》录像片发表之后，YouTube网站上出现了几段剪辑，其中有一段记录了一个赛特利族男孩在成年礼上的表现。他的献身精神和意志力让整个仪式显得像走过场一样，叮蜇造成的痛苦看似微不足道。另一段用葡萄牙语叙述的视频揭示了疼痛带来的较大影响，哈米什和安迪对蜇痛的反应截然相反，在这个例子中，有一个人并非无比虔诚地想要通过成年测试。这些仪式数十万次的观看量表明，无论生活在何处，子弹蚁对人们都有着巨大的潜在吸引力，因而广受欢迎。

亚马孙河流域的卡珀尔族人在女孩成年礼上使用一种捕食白蚁的大型蚂蚁（*Neoponera commutata*）。这种蚂蚁蜇人很疼，但远远比不上子弹蚁，所以把它们选来给女孩用。杜兰大学的威廉·巴莱详细描述了这些仪式，还谈及子弹蚁和其他蚂蚁的另外几个仪式。[24]

亚马孙人欣赏子弹蚁的毒性。一些居住在亚马孙河上游的部落将子弹蚁的毒液和其他有毒物质混合，用以制造涂抹箭头的箭毒，当地人称为"乌拉利"，这种箭毒进入皮下会致命，但吃下去却全然无害。[2]我怀疑不致痛的箭毒生物碱才是真正导致麻痹或致命的成分，而箭毒中的致痛成分则来自子弹蚁毒液的贡献。部落居民明确知道的一件事是，子弹蚁的叮蜇和毒液有很强的致痛性。

与子弹蚁相关的所有故事，罪魁祸首都是毒液。子弹蚁毒液和子弹蚁本身一样独一无二。毒液对哺乳动物具有高致命性，致死率为每千克体重1.4毫克毒液，而平均每只子弹蚁产生的毒液量可高达250微克。[25]两者结合，子弹蚁叮蜇一次便具有杀死一只体重180克的哺乳动物的能力，大约相当于一只雌性挪威幼鼠的分量。其杀伤力是蜜蜂的3倍以上，是光面大胡蜂的差不多8倍。与杀伤力相反，其毒液破坏细胞膜和组织的能力低得惊人。在所测试的10种蚂蚁中，子弹蚁毒液破坏红细胞的能力排名最低，这是一项有关组织损伤的标准测定。其活性之低，仅相当于收获蚁毒液的1/48，巴西马蜂（*Polistes infuscatus*）的1/1,200。[26] 这种低下的细胞膜和组织杀伤潜力，解释了人类对子弹蚁叮蜇的典型反应——轻微红肿以及疼痛消退后的细微印痕。

两个问题跃入脑海：（1）是什么让毒液致痛能力如此之强？（2）是什么让毒液如此致命？毒液含有少量激肽，与群居蜂大量含有的激肽很相似，但这些只是整体活性中的次要因子，不会像胡蜂叮蜇那样造成红肿现象。更有趣的因子是，一种含25个氨基酸的多肽——猛蚁素，猛蚁素的致命性比全毒液高4倍，子弹蚁毒液的致命性主要来自猛蚁素。这种酸性肽在低至25微克/升的浓度下也具有高活性，能导致体内平滑肌长时间持续收缩、神经和肌肉中递质的突然释放和起伏变化，使蟑螂的神经信号传导受阻、骨骼肌中钠离子进入细胞的通道被堵塞。[27] 以上分析就算不能解释全部问题，也解释了大部分实地观察到的现象。作为对猛蚁素活性的最终检查，我将少量由合作者史蒂夫·约翰逊提供的合成猛蚁素注射到自己前臂的皮下，以形成一个小水疱，约为做结核病检测皮试产生的水疱的1/10。反应和痛感与真正的叮蜇完全相同，但幸运的是，因为注射毒液的量很少，所以引起的后果没有真正的叮蜇严重（我想要的是答案而不是剧痛，所以注射剂量很小）。剂量小到不会引起肌肉颤抖，这是猛蚁素的预期反应，不过的确诱发了抖动手臂的冲动。这项前臂测试说明，大部分甚或全部叮蜇反应是由猛蚁素造成的，尽管这当中也可能存在其他因素。其他蚂蚁或其他有毒动物体内都不含类似猛蚁素的肽，猛蚁素是源自真正独一无二的蚂蚁身上的一种真正独一无二的毒素。

这种蚂蚁及其毒液的特殊性带给我们一个问题：这是为什么？为什么这个物种需要如此强效的毒液？为什么其他蚂蚁（或其他蜇刺昆虫）没有类似的毒液？我们无法直接回答这些问题，但可以从迫使蚂蚁选择自身毒液的外在动力得到暗示。外在动力主要来自大型脊椎动物捕食者，这种动力对大多数其他会叮蜇的群栖性昆虫影响较小。为什么只有子弹蚁进化出猛蚁素，而其他蚂蚁和蜂部分按照分类学谱系进化，部分随机进化呢？事实上，一旦从某个谱系中进化出一个特征，该谱系的后代就能轻易地延续，或者从基因上改良这个特征。在蜂类和其他蚂蚁的谱系中都未见类似于猛蚁素的物质，所以猛蚁素样分子的进化必然是从头开始的，这是一个更为困难的进化过程。子弹蚁的谱系在大约一亿年前与其他蚂蚁分离，这为子弹蚁提供了一亿年时间独自进化出猛蚁素，显然它们做到了，很可能是通过随机突变做到的。

　　回到迫使子弹蚁选择猛蚁素的外在动力。在雨林中，大多数脊椎动物捕食者，无论是哺乳动物、鸟类、蜥蜴还是蛙类，都生活在林冠层，只有很少数生活在阴暗的枯枝落叶层或者幽暗、低矮的林下植物层。脊椎动物活跃于林冠层的一部分原因在于，大多数叶、花、果和昆虫位于林冠层。为了得到这些资源，捕食的物种必须前往或者生活在那里。然而，对于昆虫来说，林冠层是个危险的地方，在那里，你成为食物的概率和找到食物的概率相差无几。林冠层里的昆虫在大部分时间里通常采取伪装、以保护色隐蔽、藏匿行踪、缩短生命周期等方式避开捕食者的视线。另一种选择是让自己变得鲜艳、刺眼并且令人生厌。子弹蚁的巢穴位于相对安全的地面环境，但它们必须在林冠层中觅食。子弹蚁体形大、惹人注意而且生存周期长，这些因素都不利于它们在一大群饥饿的鸟、猴子、蜥蜴及两栖动物中生存。哪只鸟或者猴子不愿意拿美味多汁的大个儿虫子当点心呢？子弹蚁无法跳着逃开或者飞走，也无法轻易躲藏起来，它们必须直面捕食者。毒液使它们比任何其他螫刺昆虫活得更好。如果某个捕食者不留神抓住一只子弹蚁，它很可能会记住教训，不再重蹈覆辙。子弹蚁有若干警戒信号，以便提醒捕食者去别处觅食。首先，它们的身体黢黑发亮，这是不宜食用的常见标志。其次，它们会发出响亮的尖叫声，警告周围的动物，它们在这里，别来找麻烦。第三，它们会释放 4-甲基-3-庚酮和其他化合物，警告潜在的捕食者小心谨慎，别打它们的主意。除这三方面警告外，无疑还有更多行为特征可以表明它们是子弹蚁。有些捕食者反应迟钝，比如前面提到的蟾蜍；有些捕食者机智灵活，比如猴子，它们能想出战胜猎物的窍门。所有这些捕食者都在林冠层，子弹蚁昼夜在那里觅食，需要严密的防护措施，于是叮螫成了最好的手段。

经常有人问我，你怎么知道子弹蚁在所有螫刺昆虫中螫人最疼？当然，这个问题永远无法得到百分之百确定的答案，因为人们只发现了几千种螫刺昆虫，还有更多的螫刺昆虫等待发现。我或者其他人，谁也不可能被所有这些昆虫都螫过。40 多年来，为搜寻螫刺昆虫，我的足迹遍及六大洲（只有南极洲除外），甚至连疼痛等级和持续时间与子弹蚁相差无几的昆虫都没有找到过。这并不是因为缺乏专业的搜寻。在南非，我追踪过可怕的马塔贝勒蚁（*Megaponera analis*）、非洲臭蚁（*Palothyreus tarsatus*）以及其他蚂蚁，发现它们的叮螫与子弹蚁相比不值一提。在澳大利亚，人们认为公牛蚁（*Myrmecia*）的叮螫十分可畏。然而，当我和其他人被公牛蚁螫到后，发觉痛感还不如蜜蜂叮螫，更别提子弹蚁了。大名鼎鼎的牛角金合欢蚁（*Pseudomyrmex*）螫人很疼，但也远远比不上子弹蚁。沙漠蛛蜂叮蜇在几分钟内带来的痛感与子弹蚁相当，但之后就消失了，我们这些人都希望子弹蚁的叮蜇也能如此。有报道称，在刚果有叮蜇极度疼痛的蚂蚁，在亚马孙河流域西部有这样的蚂蚁和蜂，但相关报道数量很少，这些昆虫十分罕见，至今没有得到确认，这同样说明它们导致的蜇痛不及子弹蚁。关于子弹蚁蜇人的报告几乎无一例外阐述了叮蜇的痛感。我坚信子弹蚁是蜇刺昆虫中的圣杯，在地球上所有叮蜇昆虫中蜇人最疼。

我有没有故意让子弹蚁蜇过？当然没有，因为毫无必要。子弹蚁乐意效劳，不用强制。去招惹一个子弹蚁群落，你就很可能被蜇。那在雨林中的人总是无辜的吧？请多加小心！手在幼树、藤本植物或树干底部搭一下，就相当于邀请藏在暗处的子弹蚁叮蜇你。有经验的人会在倚靠前先查看一下，总之，不要抓握任何东西，除非必须这样做。没精打采地倚靠在围篱桩或树干上的人，很快会站直身体。

我第一次和著名的 tucandéra（巴西人对子弹蚁的称呼）打交道，是在亚马孙河河口处的宜人城市贝伦。当时，我和为人风趣、天赋过人的默里·布卢姆教授以及贝伦当地埃米利奥戈尔迪博物馆的同行比尔·奥韦若在一起。我们来到一个较为古老的次生林，目的是采集尽可能多的蚂蚁和蜂，尤其是会叮蜇的蚂蚁和蜂，以便用于信息素和毒液的对比研究。有一个身强体壮的助理跟着我们，名叫罗梅罗。罗梅罗是那种人人都愿意与他合作的队友：高大、健壮、无所畏惧（至少我认为是这样）。去找一个火蚁群落，没问题！罗梅罗会抓起一把掺杂着蚂蚁的泥土塞进塑料袋，然后拂去手臂上残留的蚂蚁。去灌木丛中找群居蜂的巢穴，没问题！罗梅罗会抓住它，塞进另一只袋子，然后拍走那些追着他跑的群居蜂。我们找到了蚂蚁世界温和的巨人、全世界最大的蚂蚁——恐猛蚁（*Dinoponera*），让它们爬到我们的手上和脸上。接着，我们在一株幼树的底部发现了一个子弹蚁群落。这正是我们想要的，只是它们个子太大，无法吸入抽吸器，我不得不用一把12英寸（0.3米）的长镊子逐个收集它们。这个过程很艰难。身强体壮的子弹蚁动作格外迅捷，而且具有黏性，竟能顺着抛光的铬镊子爬到靠近手指的地方。我设法在保证自己不挨蜇的情况下收集入口周围的所有蚂蚁，但天色渐暗，吃晚饭之前，我仍需要收集更多的蚂蚁。用我那可怜的泥铲匆匆忙忙挖掘根本行不通。"罗梅罗，帮个忙，我需要用你的鹤嘴锄切断这儿的树根。罗梅罗哪儿去了？"实际上，罗梅罗（还有比尔和默里）一直在安全距离之外观看。"罗梅罗，我需要帮助！"罗梅罗冲过来，朝根部重击数下，然后退回原处。时间越来越紧迫，光线渐渐消失，众多蚂蚁鱼贯而出。用镊子夹蚂蚁效率不高，我别无选择，抓起一只蚂蚁，用闪电般的速度将它扔进撒有滑石粉以防昆虫逃脱的罐子，然后重复这个动作。可是子弹蚁也同样快如闪电，我不记得自己究竟被蜇了多少下，大概是四下？但绝对让人痛苦难当、身体虚弱。收集的蚂蚁已经够多了——快离开这里！比尔知道附近有一家烤肉店，那是一家巴西餐馆，特色是肉食种类丰富，这些肉食大多被穿在长剑上送到你身边。当我们驱车前往那家餐馆时，我的手在抽动，疼痛渐渐变强，随后稍有减轻，但这个过程会卷土重来，而且一次比一次剧烈。前臂始终在不受控制地上下抖动。"快停下来，该死的！"不管多么努力，我都无法制止手和臂的抖动（另一只胳膊安然无恙）。当我碰触叮蜇部位中心的皮肤时，感觉那里是麻木的，就算用铅笔尖去戳那个区域，也没有任何知觉。如果戳得够重，我能感到一种深入骨髓的钝痛，除此之外，再无其他感觉。

当我们到达那家烤肉店时，我的第一个请求是冰块，第二个请求是啤酒。冰块的确缓解了大部分疼痛，而啤酒能起到提神的作用。第二杯啤酒下肚后，似乎可以拿掉所敷的冰块了。餐桌上摆满了美食，但用冰冻的手吃饭很难。随着冰冻感的消失，疼痛恢复到初始水平。看上去我只是延迟了发作时间，无论怎么折腾，疼痛还是会找上门的。不得已重新敷上冰块。晚餐结束，该去休息并为第二天做准备了，疼痛仍未消失。上床睡觉，疼痛仍未消失。入睡很艰难，折腾到半夜，我总算忍着疼痛睡着了。第二天早上，疼痛终于消失了，有辱身份的是，手臂上几乎看不出被蜇的迹象。另一次与子弹蚁的遭遇，显示出它们的防御手段多么高效。我们在哥斯达黎加挖掘一个子弹蚁群落，这次时间并不仓促，我们中也没人愿意被蜇。我们小心翼翼地挖出很多蚂蚁，而且没有人挨蜇，直到一只蚂蚁从上方的藤本植物上摔下来，经过我的脸颊落到地面上。在经过的时候，它蜇了我的脸颊。考虑到没有时间注射毒液，这次叮蜇很轻微，但也算是一次叮蜇。子弹蚁反应敏捷，我们人类很快就能从经验中体会到这一点。

注释
① 又名伶盗龙，拉丁文意为"敏捷的盗贼"。
② 一种枪械外形的仿真玩具，一般通过压缩空气或些许火药可发射较不具杀伤力的塑胶子弹。

第 11 章

蜜蜂和人类：
在进化中共生

大蜜蜂（*Apis dorsata*）是
地球上最凶猛的蜇刺昆虫。

——罗杰・莫尔斯
《菲律宾的大蜜蜂》，1969年

11

CHAPTER **11**

HONEY BEES AND HUMANS:

AN EVOLUTIONARY SYMBIOSIS

婴儿玩具、大象、黄雨①和大蜜蜂（*Apis dorsata*），它们有什么共同点呢？它们都以某种方式和蜜蜂有关，或者说，它们都会让我们联想到蜜蜂。人类与其他动物的关系，都不及与蜜蜂之间的关系复杂。蜜蜂在几个主要的宗教中享有重要地位，是美国犹他州的象征物和代表性昆虫。以色列是牛奶和蜂蜜之乡，啊，蜂蜜！这给了我们一个启示：蜜蜂酿造蜂蜜，人们喜欢蜂蜜，因此人们喜欢蜜蜂。但是等等，蜜蜂会蜇人！这是我们与蜜蜂之间纠缠不清的症结所在。我们喜欢它们的蜜，进而也喜欢它们，因为它们会酿蜜。可它们也会蜇人，我们害怕它们的螫针。这两点使蜜蜂成为最有魅力的昆虫，也是第二大被研究得最多的昆虫，只有昆虫世界的"小白鼠"——果蝇（*Drosophila*）在出版物中的出现频度高于蜜蜂。

　　我从很小时就开始与蜜蜂打交道——确切年龄记不得了。我发现自己有从苜蓿花上抓蜜蜂却不被蜇的才能。虽然我隐约知道蜜蜂会蜇人，但不记得自己是否被蜇过。然而，我的老师有过一次完全不同的体验。我忘记了在操场上将一只蜜蜂放到她胳膊上那件事，但我的老师和我母亲记得，在我上学期间她们经常用开玩笑的方式向我提起。后来，我的母亲和老师成了朋友。

　　我对叮蜇的最初记忆并非来自蜜蜂，而是来自熊蜂。熊蜂和蜜蜂一样受人爱戴，它们的形象被用于装饰婴儿服装和玩具。熊蜂受人爱戴的一个原因是，黑黄条纹的身体软绵绵、圆溜溜、毛茸茸，看上去比蜜蜂更可爱。谁能忘记熊蜂在院子里从一朵花溜到另一朵花的顽皮姿态？熊蜂也往往不像蜜蜂那样好斗，除非有人干扰它们的巢穴。那样的话，它们往往会像负责任的父母一样奋起保卫自己的家园和后代。干扰巢穴恰恰是我做过的事。我当时才 5 岁，我家后院的一个角落里堆着一堆不高的木柴，我看见熊蜂从那堆木柴里飞进飞出，于是想调查一下它们往哪儿飞。我已经记不得当时给熊蜂捣了什么乱，却清晰地记得带来的后果。它们冲出来攻击我，一只熊蜂贴到我的脖颈后面蜇了我。我尖叫着冲向后门，一边跑一边猛拍脖子上的熊蜂。和蜜蜂仅叮蜇一次即失去螫针不同，熊蜂不会失去螫针，因此可以叮蜇很多次。那天我的后脖颈被一只熊蜂蜇了 5 下。打那儿以后，我再也不去给院子里的熊蜂捣乱了。

我想不起来第一次被蜜蜂蜇的经历。那次被熊蜂蜇了之后，我在玩耍方式上改弦易辙：以爬树为主，到附近的小河游玩，在家乡森林里探险，我的最爱是漫步于草地和废弃的荒地。我脑子里根本没有蜜蜂，我最最喜欢的是蝴蝶和花间的其他漂亮昆虫。我那以养蜂为乐的父亲兴趣广泛、多才多艺、为人踏实。起初他只有两三个蜂群，后来增加到六七个，最后达到大约 40 个。哥哥、姐姐和我都喜欢蜂蜜，到采蜜的时候自然会去帮忙。起初，比我大两岁的哥哥拥有了一个蜂箱。我不甘示弱，第二年得到了两个第一次属于我的蜂箱。那些日子是多么美好！我参加 4-H 养蜂俱乐部的活动，赢得了一枚童子军养蜂荣誉奖章，我姐姐在全国蜂蜜皇后大赛中摘得"蜂蜜公主"（后来被称为亚军）的桂冠。我哥哥一被蜇就肿得很厉害，有一次一只手被蜇，肿胀蔓延到肘部（我们嘲笑他是波沛，即动画片《大力水手》的主人公），他后来放弃了养蜂。那时候我肯定被蜇过，但现在记不起来了，也许是因为快乐战胜了疼痛。

蜜蜂被美国国家航空航天局（NASA）送入太空——不止一次，是两次，第一次是 1982 年 3 月，第二次是 1984 年 4 月。第二次升空，蜜蜂在零重力环境下建起正常的蜂巢，看上去和在地球重力下建造的蜂巢没什么两样。和多数人预期的一样，它们也能在蜂巢里储蜜和产卵。蜜蜂神奇的生物学特征是吸引 NASA 将蜜蜂送入太空的原因。蜜蜂代表了昆虫社会性进化的顶峰，它们生活在包含 15,000 到 30,000 个个体的群落中（数量范围从 1,000 个到 60,000 个左右），群落主要由没有繁殖能力的工蜂、少量雄蜂和一只产卵的蜂后组成。蜜蜂是多年生群体，分群时一部分工蜂和一个蜂后离开原来的窝巢，在别的地点建立新的群落。即将取代老蜂后或分群出去的新蜂后，产于花生形状的特殊巢室里，享用一种被称为蜂皇浆的奶白色食物。与大多数归属于食肉动物的蜂类昆虫不同，蜜蜂是严格的素食主义者（说白了就是吃素的），以花粉和花蜜为食，外加其他来源的含糖液滴，包括能产生蜜露的昆虫。

　　蜜蜂的独特之处在于会制造由六角形巢室组成的蜂巢，构筑这些巢室的唯一材料是蜜蜂腹部蜡腺分泌的蜂蜡。长期以来，这些蜂巢优雅的设计、数学上的简单性和用料上的节约性，吸引了许多科学家的注意，其中包括亚里士多德和查尔斯·达尔文。蜜蜂到底通过什么样的测量和调整方式，把蜂巢造成近乎完美的几何形状的？这个问题一直是人类（包括 NASA 在内）的一个兴趣之源。NASA 要解决的问题是，"在失重的情况下，蜜蜂能受到指引制造出完美形状的蜂巢吗？"答案是肯定的。

　　蜂巢是多功能住宅、储存罐和蜜蜂的活动平台。花蜜是一种黏稠的液体，很容易粘在或者吸入包括大多数纸在内的材料上。蜂巢中的蜡质巢室非常适合储存花蜜，既不会渗透，也不会顺着蜡表面流动。蜂巢中的巢室也适合存放觅食者采集的花粉，以供未来之需。工蜂和雄蜂都是在蜂巢巢室里培养出来的。蜂后在每间巢室里产一颗卵，卵孵化成幼虫，幼虫由专门的保育工蜂照料，成熟的幼虫在巢室内化蛹，最后，年轻的成蜂从巢室中钻出。随后巢室被清理干净，要么开始另一轮生命循环，即用于储藏花蜜或花粉，要么保存好以备日后使用。除这些基本用途外，蜂巢还可以作为沟通交流平台和商务会议桌，以便招募其他工蜂赶往新发现的花源或糖源。

传统上，北美和西欧文化都将蜜蜂视为提供食用蜂蜜的蜜源和制造蜡烛及各种艺术品的蜡源。在世界上大多数其他地区，蜜蜂之所以受到重视，绝不仅仅因为它们能够简单地提供蜂蜜和蜂蜡。人们重视蜜蜂，是因为蜜蜂能提供富含蛋白质、维生素和矿物质的营养品——蜂子制品和花粉，具有医学和卫生用途的蜂胶，具有健康和医疗价值的蜜蜂毒液，甚或用于美容而且据称有益健康的蜂皇浆（蜂后的食物）。[1]大多数以狩猎和采集为生的人类群体很重视蜂巢，因为蜂巢中含有丰富的蜂子、蜂蜜和花粉，这些都是那些人最喜欢的营养物质。[2]由觅食蜜蜂采集的蜂胶是一种植物性树脂，具有抗菌、抗病毒和抗真菌的特性。传统疗法用蜂胶治疗口腔、牙龈和咽喉疾病，还可以用于伤口愈合和局部手术麻醉。在一些关于眼外科手术的研究中，人们发现蜂胶的麻醉效力是可卡因（早期的局部麻醉药）的 3 倍，是普鲁卡因的 52 倍。[1]蜜蜂螫针和毒液在世界各地广泛用于治疗类风湿性关节炎和其他自身免疫病。年轻的以及不那么年轻的女性非常看重蜂皇浆在化妆和补充营养方面的所谓驻颜效果，特别是在东亚地区。很久以来，蜂蜜一直对人类健康起着重要的作用，尤其是在防止伤口感染、促进伤口愈合和治疗严重烧伤方面，在应对愈合缓慢和溃疡性伤口方面也具有出色的疗效。最近，一种所谓的"抗菌活性蜂蜜（MediHoney）"疗法被用于处理伤口，甚至出现在美国。"抗菌活性蜂蜜"产自于新西兰麦卢卡树的花儿，这种植物能产生对治疗伤口有奇效的花蜜。或许我们应该把有关猪的一句老话——"除了哼哼全身都是宝"扩展至蜜蜂——"除了嗡嗡叫，全身都是宝。"

在北美和欧洲，"蜜蜂"通常指一个特殊的种，俗名西方蜜蜂（*Apis mellifera*），西方蜜蜂只是蜜蜂属（*Apis*）中的一个种。蜜蜂属包括9个公认的种以及这些种之下的诸多地理亚种或地理宗。这些种当中的大部分，包括巨型蜜蜂、矮蜜蜂和东方蜜蜂，在亚洲南部就能够见到。一个地区通常有3种或3种以上的蜜蜂共栖，根据身体尺寸分配资源。巨型蜜蜂和矮蜜蜂都会在露天环境中构建悬挂式蜂巢。从名字就可以看出来，东方蜜蜂住在凹进去的洞里，通常在树上，由此汇集一大群蜂。② 大蜜蜂（*Apis dorsata*）是两种巨型蜜蜂之一，巨型蜜蜂以令人印象深刻的防御式攻击著称。它们通常会在高大树木的高枝上构筑长1.5米、向下垂吊0.9米的单个蜂巢。在很多情况下，从几个到多达156个群落会聚集在一棵树上或者相邻的几棵树上。当受到威胁时，与必须通过一个狭窄入口退出的普通蜜蜂不同，巨型蜜蜂可以直接退出蜂巢，立马用螯针发动猛烈攻击。每个群落的蜜蜂平均数量为15,000～40,000，因而参与攻击的蜜蜂数量非常可观。如果附近有其他群落被干扰，攻击者的数量会成倍增加。难怪20世纪下半叶最伟大的蜂学家之一罗杰·莫尔斯评论说："毫无疑问，大蜜蜂（*A. dorsata*）是地球上最凶猛的蜇刺昆虫。"这句话很少有人会提出异议。[3]

本人第一次与巨型蜜蜂打交道是在婆罗洲（现称加里曼丹岛），在场的有我太太、同事石达恺及他的太太。我们当时在马来西亚哥打基纳巴卢市，那里靠近基纳巴卢山。基纳巴卢山高约4,100米，比婆罗洲的第二高点高出数千米。我们的目标之一是爬到山顶，沿途考察这座山上的蜇人蜂和蚂蚁。出发前，我们在所租房间的后院发现了一小群巨型蜜蜂。我们当时装备不足，只有一件全封闭式防蜂服、一个长手柄捕虫网、另一个捕虫网、几只手电筒外加两个绿色的军用防蚊面罩。那天晚上很黑，这无疑是个有利因素，借着从相对两侧射出的手电筒的光，我用那个手柄完全伸展开的捕虫网在中间黑暗地带中等高度的树枝上取下一个蜂窝。相当成功！当然，除了那种爆炸性的现场效果以外。大部分蜜蜂被套在网中，但还有约100只逃逸者顺着手电筒的光，冲向两位基本上没有保护装置的同事。手电筒关闭。攻击目标转到我这儿。幸运的是，我的防蜂盔甲发挥了作用，我们中没有人被蜇。想象一下，如果那是一个拥有30,000只蜜蜂的完整群落，而不仅仅是由1,114只工蜂和171只雄蜂组成的、没有蜂后的"温顺"蜂群，结果会怎样。

巨型蜜蜂的声名不仅在蜂学家和栖息地的居民中传扬，也波及更广泛、更多样的地区。1981年9月13日，公众对于东南亚地区局势的盲目自满惨遭打击——这和时任美国国务卿亚历山大·黑格的讲话有关，黑格因发表于1981年3月30日（即罗纳德·里根总统刚刚遇刺之后）的一次思虑不周的讲话而闻名，他宣称："我已经控制了这里。"在9月份柏林的一次新闻发布会上，黑格指出："苏联及其盟国一直在老挝、柬埔寨和阿富汗使用致命的化学武器。"致命化学武器以某种"黄雨"的形式从天而降。在落向老挝高地地区苗族居住地的黄雨中，所谓的化学武器是单端孢霉烯真菌毒素，黄雨被认为是对他们在越南战争期间援助美军行为的报复。证据来自明尼苏达州实验室对黄雨地区采样的一份分析报告，报告称检测出3种微量的真菌毒素。但是，美国军方分析了50多个样品，什么结论也没得到。后来证明，明尼苏达州实验室无意中使样品污染了经常在实验室里分析的毒素，这个错误直到几年后才被发现。与此同时，发表在全国各地的报纸及享誉全球的《自然》《科学》杂志上的一连串文章和论文，聚焦了公众和科学共同体的注意力。哈佛大学的马修·梅塞尔森与当时在耶鲁大学任教的汤姆·西利亲临东南亚地区一起研究黄雨，他们的结论是：黄雨无非是巨型蜜蜂的排泄物。巨型蜜蜂每天都要进行"净化"飞行：数千只蜜蜂同时离开它们在树林高处的蜂巢，在短距离飞行之后便开始排便，那些黄色液滴落到哪儿，就在哪儿形成黄色斑点，包括人身上。汤姆和马修亲眼目睹了这些飞行，还在实验室里分析了现场采集的样品。无论是他们采集的样品还是军方提供的样品都不含任何毒素，只有花粉。鉴于蜜蜂以花粉为食，这一发现并不令人惊奇。[4] 尽管没有任何有效证据证明黄雨中存在化学战争药剂，但官方还是继续鼓捣出各种奇谈怪论来诠释他们的毒素理论。这些貌似有理的解释使我们不得不认为，苏联惊人的才智超出了我们的想象。让政府的这个案子最终盖棺论定的是 1987 年《外交政策》杂志刊登的一篇报道，题目是《黄雨的真相》。尽管如此，官方没有做出任何道歉，而且 2012 年，一本军方手册仍将黄雨列为一种潜在武器。

东方蜜蜂生活在日本，经常被简单地称为日本蜜蜂，它们自有引人入胜的战争故事要向大家讲述。东方蜜蜂（*Apis cerana*）比巨型蜜蜂小很多，而且明显小于人们所熟悉的、养在北美和欧洲地区白蜂箱里的西方蜜蜂。东方蜜蜂的作战对象并非美国、苏联或者老挝苗族，而是体形庞大的日本大胡蜂（*Vespa mandarinia*）[③]。日本大胡蜂是胡蜂中的巨无霸，地球上最大的蜇刺昆虫，重达 2 ～ 3.5 克。这些巨型大胡蜂长着橙色的方脑袋和强有力的螯针，喜欢捕食其他大胡蜂和各种蜂。巨型大胡蜂是昆虫世界的"肉脑袋"，大脑袋主要由为切割和咀嚼食物的大颚提供动力的肌肉构成，大颚用于迅速嚼碎猎物。被猎捕的蜂抵抗巨型大胡蜂攻击的能力非常有限，因此经常放弃自己的巢穴。西方蜜蜂（A. mellifera）遭遇巨型大胡蜂时，会变得极其无助。区区10只大胡蜂就足以迅速搞定数千只参与防御的蜜蜂——以每一两秒钟干掉一只的速度消灭它们。

当巨型大胡蜂攻击蜜蜂时，其目标并不是成年蜜蜂——成年蜜蜂太松脆，浑身遍布化学物质，而且肉质相对于外壳来说微乎其微——而是多汁的幼虫和蛹。在杀死防御的成年蜜蜂之后，大胡蜂闯入群落，安然无恙地大嚼蜂子和蜂蜜。[5] 在身材上，土生土长的日本蜜蜂与巨型大胡蜂相比简直相形见绌，但身体尺寸不能说明一切，日本蜜蜂有自己的绝活儿。

发现一只前来侦察的大胡蜂之后，防御蜜蜂不会攻击大胡蜂，它们会停止在外面飞来飞去，警惕地聚集在群落入口处，稍向后撤退，形成一个密集的群体。朝蜂巢内后退是为了引诱大胡蜂靠得更近，如果大胡蜂中计，由数百只蜜蜂组成的方阵立刻发动攻击，抓对手的腿、触须、翅膀和任何适合张腿展翅之物，使大胡蜂无法移动。这是真正的成功秘诀！叮蜇大胡蜂很可能劳而无功，它们不会尝试做这种傻事。蜜蜂可以调节体温，使自己的体温有所上升，这就是为什么它们能够舒舒服服地呆在蜂巢里度过加拿大的冬天或者日本北部的冬天的原因。日本蜜蜂能够把大胡蜂裹在密集的蜂群中央，利用自己的增温能力和代谢产生的二氧化碳加热并毒杀对手。蜜蜂能将温度提升至 $45 \sim 47℃$（$117 °F$），将二氧化碳浓度提升至 3.6%（和人的呼气大致相当）。高温和二氧化碳相结合会杀死大胡蜂，但不会伤害蜜蜂，后者能忍受 $50℃$ 的高温。在温度耐受性上相差几度就会让生活面貌大为不同。现

在，死去的大胡蜂被丢在一边，得胜的蜜蜂重返工作岗位。[6,7]

非洲也有尚武的蜇刺蜜蜂，那是一种我们所熟悉的蜜蜂（*A. mellifera*）。在非洲，养蜂是一项历史悠久的传统，为的是取得蜂蜜、蜂蜡以及文化、医疗上的用途。非洲蜜蜂脾气不好，会对干扰者发火，这个特征在中非一些地区具有保护上的益处：保护不是针对偷盗者，而是针对劫掠的大象。食欲旺盛的大象喜食人类种的庄稼。它们冲破围栏，有时会威胁到人和牲畜，一些人也会因为庄稼被大象吃掉而挨饿。大象属于厚皮动物（pachyderm），也即它们身上覆盖着很厚的皮（在希腊语中，pachy=thick，derm=skin），但它们的真皮盔甲是有缝隙的。和农民一样，蜜蜂也不喜欢大象，因为大象会吃掉蜂巢所在的树。蜜蜂令人印象深刻的能力之一是，知道攻击者的弱点在哪里，无论攻击者是人、熊还是大象。大象脆弱的部位是眼睛和鼻孔内部，这些正是蜜蜂用螯针攻击的部位。结果就是6吨重的大象被迫逃离现场，不再靠近它们。[8]

非洲农民知道大象害怕蜜蜂（并非卡通片中描绘的老鼠），便将这一点加以利用，他们特意将蜂巢布置在庄稼四周，使庄稼、人和大象安全地隔开。大象有灵性，很快就知道要远离蜂巢。大象还能区分不同类型的人的声音，它们并不怎么害怕听到女人、小孩或当地坎巴族成年男性的声音。相反，大象听到马萨伊人的声音就会表现出恐惧，经常退避。马萨伊部落的人经常用矛刺向入侵的大象，但坎巴人不那么做。大象识别威胁性声音的能力甚至被高科技利用：小型无人机发出蜂鸣，将离开禁猎区的象群赶回禁猎区。[9]

几乎谁都知道杀人蜂。杀人蜂，也被称为非洲蜜蜂，它们是外来的新蜂种吗？这些杀人蜂到底是何方神圣？原来，杀人蜂只是有"态度"的普通蜜蜂，它们不喜欢潜在的捕食者或入侵者，会用大规模叮蜇攻击展示自己的不满。也许让人有些意外的是，与驯服的欧洲常见家养蜜蜂相比，杀人蜂个子不大，也不是很黑；实际上，它们往往更小。在尺寸上的缺陷会用行为模式加以弥补。

家养蜜蜂不同于其他西方蜜蜂（*Apis mellifera*）。西方蜜蜂的众多地理宗大多善于防御，较为温顺的驯化蜜蜂除外。驯化的蜜蜂更温顺与养蜂人的培育有关——防御性的群落往往不是被杀，就是被更换蜂后，而温顺的群落则被用于品种改良。今天我们养在白蜂箱里的温顺蜜蜂是一百年选择性培育的结果。正如经常发生的情况一样，家养蜜蜂也会出现例外，而且的确出现了养蜂人没有注意到的例外。杀人蜂的祖先做出的选择完全相反：捕食者，主要是黑猩猩、人类及其祖先，最大程度地磨炼了蜜蜂的防御机制，那些拥有非凡叮蜇防御系统的蜜蜂，往往比防御能力较弱的蜜蜂生存机会更多，这种延续了一百万年或更长时间的选择压力，产生了我们今天在非洲看到的高防御性蜜蜂。

关于杀人蜂的传奇故事始于大约 60 年前。早先从欧洲进口到巴西的蜜蜂在巴西热带和亚热带环境中表现不佳，这些蜜蜂产蜜量很少，而且受困于疾病、捕食者和糟糕的生存条件。为此，政府委托沃里克·克尔博士引进一些更适合巴西气候的蜜蜂。克尔是一位才华出众的蜂学家和遗传学家，92 岁时依然活跃，杀人蜂就是他引入的。他从南非比勒陀利亚和坦桑尼亚与巴西类似的一些地区引入了 48 只非洲蜜蜂蜂后，为它们建立蜂巢。这些蜜蜂在巴西表现良好。一个周末，克尔离开养蜂场，一位来访的科学家打开了蜂巢入口，导致 26 个可育蜂群逃到乡下。在野外，它们成长和繁殖的速度很快，而且很野蛮，尤其表现在对捕食者、人、宠物和牲畜的强烈反抗上。一旦获得解放，这些非洲蜜蜂的后代就开始迅速扩张领地，1990 年到达得克萨斯州南部。在向北推进的过程中，这些源自非洲的野蛮蜜蜂穿过热带地区，在那里它们以很强的适应性取代了当初西班牙人和葡萄牙人从较冷的欧洲地区引入的适应性不良的蜜蜂。新大陆没有土生蜜蜂，因此，在非洲蜜蜂到来前就存在的蜜蜂最适应欧洲气候，而非南北美洲大部地区的较为温暖的气候。新到来的非洲蜜蜂不得不在北上过程中"杀出"一片天地，用螫针对抗捕食者和不习惯具有如此强大叮蜇能力的蜜蜂的人。因此，走在前面的蜜蜂始终保持着火暴的脾气和发动攻击的倾向，直到到达得克萨斯州。

沃里克·克尔在政治上很激进，经常直言不讳地批评一度统治巴西的军事独裁政府（独裁统治开始于非洲蜜蜂逃逸、其性情逐渐为世人所知之后）。为了在某种程度上诋毁克尔，当局和媒体把"他的"蜜蜂称为 *abejas assinados*。1965 年，这个抓人眼球的名字被《时代》杂志发现，译成英文即为"杀人蜂"。这个名字从此流传开来。不过克尔一直在做自己的事，而且做得非常出色，他不断改良蜜蜂的遗传基因和管理系统，使巴西从 1970 年的第 27 大产蜜国发展为 1992 年的第 5 大产蜜国，这是因为引入了来自非洲的蜜蜂。

蜂蜜和螫针——想到蜜蜂，就会想到这两样东西。我们喜欢蜂蜜，也熟知蜂蜜；但不喜欢螫针，自以为对螫针的了解超过了预期。戳进皮肉的机械零件只是窄细螫针微不足道的组成部分，值得关注的是注入皮肉的毒液。在所有昆虫毒液中，蜜蜂毒液最为著名。自 20 世纪 50 年代以来，人们对它的化学成分进行了仔细的研究，证明主要成分是两种蛋白质，此外还包含一些次要成分。主要成分是一种小分子肽，在自然界中仅见于蜜蜂毒液，被称为蜂毒肽（melittin），这个名字是从西方蜜蜂的学名（*A. mellifera*）衍生而来的。蜂毒肽含 26 个氨基酸，约占全部毒液的一半。蜂毒肽的生物活性首先是破坏红细胞的惊人能力，正是因为这种溶血活性，它被贴上了"溶血素"的标签。这成了一个不幸的标签，因为蜂毒肽的活性在后来研究者的头脑里成为定式。实际上，蜂毒肽的活性远远不止于破坏红细胞：它会导致疼痛，而且是蜜蜂毒液中唯一导致即时疼痛的成分；它能大大增强毒液中第二多的成分——磷脂酶的活性；它还是一种直接攻击心肌的毒素。事后看来，由于蜂毒肽具有强大的致痛能力和危害心脏的能力，它更应该被描述为致痛原和心脏毒素。

蜜蜂毒液中第二多的成分是磷脂酶 A2。磷脂酶 A2 是一种蛋白酶，约占全部毒液的 20%。磷脂酶能够破坏细胞膜的重要成分——磷脂，在此过程中释放出溶血磷脂，从而间接地引发其他一些反应，并有助于产生轻微疼痛。哪怕只存在微量蜂毒肽，甚至远低于 1%，也会大大增强磷脂酶攻击膜磷脂的活性。我们尚不清楚，在缺少蜂毒肽的情况下，磷脂酶能有多大的活性。

除蜂毒肽和磷脂酶外，蜜蜂毒液中还有一组次要成分，含量均不超过全部毒液的 4%，其中最著名的两种成分是蜂毒明肽和肥大细胞脱颗粒肽。蜂毒明肽（apamin）的名称来源于蜜蜂的属名（*Apis*）——不可以用西方蜜蜂的种名（*mellifera*）来命名，因为它已经被占用了。作为一种神经毒素，蜂毒明肽唯一的问题是，它在哺乳动物中主要作用于大脑，但是，它会被起保护大脑作用的血脑屏障所阻隔。因此，对脊椎动物来说，毒液中的蜂毒明肽几乎无效。另一种著名的成分被拙劣地命名为肥大细胞脱颗粒肽（简称 MCD 肽），该成分主要以导致体内肥大细胞脱颗粒的强大能力而闻名。肥大细胞在脱颗粒的过程中会释放出一些高活性成分，包括组胺、白三烯、细胞因子以及为数众多的其他成分，这些成分导致皮肤发红、肿胀、出疹子和其他一些症状。我们同样不知道，毒液中的这种成分对被蜇后即时产生的蜇刺反应有多大贡献。

在有关蜜蜂叮蜇的交谈中，免不了会提到蜂蜇过敏的话题，我们经常听到这样的说法："医生告诉我，我对蜜蜂严重过敏，如果二次被蜇，可能会死的。"严格说来，如果一个人认为"可能"的概率是6万分之一，那么这种说法是成立的。当然，一个人被从天而降的母牛砸死的概率，要小于死于蜜蜂叮蜇的概率（确实有过一头母牛从飞机上掉下来的报道），但死于雷击的概率要比蜜蜂叮蜇致死的概率大。可见，人们的恐惧程度远远超过了蜂蜇带来的死亡风险。

对于杀人蜂的攻击性，甚至还有更为可怕的讨论。在这些讨论中，可感知的威胁是直接由大量毒液注入导致的死亡，而非由"可能"或"极可能"致命的过敏反应导致的死亡。统计数据显示的结果恰好相反。在美国，自从杀人蜂1990年登陆以来，只有大约6～8例由蜜蜂攻击导致的中毒死亡被仔细地登记在案，其他案例都死于过敏反应。莱斯利·博耶和我证明，普通人每磅体重可承受6次叮蜇，而且无需医疗帮助也能生存下来。相比之下，每磅体重经受10次叮蜇则是致命的。因此，一个体重170磅（77.1千克）的人可忍受1,000次叮蜇。[10]如果为稳妥起见，我们将这一数字减半，在少于500次叮蜇的情况下，那个人不会有严重中毒的风险。相反，由过敏反应导致死亡可能只需一次叮蜇或者100次叮蜇。细究起来，大多数被归咎于大规模蜜蜂攻击的死亡是过敏死亡，而非中毒死亡。医疗救护人员应当知道的一个信息是，需要关注大规模蜜蜂攻击中的过敏问题。

　　杀人蜂登陆美国后，人们对用来对抗毒液注入的抗毒素的需求变得越来越迫切。当时的想法是，研制出一种能中和毒液毒性和挽救生命的抗毒素，正如对抗蛇咬和蝎子蜇的抗毒素能挽救生命一样。在动物体内产生保护性抗体的方法可用于对抗蛇毒，但不适用于蜜蜂毒液。人们培育出的抗体能有效对抗蜜蜂毒液中引发过敏反应的主要成分——磷脂酶和透明质酸酶，但这些抗体并不能保护小鼠免受致命剂量的毒液的伤害。在这些研究中，没有人询问过蜜蜂毒液究竟是如何致人死亡的。我凭直觉认为，罪魁祸首是蜂毒肽，这种小分子肽不太容易诱发抗体生成。因为动物甚或养蜂人体内产生的对抗蜂毒肽的抗体达不到有意义的水平，所以毒液中蜂毒肽激发的免疫反应并不会被中和。蜜蜂毒液成分蜂毒肽、磷脂酶和蜂毒明肽的致命性都被单独测试过。蜂毒明肽的致命性很低，而且在蜜蜂毒液中含量甚少，所以它作为致死因素的推测可以排除。最致命的蜜蜂毒液成分是磷脂酶，不过它的含量仅为蜂毒肽的三分之一左右。

　　蜜蜂毒液中哪种成分是导致受害者死亡的罪魁祸首？这个问题的答案可由重组实验得到。在实验中，纯蜂毒肽和纯磷脂酶按照蜜蜂毒液中的自然比例3∶1进行重组。这两种成分组合在一起所具有的杀伤力等同于单一蜂毒肽。换句话说，磷脂酶对于整体杀伤力的贡献并不多于任何惰性蛋白质，即蜂毒肽的活性没有因为磷脂酶的存在而提高，这两种成分单独在发挥作用。尸检表明，磷脂酶通过让肺部充满液体和血液而致死，蜂毒肽通过停止心跳而致死。两者结合导致心跳停止和肺部出现充液透明。[11]蜜蜂毒液中致人死亡的罪魁祸首正是蜂毒肽，当前研制出的抗毒素缺少对抗蜂毒肽的抗体，不能中和蜂毒肽，所以难以奏效。

随着新蜜蜂——杀人蜂的成群到来，有关这种新蜜蜂的螫针和毒液与普通蜜蜂有何区别的问题随之产生。在情感上令人满意的预期是，无论是伤害性还是毒性，杀人蜂的螫针和毒液都比我们熟悉的普通蜜蜂更胜一筹。而蜜蜂捍卫者们却充满自信地声称，二者并无不同。这些陈述只是凭空臆测，没有任何证据作为基础。在两位同事——过敏症专科医生迈克尔·舒马赫和生物工程师内德·埃根的帮助下，我决定和他们一起找到这个问题的答案。杀人蜂和驯化型蜜蜂的毒液是相同的，区别主要在于蜂毒肽和磷脂酶相对比例不同，两者对老鼠有相同的半数致死量。[12] 或许与我们的直觉相反——驯化型蜜蜂的叮蜇伤害性更大。原因似乎在于，和驯化型蜜蜂的毒液相比，杀人蜂的毒液蜂毒肽（即致痛成分）含量低，而不是因为杀人蜂毒液量少。虽然体形较小，但杀人蜂分泌的毒液量大致与驯化型蜜蜂相同。对其他蜜蜂的分析表明，巨型蜜蜂、东方蜜蜂、矮蜜蜂和西方蜜蜂的 3 种显著不同的地理宗对于老鼠有相同的杀伤力。[11] 毒液在各种蜜蜂之间的主要区别在于生成的量不同，巨型蜜蜂生成的毒液量是矮蜜蜂的 8 倍。所以，说到底，各种蜜蜂的毒液非常相似，专家们的猜测是正确的——杀人蜂和驯化型蜜蜂的螫针和毒液没有什么不同。

我不记得自己第一次被蜜蜂叮蜇的情形，也不记得被蜜蜂蜇过多少次，大概有 1,000 次吧，对于用四分之一世纪时间专门研究杀人蜂的人来说，这个数字似乎有点儿低。次数少的原因是，被蜜蜂蜇很无聊，我不愿意被蜇，我会采取防范措施。为什么无聊呢？就像连续几天大吃万圣节糖果会感到无聊一样，被同一种蜜蜂反复叮蜇过不了多久就会变得无聊。单次被蜇量最大的经历源于一次养蜂操作过程中过于大意，当时我在和助手搬动蜂箱。我们抱起每个蜂箱，将其搬到几米外的另一个位置。我们穿着防蜂服，戴着面罩，但没有戴厚重的防蜂手套，因为戴手套会妨碍操作的灵活性。这是一个大错！在我们搬一个蜂箱时，刚把它抬起，底座就掉下来了。整个蜂箱面临摔到地上散架的风险。我们抓住无遮拦的箱体底部，想把蜂箱抬起来。不幸的是，大约有100只蜜蜂聚集在蜂箱和我的左手之间。大事不妙，我被蜇了很多下，总共大概有50下。我们保住了那个蜂箱，没错，被蜜蜂蜇很疼，但不足以让我丢掉蜂箱。在嘀咕了5分钟最好不要让小孩子听到的诅咒之后，一切恢复正常，只是第二天我的手肿了起来。

与蜇人蜜蜂打交道的最可怕的经历发生在哥斯达黎加，当时我和技术人员正在处理新到的杀人蜂。技术人员出身于一个养蜂家庭，那个家庭还经营过养蜂用品商店，毫无疑问，他所具有的经验、技能和自信超过了我认识的所有人。我们都穿着防蜂服。那天天气状况不佳，一场风暴正在酝酿之中。当我们走到25米之内时，一群堪称务实的蜜蜂赶来迎接我们。有几只搞坏了史蒂夫的盔甲，钻进他的面罩。在试图驱走这些蜜蜂的过程中，他把遮阳帽弄歪了一点儿，结果更多蜜蜂钻了进去。他惊慌失措地落荒而逃。我不知道该怎么办，就紧紧跟在他后面飞跑。我们得到的教训是：在处理杀人蜂时，不要使用由帽子和面罩组成的两件套防蜂罩，要始终使用一体式防蜂罩，最好不带容易被撞歪的帽子。

经常有人问我，你遇到的被蜜蜂蜇的最坏情况是怎样的。直到最近，我的回答都是"鼻子或者上唇被蜇到"。鼻子被蜇的特有反应是，似乎总能导致一连串喷嚏。没有人知道原因，也许打喷嚏可以把鼻子里的蜜蜂弄出去。鼻子或嘴唇挨蜇确实很难受。更糟的是，嘴唇被蜇后肯定会肿，这与任何形式的"过敏"无关。我最滑稽的经历（在我同事看来而非我自己）发生在哥斯达黎加。我们遇到一窝以防御性著称的异腹胡蜂属（*Polybia*）群居蜂。在同一根树枝距离异腹胡蜂蜂巢约10厘米处有一个小巢，小巢里住着三只另一个属（*Mischocyttarus*）的胡蜂。小巢之所以建在那里，是为了得到近旁"大姐姐"蜂种的保护。为了辨识这种小型胡蜂，我从小小卫星巢穴中抓了一个居民。我的目标是，在达到目的的同时避免惊扰旁边的大蜂巢。我试着将一只温顺的小胡蜂吸进我的抽吸器，但是，那个小捣蛋鬼飞出蜂巢，蜇了我的右半边上唇。那天晚餐时，大家都打趣我右半边上唇多出一块"脂肪"。第二天我又去抓蜜蜂，这一次一只蜜蜂飞进防蜂罩，蜇了我的左上唇。晚餐时，大家取笑我，这下肿胀的嘴唇总算两边对称了。

回到被蜜蜂叮蜇的最坏经历，真正最糟糕的叮蜇发生在我和妻子无忧无虑地共骑一辆双人自行车的过程中。我张着嘴，想要呼吸更多的空气。一只蜜蜂飞进去，蜇了我的舌头。非常疼！比咬到自己的舌头疼得多，这种疼痛让人难以忍受。真的很疼！远远超过任何其他蜜蜂的叮蜇。我不得不停下来，跳下自行车，捂着脸坐到一块石头上。漫长的三分钟过去之后，我才勉强能够继续骑车。教训：骑自行车时千万别张嘴。

痛感的强弱取决于叮蜇部位是蜇痛只分4级的其中一个原因。蜜蜂浅浅地叮蜇手背，或许只有1.5级，而叮蜇舌头可能达到3级。总体而言，如果综合考虑不同部位的疼痛值，那么平均值就是2级。

康奈尔大学一位名叫迈克尔·史密斯的研究生，在得知我关于蜇痛强度取决于叮蜇部位的评价之后，决定更彻底地检验一下这个观点。我所做的工作只是记录疼痛等级并指出叮蜇部位，我从未按照不同叮蜇部位或者系统设计的叮蜇方式让自己挨蜇，我只不过记录了自然发生的结果。身材瘦长、长着一头蓬松红发的迈克尔是一位富有幽默感的男青年，他决定系统测试蜜蜂随机叮蜇人体 25 个部位的疼痛等级。为了提高精确度并控制蜂龄、毒液注入量等变量，他在蜂巢入口处选取了一组有共同点的防御性蜜蜂，将它们放在指定部位，允许它们叮蜇 1 分钟，然后按照从 1 到 10 的级别记录疼痛水平。在 6 周时间里，他每天接受 3 次测试叮蜇和 2 次校准叮蜇，直到每个部位被蜇次数都达到 3 次。所选部位包括一些大家都能想到的位置，如上臂、前臂、手腕、中指、大腿、小腿、脚背、中脚趾、下背部、颈部、脑壳、上唇和鼻子，也包括一些非常规部位，如臀部、乳头、阴囊和阴茎。正如人们所料想的那样，后面这些部位得到了更多的关注。迈克尔的疼痛测试值从 2.3 到 9.0 不等，与我的预期和经验非常吻合。疼痛等级最低的是脚趾、上臂和手臂、腿的几个部位。毫无疑问，鼻子、上唇和手掌位居痛感最强的部位之列。那些禁忌部位比最高值略低，但乳头例外，其痛感等级比最高值低三分之一。[13] 迈克尔的研究将蜜蜂蜇痛科学推向了一个新的高度。

蜜蜂和人类：在进化中共生

共生指的是两种不同类型的生物之间的某种关系，从整体来看，双方都能从这种关系中获益。我们把狗和人、人和羊以及我们肠道中的某些细菌看成是共生关系。狗能提供危险预警、保护我们、帮我们牧羊、和我们作伴；我们喂养狗、给它们一个家并保护它们，以此使狗受益。总的来说，狗和人都会受益。羊和人的关系也是如此：羊为我们提供羊毛和肉；我们为羊提供保护和牧场。我们的消化系统中生长着能够合成维生素 K 的细菌，为了换取宝贵的维生素 K，我们为细菌提供食物和一个舒适的"家"。不涉及人类的共生在自然界中很常见，一个典型的例子是蜜蜂和花朵：植物通过蜜蜂将雄花的花粉传递给雌花的柱头而实现交配，蜜蜂通过获得食物和其他资源而受益。除蜜蜂和花朵之间的共生外，我们通常认为共生不涉及其他蜇刺昆虫。例如，我们不认为火蚁是我们的朋友或共生者（火蚁也不是其他生物的共生者，除非是蚜虫或其他能排出蜜露的虫子）。在考虑蜇刺昆虫和另一物种之间的共生时，一个例外会跳入我们的脑海。这个例外就是牛角金合欢蚁和金合欢植物之间的互惠关系：植物为蚂蚁提供有刺状隆起的家园和实实在在的食物；蚂蚁为植物提供保护，它们会叮蜇草食动物、咀嚼植物竞争者，使植物免受牛、毛虫和叶甲虫等草食动物以及竞争性植物的侵害。

在关于共生的讨论中，我在 2014 年指出，有一个涉及我们这个物种的重要共生关系一直被大家忽视，[14] 即我们这个世界最重要的共生关系之一——人与蜜蜂之间的共生。我们同时将蜜蜂视为朋友（它们提供甘美的蜂蜜）和敌人（它们会蜇人），但却不认为我们和蜜蜂密不可分。实际情况确实如此。无论如何，我们与蜜蜂打交道的确有过很长一段丰富多彩的历史，这种关系可追溯到数百万年前的蜜蜂和灵长类动物，尤其是黑猩猩和我们的祖先。[2] 双方的共同点是都喜欢蜂蜜：蜜蜂喜欢蜂蜜，将之作为获取能量的食物；我们喜欢蜂蜜是因为蜂蜜味甜和能提供能量。从本质上说，蜜蜂是防御性蜇刺昆虫和攻击性捕食者之间展开军备竞赛的一个特例。蜜蜂已经战胜了许多潜在的蜂群捕食者，包括大多数以昆虫为食的小型灵长类动物，后者在地球上出现的时间很可能早于蜜蜂，如果蜜蜂没有螫针，它们的蜂蜜和蛋白质储备就会被大量掠夺。蜜蜂似乎也战胜了许多大型灵长类动物，包括大猩猩、倭黑猩猩和狒狒。蜜獾，与凶猛的狼獾有亲缘关系，在非洲是蜜蜂的一个主要的非灵长类捕食者。捕食者是推动蜜蜂毒液和防御行为逐渐演进的动力，在非洲，蜜獾和类人猿曾经是驱动蜜蜂防御行为演化的、来自掠食方面的最强动力，直到它们的角色被人类取代。蜜蜂资源自古以来一直被黑猩猩和人类所利用，正如花几十年时间与坦桑尼亚哈扎部落采蜜人打交道的弗兰克·马洛所说的那样，"我们不仅很容易想象人类在哈扎部落出现之前就开始收集蜂蜜（见于两万年以前的洞穴壁画），而且很难相信会存在相反的情况。"几乎可以肯定，现代人出现之前的早期人属（Homo）成员于数百万年前就已经在利用蜂蜜和蜂子了。

　　蜜蜂与人科动物（这是描述人类以及人类最近的近亲的术语）之间关系特殊基于两方面原因。首先，在膜翅目的所有社会性昆虫当中，蜜蜂储备的资源比任何其他昆虫都多得多。这些资源包括蛋白质、胖乎乎的幼虫、蛹和花粉，还有大量富含能量的甜蜂蜜，后者是所有其他动物都没有的资源。其次，在蜜蜂的生存环境中，黑猩猩和人是最聪明的动物。这两个因素结合在一起，为一场令人惊异的伟大进化战争创造了条件。其结果是，蜜蜂拥有了地球上昆虫中最强大的叮蜇防御系统，而人类和黑猩猩则具备了比其他捕食者更高明的获取蜜蜂资源的手段。最高水平的出现源于双方经受的极端选择压力。为了生存，蜜蜂需要进化出最为有效的叮蜇防御系统；为了利用蜂巢所富含的高质蛋白和能量，原始人类需要知道突破群落防御和忍受很多叮蜇的方法。没有证据表明，人类或黑猩猩进化出了针对蜜蜂叮蜇的生理抗性——獴对眼镜蛇毒液就具有生理抗性，但似乎进化出了忍受蜇痛的心理抗性。从本质上说，虚张声势的叮蜇信号对他们来说已经失去了预警作用。黑猩猩和人逐渐认识到，十来次乃至数百次叮蜇对自己伤害不大，甚至没有伤害，完全可以忽略或者拍扁正在叮蜇自己的蜜蜂。年轻的英国女科学家珍妮·古道尔以孤身一人接近黑猩猩和发现黑猩猩会用工具钓取白蚁而闻名于世，她在 1986 年写道："劫掠者们只管坐着吃蜂蜜，周围围着一群蜜蜂。它们仅仅不时地拍两下，不过拍击的时候很暴躁。两只靠在母亲身上的小黑猩猩啜泣着把脸藏在母亲的乳房之间。随后，雌黑猩猩用一些时间拔出自己身上的螫针；一个母亲还在给孩子梳理毛发的时候帮它拔掉了一些螫针。"[15] 一想到能得到蜂蜜，精神力量就会占据上风。但黑猩猩和人在身体尺寸和对蜜蜂叮蜇的心理抗性上承受力有限，蜜蜂的大规模叮蜇攻击通常能驱走黑猩猩，有时会致人死亡，正如古道尔所说："有九次在抓了一两把蜂蜜之后，黑猩猩被蜂群赶走，有九次黑猩猩在逃跑时一无所获。"[15] 防御性蜜蜂有时会杀死另外两种专门以蜂蜜为食的捕食者——蜜獾和响蜜䴕，后者是一种有趣的鸟，能把人类引向蜂巢。

有关蜜蜂及其捕食者（包括人类和人类的祖先）之间进行持续军备竞赛的证据，可见于蜜蜂的毒液特性和防御行为，以及人类及其祖先的劫掠行为。蜜蜂的螫针系统不同于其他蜇刺昆虫，螫针很容易从蜜蜂身上拔出并嵌在目标物皮肉中。蜜蜂的许多适应性特征使这一点成为可能，比如螫针上有一系列锋利的倒钩，这些倒钩使人很难将螫针移出皮肤。与倒钩相配合的是螫针前方的薄弱部分，它使螫针易于扯断，以便脱离蜜蜂的腹部。被扯断的螫针是一个独立自主的毒液输入系统，包括毒液囊和注入毒液所需的肌肉组织，再加上控制螫针和毒液注射的神经节。这一系统的好处在于，捕食者在更多毒液注入之前，或许能快速拔除相对较大的蜜蜂，但很难识别或移走那一小段牢牢附于皮肉中的螫针。在蜜蜂被拂去之前，恐怕只能注入很少一部分毒液，但留在皮肉中的那部分螫针却能输送全部毒液，而不只是其中一小部分。蜜蜂的另一个适应性特征是以螫针为基础的警戒信息素，这种信息素能刺激和指引数百乃至数千同巢伴侣以及邻近群落的蜜蜂发动大规模攻击。蜜蜂也会刻意攻击对手的眼睛和鼻子或嘴，这两个部位非常脆弱，对捕食者来说可能会致命。[10] 最后一个重要适应性特征是毒液。蜜蜂毒液是最致命的昆虫毒液之一，而且生成的量很大。每只蜜蜂能产大量毒液，再加上带螫针的蜜蜂数量众多，两者结合就会使一个群落产生巨大的杀伤力。例如，如果一个包含 3 万只蜜蜂的群落中有一半工蜂参与叮蜇攻击，且捕食者的总重量为 820 千克，则捕食者接受的毒液量足以造成 50% 的死亡概率。这种大型群落的致命能力，足以威胁 10 个或 10 个以上成人的生命，这也是大多数人自己不尝试收集蜜蜂，而把这个任务交给专业人士的一个原因。

体现黑猩猩和人类世系与蜜蜂之间相互关系的适应性手段包括：制作捣入蜜蜂巢穴的工具，学习并利用响蜜鴷与人类之间的互惠关系确定蜂群位置，用火驱赶蜜蜂以及后来对蜜蜂的驯化、选种和培育。为了从蜂巢中获取蜂蜜，黑猩猩会使用各种木棍、具有撬动和舀取功能的树枝以及松软的树叶作为工具。和黑猩猩相比较，人类早期祖先直立人（*Homo erectus*）在日常生活中使用的工具更为精致，这很有可能会让他们更有效率地获取蜂蜜和蜂巢。[16] 现代人依然会使用多种多样的传统工具劫掠蜂群，包括各种梯子、绳索、锤子、攀登挂钩、束具和收集蜂巢的容器。现代养蜂人还有混合金属刮刀、人造蜂箱、对抗叮蜇的防蜂服以及制烟量可控的烟熏器。通过口头、书面方式学习和传递，是人类在管理和利用蜜蜂资源方面获得成功的关键。既然黑猩猩能够学习和传递钓取蚂蚁的方法，它们也能学习和传递利用蜜蜂的方法。[17]

一种改变了人和蜜蜂之间关系的独特适应，源于较大的响蜜䴕——黑喉响蜜䴕（*Indicator indicator*）与人类之间的互惠关系。这种响蜜䴕是一种寄生于其他动物巢中的小型鸟，拥有不同寻常的消化蜂蜡的能力，能通过一系列复杂行为，包括独特的叫声，引导采蜜人找到蜂巢。这种鸟从和人的关系中得到的好处是，在采蜜人打开蜂巢取走蜂蜜和蜂子之后获得剩下的蜂巢及其残渣。这种互惠关系只存在于人和这种鸟之间，可能与直立人（*H. erectus*）和这种响蜜䴕之间早期建立的关系有关。[16]鸟和人之间这种独特的适应性互惠关系将蜜蜂与人、捕食者与猎物之间的相互关系引向有利于人类的这边。

在捕食的人类（在此不妨忽略包括直立人在内的早期人类的可能性）及其猎物蜜蜂之间发生的长期军备竞赛中，一个关键的适应是，大约180万年前，人类开始取火和用火。在非洲稀树草原，火是常见现象，蜜蜂已经对火形成了适应，为了应对烟雾，它们会用蜂蜜填满肚肠，然后放弃蜂巢和洞穴。与此同时，蜜蜂的防御和叮蜇行为会因为烟雾自然减弱，这为早期人类利用火劫掠蜂蜜和蜂子创造了条件。从这时开始，人类通过模拟野火在与蜜蜂的竞赛中转败为胜，火是真正危险的威胁，能诱使蜜蜂对自己的窝巢采取弱势防御，或者干脆在不怎么做抵抗的情况下放弃蜂巢。[18]正如在无害动物模仿危险动物的贝氏拟态中，"欺骗"手段可以达成对无害动物的保护一样，人类用火同样可以哄骗蜜蜂放弃有效使用螫针对抗攻击者的能力。黑猩猩虽然比人类更能忍受叮蜇，但它们在捕食蜜蜂上的成功不能与人类相提并论，原因很可能在于它们不会控制火，不能忍受由此导致的大规模叮蜇。

蜜蜂进化出致痛性和毒性更高的毒液，也不能战胜人类以火解除其武装的策略。会用火对于人类在这场军备竞赛中占据上风的重要性是不言而喻的，会用火是人类进化过程中的重大事件。[16]

人类对付蜜蜂的最新式武器是通过人工选种驯化蜜蜂。根据上述讨论，有人可能认为：在这场军备竞赛中蜜蜂早晚会输给人类，它们恐怕要走上一条灭种之路。但事实上，由于蜜蜂拥有人类所渴求的资源，而且能为人类的许多粮食作物授粉，它们与人类之间的关系反而变得越来越密切。人类知道如何操控蜜蜂的遗传性，以降低它们通常的防御能力，增加它们在采蜜和产蜜上的投入而非在繁殖上的投入。从本质上说，人类创造出了驯化蜜蜂。这种互惠共生，和一般意义上的互惠共生一样，总的来说可使双方都从中获益，即使两者之间存在利益冲突。一方面，蜜蜂叮蜇的倾向降低，对于其资源遭受劫掠的忍耐力增加；另一方面，作为一种交换，蜜蜂被杀的概率降低，还可避开其他捕食者的攻击。更重要的是，人类主动将蜜蜂从其非洲和欧洲的原始栖息地带到世界上所有可居住的地区。螫针为蜜蜂取得这些好处创造了条件，使它们因具备抵御大型捕食者的能力而得以储备大量蜂子、花粉和蜂蜜。相应地，这些大宗给养吸引人类先是捕猎蜜蜂，继而保护和驯养它们，还将它们散布到世界各地。一种良性的共生关系终于在两者之间建立起来。

注释
① 这里指亚洲东南部地区出现过的一种从天而降的大面积蜜蜂粪便。
② 东方蜜蜂英文为 eastern hive bee，hive 意为"蜂群"。
③ 又称金环胡蜂。

图1 （上）落在远距钟穗花（*Phacelia distans*）上的一只汗蜂（*Halictus* sp.）。汗蜂是重要的传粉昆虫，被捏住时，可能会使用略痛的螫针。螫痛评级：在疼痛等级量表上为1级。承蒙吉利恩·考尔斯提供照片。
（下）瓦匠泥蜂（*Sceliphron caementarium*）螫刺并麻痹蜘蛛，作为它们幼虫的食物，幼虫和食物藏于它们在建筑物上和保护区内建造的"泥巢"中。这些无害的泥蜂也经常光顾花朵和泥地，它们几乎没有螫刺能力。螫痛评级：在疼痛等级量表上为1级。承蒙玛格丽特·布鲁默尔曼提供照片，http://arizonabeetlesbugsbirdsandmore.blogspot.com/。

图2 （上）史上被妖魔化为牧场破坏者的收获蚁（*Pogonomyrmex*），往往对其群落附近植物的生长和多样性有利：它们的废物使土壤更肥沃，它们还能清除竞争的杂草，将种子丢弃到周边废物区，这些种子可在富含蚂蚁的微环境中发芽、生长和开花。照片由作者提供。

（下）太平洋杀蝉泥蜂（*Sphecius convallis*）的交配混战。雄蜂（右）正和一只雌蜂（左）交配，后者也在接纳一只体形较小的雄蜂，在竞争中最后一名会选择放弃。除非遭到粗暴对待，否则这些看上去可怕但无害的泥蜂是不会蜇人的，它们经常被错认作大黄蜂。蜇痛评级：在疼痛等级量表上为1级。承蒙查克·霍利迪提供照片。

图3　一只雄性钩土蜂将假螫针戳进作者的手指。蜇刺昆虫中的雄性没有真正的螫针，但有些种能够将尖尖的假螫针戳进捕食者体内，受到惊吓的捕食者会下意识地放开无害的雄蜂。蜇痛评级：在疼痛等级量表上为0级。照片由作者提供。

图4　加斯顿·施蜜特于1975年在路易斯安那州阿米特挖出一个佛罗里达收获蚁（*Pogonomyrmex badius*）的群落。蜇痛评级：在疼痛等级量表上为3级。照片由黛比·施蜜特提供。

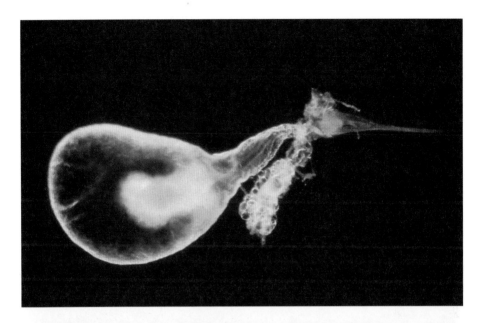

图5 （上）火蚁（*Solenopsis invicta*）的蜇刺器官。如图所示，尖细如针的螫针同时附在较大的毒液库和较小的泡沫状杜氏腺上。用于穿刺的螫针和巨大的毒液库构成了一个向攻击者注入毒液的理想系统。蜇痛评级：在疼痛等级量表上为1级。照片由作者提供。

（下）蜜蜂将其螫针留在人的胳膊上。照片由作者提供。

图6 （上）沙漠蛛蜂（*Pepsis chrysothemis*）正在沙漠马利筋（*Asclepias subulata*）上采集花蜜。这些色彩绚丽、惹人注目的独居蜂不具备攻击性，但也不能用手去抓。蜇痛评级：在疼痛等级量表上为4级。承蒙吉利恩·考尔斯提供照片。

（下）沙漠蛛蜂和它的捕鸟蛛猎物。在激战中，输家基本上是捕鸟蛛。承蒙美国国家公园管理局提供照片（尼克·帕金斯摄影）。

图7　（上）雌性"绒蚁"是没有翅膀的独居蜂，体色通常很鲜艳，夏季常见于开阔地区。其身体尺寸小至此图中的这只6毫米阿斯忒瑞亚蚁蜂（*Dasymutilla asteria*），大至将近25毫米的"母牛杀手"。蜇痛评级：在疼痛等级量表上为1到3级（取决于"绒蚁"的大小）。承蒙吉利恩·考尔斯提供照片。

（下）子弹蚁（*Paraponera clavata*），一个无论在哪里出现，都会让人们普遍心存敬畏的物种。亚马孙河流域的土著有时将这种蚂蚁用于成年仪式。蜇痛评级：在疼痛等级量表上为4级。承蒙格雷厄姆·怀斯提供照片。

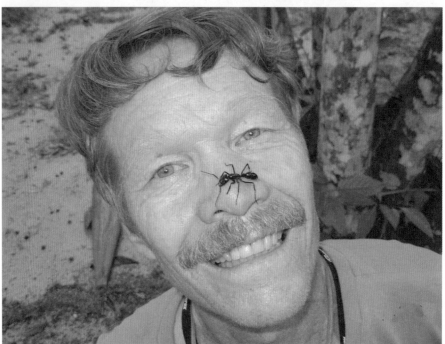

图8 （上）在哥斯达黎加采集样本以便研究非洲蜜蜂的遗传性质。这些蜜蜂被有意挑逗，不建议没有经验的人这样做。照片由作者提供。

（下）作者加斯顿·施蜜特在南美亚马孙热带雨林，一只温和的巨蚁（*Dinoponera gigantea*）散步于他的鼻上。这种蚂蚁很少蜇人，在疼痛等级量表上仅为 1.5 级。照片由克丽丝塔·施蜜特提供。

附录 1

蜇刺昆虫的疼痛等级

名称	分布	描述	疼痛等级
蚂蚁			
印度跳蚁 *Harpegnathos saltator*	亚洲	啊，那是一种忽然变得清醒的美妙感觉，就像喝了一杯咖啡，但是"噢，太苦了。"	1
细颚卡蚂蚁 *Anochetus inermis*	南美洲	一个微小的火花，但足以把你从梦境般的林间漫步中唤醒。就像有人轻推了你一下，让你回到现实中。	1
Bothroponera striglosa （一种非洲黑蚂蚁）	非洲	轻微，但并非无致痛性。就像一辆汽车驶过弹起的小石子碰了一下你的脚踝。	1
亚洲针蚁 *Brachyponera chinensis*	原产于亚洲	在海滩上一直呆到黄昏。你忘记了涂防晒霜。你感到鼻子有烧灼感。	1
大眼蚁 *Opthalmopone berthoudi*	非洲	对非洲之美的欣赏突然被打断。金合欢的一根刺刚刚穿透你的凉鞋。	1
Ectatomma ruidum （一种黑蚂蚁）	中美洲和南美洲	一种转瞬即逝的烧灼感，就像在烤架上烧烤的金枪鱼。你的脚底被沸水烫了一下，但并没有煮透。	1

名称	分布	描述	疼痛等级
Leptogenes kitteli（一种亚洲行军蚁）	亚洲	痛感简单而直接。就像一枚地毯钉脱落，穿入了穿着羊毛短袜的脚心。	1
细腰伪蚁 *Pseudomyrmex gracilis*	北美洲、中美洲和南美洲	让人联想起儿时的一个恃强凌弱的校霸。看上去吓人，但他那记重拳只是擦过你的下巴，你又活了一天。	1
细长蚁 *Tetraponera* sp.	亚洲	一个皮包骨头的校霸打出的一拳。过于软弱无力以至于你没什么感觉，但你怀疑后面可能跟着一个小把戏。	1
红火蚁 *Solenopsis invicta*	原产于南美洲	突然而至的温和的刺痛感。就像走过一块长绒地毯去摸电灯开关。	1
热带火蚁 *Solenopsis geminata*	原产于中美洲和南美洲	你本该吸取教训，但地毯没变，只是当你再次去摸那个电灯开关时，又一次遭遇"不测"。	1
南方火蚁 *Solenopsis xyloni*	北美洲	第三天发生了同样的事，当你去摸那个电灯开关时，肯定很想知道自己何时才能吸取教训。	1
欧洲火蚁 *Myrmica rubra*	原产于欧洲	你在湿热的一天被荨麻刺痛了皮肤。	1
萨姆松蚁 *Euponera sennaarensis*	非洲	纯粹、尖锐的刺痛。如同你将大拇指按在了一枚大头钉上。	1.5
鬼针游蚁 *Eciton burchellii*	中美洲和南美洲	用一枚生锈的针缝合胳膊肘上的口子。	1.5

名称	分布	描述	疼痛等级
Ectatomma tuberculatum（一种较大的金色蚂蚁）	中美洲和南美洲	滚烫的蜡缓慢地流到你的手腕上。你想挣脱，但做不到。	1.5
恐猛蚁 *Dinoponera gigantea*	南美洲	一种叫人难受的脉冲式的刺痛。你带着未愈合的伤口做盐浴。	1.5
大臭蚁 *Paltothyreus tarsatus*	非洲	你一定得罪了护士。她们用一个大针头给你打针，而且流进去的是大蒜油。	1.5
斗牛犬蚁 #1 *Myrmecia simillima*	澳大利亚	剧烈的撕裂感和刺痛感，就像是被狗咬了一口。	1.5
红公牛蚁 *Myrmecia gulosa*	澳大利亚	一种隐约的、温和的疼痛。像色彩鲜艳的乐高积木一样让你着迷，直到它在黑暗中深深嵌入你的足弓。	1.5
斗牛犬蚁 #2 *Myrmecia rufinodis*	澳大利亚	剧烈的刺痛。一把手术刀刚刚切开你的手掌。	1.5
马塔贝勒蚁 *Megaponera analis*	非洲	一个小孩射箭偏离了靶子，箭扎在你的腿肚上。	1.5
Ectatomma quadridens（一种大型黑蚂蚁）	南美洲	一种会引起你关注的、带有烧灼感的痒痛，紧跟着是懊悔，就像你有口腔溃疡却点了一份辣鸡翅。	1.5
牛角金合欢蚁 *Pseudomyrmex nigrocinctus*	中美洲	一种罕见的剧烈刺痛。有人把一个订书钉钉进了你的脸颊。	1.5

名称	分布	描述	疼痛等级
杰克跳蚁 *Myrmecia pilosula*	澳大利亚	当你从烤箱中取出饼干时，烤箱手套上有一个破洞。	2
绿头蚁 *Rhytidoponera metallica*	澳大利亚	出乎意料的疼痛。好比你把哈瓦那辣椒当成青椒咬了一口。	2
Diacamma sp. （一种黑蚂蚁）	亚洲	热带海滩上的一块玻璃碎片让你立刻变得非常清醒，因为碎片碰到了你裸脚上的一根神经。	2
热带大黑蚁 *Neoponera villosa*	北美洲、中美洲和南美洲	工具锋利，手法娴熟。百老汇最受欢迎的"恶魔理发师"①选了他的下一个受害者。	2
Neoponera crassinoda （一种大型黑蚂蚁）	南美洲	就像挨了一记重拳。牙医本该等麻醉剂发挥效用的时间更长些。	2
白蚁杀手 *Neoponera commutate*	南美洲	偏头痛引起的令人乏力的疼痛到达你的指尖。且蚁后的蜇刺能力不亚于它的姐妹！	2
非洲巨蚁 *Streblognathus aethiopicus*	非洲	一根烧得白热的烤叉刺入你的手掌，还伴有某种锯齿刀的摩擦声。	2
Platythyrea lamellose （一种略带紫色的蚂蚁）	非洲	你的全身遭到无情的戳刺，就像穿着一件布满松针和毒漆的羊毛连衣裤一样。	2
Platythyrea pilosula （一种体色油亮的蚂蚁）	非洲	一种长久不消退的、极其痛苦的发痒和皮疹。不如把多余的钱花在一个文身艺术家身上。	2.5

名称	分布	描述	疼痛等级
颚卡蚂蚁 *Odontomachus* spp.	全球热带地区	瞬时产生的剧痛。一只捕鼠夹夹住了你的食指指甲。	2.5
佛罗里达收获蚁 *Pogonomyrmex badius*	北美洲	粗暴无情。有人用电钻去挖你长进肉里的脚指甲。	3
马里科帕收获蚁 *Pogonomyrmex maricopa*	北美洲	在把那个长进肉里的脚指甲残忍地钻了8个钟头之后，你发现钻头嵌入了脚指头。	3
阿根廷收获蚁 *Ephebomyrmex cunicularis*	南美洲	一种持续了12个钟头或更长时间的剧痛。食肉细菌将你的肌肉一块一块地溶解掉。	3
子弹蚁 *Paraponera clavata*	中美洲和南美洲	纯粹、强烈而激越的疼痛。好比走在燃烧的木炭上，还有一枚两寸钉嵌在你的脚后跟里。	4

蜜蜂

名称	分布	描述	疼痛等级
Triepeolus sp. （一种寄生蜂）	北美洲	刚才只是想象吗？划伤带有稍微痒痒的感觉。	0.5
花蜂 *Emphoropsis pallida*	北美洲	近乎愉悦。就像恋人咬你的耳垂，但稍微狠了一点儿。	1
汗蜂 *Lasioglossum* spp.	北美洲	轻快而短暂，略带快感。一个小火花烧焦了你胳膊上的一根汗毛。	1
仙人掌蜂 *Diadasia rinconis*	北美洲	被刺了一下，你感到困惑不解，因为你没有触到仙人掌的刺，后来你才意识到，是被仙人掌蜂蜇了。	1

名称	分布	描述	疼痛等级
杜鹃蜂 *Ericrocis lata*	北美洲	一点点儿害怕。嘿,我很想表现一下我有多勇敢!	1
大汗蜂 *Dieunomia heteropoda*	北美洲	个子大并不代表一切。一把银汤匙径直砸到你的大脚趾上,让你跳了一下。	1.5
西方蜜蜂 *Apis mellifera*	原产于非洲和欧洲	烧灼感和腐蚀感,但尚能忍受。一个燃烧的火柴头掉到你的胳膊上,先用碱液后用硫酸将其熄灭。	2
西方蜜蜂 *Apis mellifera* (一个特例,蜇刺舌头)	原产于非洲和欧洲	它爬进你的汽水瓶里蜇刺你的舌头,瞬间产生一种深在脏腑的有碍感,使你浑身乏力。有10分钟时间你会感觉生不如死。	3
熊蜂 *Bombus* spp.	北美洲	五颜六色的火焰。烟花落到你的手臂上。	2
加利福尼亚木蜂 *Xylocopa californica*	北美洲	迅速、尖锐、确定无疑。你的指尖被汽车门夹了。	2
婆罗洲大木蜂 *Xylocopa* sp.	亚洲	触电感,尖锐的刺穿感。下回得雇一个电工。	2.5

其他蜇人蜂

锤角蜂 *Sapyga pumila*	北美洲	令人扫兴,一个回形针掉到你的赤脚上。	0.5

名称	分布	描述	疼痛等级
陶工蜂 *Eumeninae* sp.	北美洲	看起来很唬人。貌似香醇浓郁，实则味道平淡。	0.5
小异腹胡蜂 *Polybia occidentalis*	中美洲和南美洲	辛辣和刺痛并存。仙人掌上一根纤细的刺擦过一块香辣鸡翅，然后戳刺了你的胳膊。	1
宾夕法尼亚掘土蜂 *Sphex pensylvanicus*	北美洲	既单纯又放肆。你的妹妹刚刚掐了一下你的小指头。	1
虹彩蟑螂猎手 *Chlorion cyaneum*	北美洲	稍有刺痛的发痒。一根荨麻刺扎了你的手。	1
圣甲虫猎手 *Triscolia ardens*	北美洲	好似抿了一小口丹宁酸，口里的苦味迟迟不消失。	1
在水面上行走的蜂 *Euodynerus crypticus*	北美洲	耍小聪明？有点儿像魔术表演，因为你不可能完全弄清楚疼痛和幻觉之间的区别。	1
瓦匠泥蜂 *Sceliphron caementarium*	原产于北美洲	戳刺感，加上一点点儿辣味。你以为吃的是哈瓦蒂干酪，但其实是墨西哥胡椒奶酪。	1
小白"绒蚁" *Dasymutilla thetis*	北美洲	欺骗性。瞬间有出疹子的感觉，你很想抓挠以消除那种刺痒感。你在晒太阳，一只沙蟹咬了一下你的脚趾。	1
太平洋杀蝉泥蜂 *Sphecius convallis*	北美洲	畅通无阻。浓缩的洗洁精渗入刚被切了一个口子的手指。	1

名称	分布	描述	疼痛等级
西部杀蝉泥蜂 *Sphecius grandis*	北美洲	乍看起来很疼。就像毒葛一样，你越挠就越难受。	1.5
Eumeninae sp. （一种黄色的陶工蜂）	北美洲	一种很糟糕的惊悚体验。就像你用手去抓一束花时，不小心碰到了隐藏在玫瑰花茎后面的棘刺。	1.5
Mutillidae sp. （一种夜间活动的"绒蚁"）	北美洲	瘙痒，烧灼，越来越痒。一根同时沾了致痒粉和辣椒酱的牙签插进了你的大腿。	1.5
马蜂 *Polistes versicolor*	中美洲 和南美洲	烧灼，悸动，孤独。一滴过热的煎炸油落到你的手臂上。	1.5
细腰马蜂 *Belonogaster* sp.	非洲	引你关注。就像那一次你的同学用铅笔尖扎你。	1.5
猛异腹胡蜂 *Polybia rejecta*	中美洲和 南美洲	就像一个恶作剧出了差错。你的屁股成了一支气弹枪的目标，一次次正中靶心。	1.5
光面大胡蜂 *Dolichovespula maculata*	北美洲	浓烈，激越，伴有轻脆的响声。好比你的手在旋转门中被搅拧。	2
Mischocyttarus sp. （一种马蜂）	北美洲、 中美洲和 南美洲	刺耳的闹铃把你从沉睡中唤醒，你感觉一把钳子夹住了你的上唇。	2
集群的细腰蜂 *Belonogaster juncea colonialis*	非洲	顽固而强烈。你的手像被铁钳牢牢夹住似的。	2

名称	分布	描述	疼痛等级
行为不稳定的马蜂 *Polistes instabilis*	中美洲	就像一个来吃晚餐的客人呆得太久，痛感单调地延续着。一只滚烫的金属炖锅掉到你的手上，你还摆脱不掉。	2
产蜂蜜的马蜂 *Brachygastra mellifica*	北美洲和中美洲	辛辣，强烈。一支沾过哈瓦那辣酱的棉签被塞进你的鼻孔。	2
艺术蜂 *Parachartergus fraternus*	中美洲和南美洲	痛感纯粹，后来难以忍受，再后来是腐蚀感。爱情和婚姻过后是离婚。	2
西部黄蜂 *Vespula pensylvanica*	北美洲	发烫，冒烟，受辱感。想象一下W.C.菲尔茨②将一支雪茄烟在你的舌头上摁灭的情形。	2
美丽动人的"绒蚁" *Dasymutilla gloriosa*	北美洲	瞬间发生，好比被刺时受到的惊吓。这和给炮弹碎片击中的感觉一样吗？	2
夜胡蜂 *Provespa sp.*	亚洲	粗暴无礼。一块篝火灰烬粘在你的前臂上。	2.5
金马蜂 *Polistes aurifer*	北美洲和中美洲	锋利，尖锐，瞬时。你一定知道牲口被打上烙印时的感觉。	2.5
黄火蜂 *Agelaia myrmecophila*	中美洲和南美洲	一种令人讨厌的、怪怪的疼痛。几只小喷灯亲吻了你的胳膊和腿。	2.5
黑色猛异腹胡蜂 *Polybia simillima*	中美洲	举行仪式时出了差错，场面骇人。你刚刚点燃老教堂里的那个煤气灯，它就在你面前爆炸了。	2.5

名称	分布	描述	疼痛等级
大马蜂 *Megapolistes* sp.	新几内亚	确有诸神，而且他们的确会制造雷电。海神波塞冬正用他的三叉戟撞击你的胸部。	3
红马蜂 *Polistes canadensis*	中美洲	有腐蚀性和烧灼感，回味起来还有明显的苦味。就像溢出烧杯的盐酸恰好滴在被纸张划开的伤口上。	3
红头马蜂 *Polistes erythrocephalis*	中美洲和南美洲	瞬时发生，无理性地强烈而又冷酷无情。这是你最接近于从火光内部看到蓝色火焰的一刻。	3
Dasymutilla klugii （一种大"绒蚁"）	北美洲	具有爆发性而且持久。你的尖叫声听起来近乎疯狂。热油从油锅中溢出来蔓延到你的整个手上。	3
沙漠蛛蜂 *Pepsis* spp.	北美洲、中美洲和南美洲	炫目而猛烈的电击感。一个正在运转的电吹风刚刚掉进你的泡沫浴浴缸中。	4
战士（或犰狳）蜂 *Synoeca septentrionalis*	中美洲和南美洲	一种折磨。你被链条栓在一座活火山的岩浆中。我干吗要列出蜇刺昆虫的疼痛等级呢？	4

注释

① 同名音乐剧的主人公。

② 1880～1946，美国喜剧演员，经常扮演厌恶人类和嗜酒如命的自我主义者。

附录 2

参考文献

第 1 章　被蜇的经历

总体参考：

Hrdy SB. 2011. *Mothers and Others: The Evolutionary Origins of Mutual Understanding.* Cambridge, MA: Harvard Univ. Press.

1. Van Le Q, LA Isbell et al. 2013. Pulvinar neurons reveal neurobiological evidence of past selection for rapid detection of snakes. *PNAS* 110: 19000–19005.

2. New JJ and TC German. 2015. Spiders at the cocktail party: An ancestral threat that surmounts inattentional blindness. *Evol. Human Behav.* 36: 163–73.

3. LoBue V, DH Rakison, and JS DeLoache. 2010. Threat perception across the life span: Evidence for multiple converging pathways. *Psychol. Sci.* 19: 375–79.

第 2 章　螯针

总体参考：

Grissell E. 2010. *Bees, Wasps, and Ants.* Portland, OR: Timber Press.

1. Vollrath F and I Douglas-Hamilton. 2002. African bees to control African elephants. *Naturwissenschaften* 89: 508–11.

2. Starr CK. 1990. Holding the fort: Colony defense in some primitively social wasps. In: *Insect Defenses* (DL Evans and JO Schmidt, eds.), pp. 421–63. Albany: State Univ. New York Press.

3. Smith EL. 1970. Evolutionary morphology of the external insect genitalia. 2. Hymenoptera. *Ann. Entomol. Soc. Am.* 63: 1–27.

4. Schmidt PJ, WC Sherbrooke, and JO Schmidt. 1989. The detoxification of ant

(*Pogonomyrmex*) venom by a blood factor in horned lizards (*Phrynosoma*). *Copeia* 1989: 603–7.

第 3 章　最初的螫刺昆虫

总体参考:

Evans DL and JO Schmidt, eds. 1990. *Insect Defenses*. Albany: State Univ. New York Press.

1. Brower LP, WN Ryerson et al. 1968. Ecological chemistry and the palatability spectrum. *Science* 161: 1349–50.

2. Hölldobler B and EO Wilson. 2009. *The Superorganism*. New York: Norton.

第 4 章　痛的真相

总体参考:

Schmidt JO. 2008. Venoms and toxins in insects. In: *Encyclopedia of Entomology*, 2nd ed. (JL Capinera, ed.), pp. 4076–89. Heidelberg, Germany: Springer.

1. Roberson DP, S Gudes et al. 2013. Activity-dependent silencing reveals functionally distinct itch-generating sensory neurons. *Nat. Neurosci.* 16: 910–18.

2. Kingdon J. 1977. *East African Mammals*, vol. 3, Part A. London: Academic Press.

第 5 章　螫的科学

总体参考:

Evans DL and JO Schmidt, eds. 1990. *Insect Defenses*. Albany: State Univ. NY Press.

1. Schmidt JO. 2015. Allergy to venomous insects. In: *The Hive and the Honey Bee* (J Graham, ed.), pp. 906–52. Hamilton, IL: Dadant and Sons.

2. Aili SR, A Touchard et al. 2014. Diversity of peptide toxins from stinging ant venoms. *Toxicon* 92: 166–78.

3. Hamilton WD, R Axelrod, and R Tanese. 1990. Sexual reproduction as an adaption to resist parasites (a review). *PNAS* 87: 3566–73.

4. Schmidt JO. 2014. Evolutionary responses of solitary and social Hymenoptera to predation by primates and overwhelmingly powerful vertebrate predators. *J. Human Evol.* 71: 12–19.

第6章 汗蜂和火蚁

汗蜂总体参考：

Michener CD. 1974. *The Social Behavior of the Bees*. Cambridge, MA: Harvard Univ. Press.

Michener CD. 2007. *The Bees of the World*, 2nd ed. Baltimore: Johns Hopkins Univ. Press.

1. Danforth BN, S Sipes et al. 2006. The history of early bee diversification based on five genes plus morphology. *PNAS* 103: 15118–23.

2. Duffield RM, A Fernandes et al. 1981. Macrocyclic lactones and isopentenyl esters in the Dufour's gland secretion of halictine bees (Hymenoptera: Halictidae). *J. Chem. Ecol.* 7: 319–31.

3. Dufour L. 1835. Etude entomologiques VII Hymenopteres. *Ann. Soc. Entomol. France* 4: 594–607.

4. Barrows EM. 1974. Aggregation behavior and responses to sodium chloride in females of a solitary bee, *Augochlora pura* (Hymenoptera; Halictidae). *Fla. Entomol.* 57: 189–93.

5. Schmidt JO. 2014. Evolutionary responses of solitary and social Hymenoptera to predation by primates and overwhelmingly powerful vertebrate predators. *J. Human Evol.* 71: 12–19.

火蚁：

1. Tschinkel WR. 2006. *The Fire Ants*. Cambridge, MA: Harvard Univ. Press.

2. Wheeler WM. 1910. *Ants: Their Structure, Development and Behavior*. New York: Columbia Univ. Press.

3. Snelling RR. 1963. The United States species of fire ants of the genus *Solenopsis,* subgenus *Solenopsis* Westwood, with synonymy of *Solenopsis aurea* Wheeler (Hymenoptera: Formicidae). *Bureau Entomol. Calif. Dept. Agr. Occasional Pap.*, no. 3: 1–15.

4. Smith JD and EB Smith. 1971. Multiple fire ant stings a complication of alcoholism. *Arch. Dermatol.* 103: 438–41.

5. DeShazo RD, BT Butcher, and WA Banks. 1990. Reactions to the stings of the imported fire ant. *N. Engl. J. Med.* 323: 462–66.

6. Sonnett PE. 1967. Fire ant venom: Synthesis of a reported component of solenamine. *Science* 156: 1759–60.

7. MacConnell JG, MS Blum, and HM Fales. 1970. Alkaloid and fire ant venom: Identification and synthesis. *Science* 168: 840–41.

8. MacConnell JG, MS Blum et al. 1976. Fire ant venoms: Chemotaxonomic correlations with alkaloidal compositions. *Toxicon* 14: 69–78.

第 7 章　黄蜂和胡蜂

总体参考:

Edwards R. 1980. *Social Wasps.* West Sussex, UK: Rentokil.

Evans HE and MJ West-Eberhard. 1970. *The Wasps.* Ann Arbor: Univ. Michigan Press.

Schmidt JO. 2009. Wasps. In: *Encyclopedia of Insects*, 2nd ed. (VH Resh and RT Cardé, eds.), pp. 1037–41. San Diego, CA: Academic Press.

1. Wickler W. 1968. *Mimicry in Plants and Animals.* New York: McGraw-Hill.

2. Bequaert J. 1931. A tentative synopsis of the hornets and yellow-jackets (Vespidae; Hymenoptera) of America. *Entomol. Am.* 12: 71–138.

3. Ross KG and JM Carpenter. 1991. Population genetic structure, relatedness, and breeding systems. In: *The Social Biology of Wasps* (KG Ross and RW Matthews, eds.), pp. 451–79. Ithaca, NY: Cornell Univ. Press.

4. Stein KJ, RD Fell, and GI Holtzman.1996. Sperm use dynamics of the baldfaced hornet (Hymenoptera: Vespidae). *Environ. Entomol.* 25: 1365–70.

5. Schmidt JO, HC Reed, and RD Akre. 1984. Venoms of a parasitic and two nonparasitic species of yellowjackets (Hymenoptera: Vespidae). *J. Kans. Entomol. Soc.* 57: 316–22.

6. MacDonald JF. 1980. Biology, recognition, medical importance and control of Indiana social wasps. *Cooperative Ext. Serv., Purdue Univ.* E-91: 1-24.

7. Akre RD, WB Hill et al. 1975. Foraging distances of *Vespula pensylvanica* workers (Hymenoptera: Vespidae). *J. Kans. Entomol. Soc.* 48: 12–16.

8. Duncan CD. 1939. A contribution to the biology of North American vespine wasps. *Stanford Univ. Publ. Biol. Sci.* 8(1): 1–272.

9. Madden JL. 1981. Factors influencing the abundance of the European wasp (*Paravespula germanica* [F.]). *J. Aust. Entomol. Soc.* 20: 59–65.

10. Akre RD and JF MacDonald. 1986. Biology, economic importance and control of yellow jackets. In: *Economic Impact and Control of Social Insects* (SB Vinson, ed.), pp. 353–412. New York: Praeger.

11. Phillips J. 1974. The vampire wasps of British Columbia. *Bull. Entomol. Soc. Canada* 6: 134.

12. Jandt JM and RL Jeanne. 2005. German yellowjacket (*Vespula germanica*) foragers use odors inside the nest to find carbohydrate food sources. *Ecology* 111: 641–51.

13. Ross KG and RW Matthews. 1982. Two polygynous overwintered *Vespula squamosa* colonies from the southeastern U.S. (Hymenoptera: Vespidae). *Fla. Entomol.* 65: 176–84.

14. Tissot AN and FA Robinson. 1954. Some unusual insect nests. *Fla. Entomol.* 37: 73–92.

15. Spradbery JP. 1973. *Wasps*. Seattle: Univ. Washington Press.

16. MacDonald JF and RW Matthews. 1981. Nesting biology of the eastern yellowjacket, *Vespula maculifrons* (Hymenoptera: Vespidae). *J. Kans. Entomol. Soc.* 54: 433–57.

17. Schmidt JO and LV Boyer Hassen. 1996. When Africanized bees attack: What you and your clients should know. *Vet. Med.* 91: 923–28.

18. Bigelow NK. 1922. Insect food of the black bear (*Ursus americanus*). *Can. Entomol.* 54: 49–50.

19. Fry CH. 1969. The recognition and treatment of venomous and non-venomous insects by small bee-eaters. *Ibis* 111: 23–29.

20. Rau P. 1930. Behavior notes on the yellow jacket, *Vespa germanica* (Hymen.: Vespidae). *Entomol. News* 41: 185–90.

21. Pack Berisford HD. 1931. Wasps in combat. *Irish Nat. J.* 3: 223–24.

22. Denton SB. 1931. *Vespula maculata* and *Apis mellifica*. *Bull. Brooklyn Entomol. Soc.* 26: 44.

23. Scott H. 1930. A mortal combat between a spider and a wasp. *Entomol. Monthly Mag.* 66: 215.

24. Robbins JM. 1938. Wasp versus dragonfly. *Irish Nat. J.* 7: 10–11.

25. O'Rourke FJ. 1945. Method used by wasps of the genus *Vespa* in killing prey. *Irish Nat. J.* 8: 238–41.

26. Evans HE and MJ West-Eberhard. 1970. *The Wasps*. Ann Arbor: Univ. Michigan Press.

27. Davis HG. 1978. Yellowjacket wasps in urban environments. In: *Perspectives in Urban Entomology* (GW Frankie and CS Koehler, eds.), pp. 163–85. New York: Academic Press.

28. Cohen SG and PJ Bianchini. 1995. Hymenoptera, hypersensitivity, and history. *Ann. Allergy* 174: 120.

29. Schmidt JO. 2015. Allergy to venomous insects. In: *The Hive and the Honey Bee* (J Graham, ed.). pp. 907–52. Hamilton, IL: Dadant and Sons.

30. MacDonald JF, RD Akre et al. 1976. Evaluation of yellowjacket abatement in the United States. *Bull. Entomol. Soc. Am.* 22: 397–401.

31. Grant GD, CJ Rogers et al. 1968. Control of ground-nesting yellowjackets with toxic baits—a five-year testing program. *J. Econ. Entomol.* 61: 1653–56.

32. Wagner RE and DA Reierson. 1969. Yellowjacket control by baiting. 1. Influence of toxicants and attractants on bait acceptance. *J. Econ. Entomol.* 62: 1192–97.

33. Parrish MD and RB Roberts. 1983. Insect growth regulators in baits: Methoprene acceptability to foragers and effect on larval eastern yellowjackets (Hymenoptera: Vespidae). *J. Econ. Entomol.* 76: 109–12.

34. Ross DR, RH Shukle et al. 1984. Meat extracts attractive to scavenger *Vespula* in Eastern North America (Hymenoptera: Vespidae). *J. Econ. Entomol.* 77: 637–42.

35. Reid BL and JF MacDonald. 1986. Influence of meat texture and toxicants upon bait collection by the German yellowjacket (Hymenoptera: Vespidae). *J. Econ. Entomol.* 79: 50–53.

36. Spurr EB. 1995. Protein bait preferences of wasps (*Vespula vulgaris* and *V. germanica*) at Mt Thomas, Canterbury, New Zealand. *N. Z. J. Zool.* 22: 282–89.

37. McGovern TP, HG Davis et al. 1970. Esters highly attractive to *Vespula* spp. *J. Econ. Entomol.* 63: 1534–36.

38. Wildman T. 1770. A treatise on the management of bees. Book 3: *Of Wasps and Hornets and the Means of Destroying Them*, 2nd ed. London: Kingsmeade.

39. Ormerod RL. 1868. *British Social Wasps*. London: Longmans, Green Reader, and Dyer.

40. Rabb RL and FR Lawson. 1957. Some factors influencing the predation of *Polistes* wasps on the tobacco hornworm. *J. Econ. Entomol.* 50: 778–84.

第 8 章　收获蚁

总体参考:

Cole AC. 1974. Pogonomyrmex *Harvester Ants*. Knoxville: Univ. Tennessee Press.

Taber SW. 1998. *The World of the Harvester Ants*. College Station: Texas A&M Univ. Press.

1. Creighton WS. 1950. Ants of North America. *Bull. Mus. Comp. Zool. (Harvard)* 104: 1–585.

2. Wheeler WM. 1910. *Ants: Their Structure, Development and Behavior*. New York: Columbia Univ. Press.

3. Lockwood JA. 2009. *Six-Legged Soldiers*. New York: Oxford Univ. Press.

4. Groark KP. 2001. Taxonomic identity of "hallucinogenic" harvester ant (*Pogonomyrmex californicus*) confirmed. *J. Ethnobiol.* 21: 133–44.

5. Blum MS, JR Walker et al. 1958. Chemical, insecticidal, and antibiotic properties of fire ant venom. *Science* 128: 306–7.

6. Herrmann M and S Helms Cahan. 2014. Inter-genomic sexual conflict drives antagonistic coevolution in harvester ants. *Proc. R. Soc. Lond. B Biol. Sci.* 281: 20141771.

7. Johnson RA. 2002. Semi-claustral colony founding in the seed-harvesting ant *Pogonomyrmex californicus*: A comparative analysis of colony founding strategies. *Oecologia* 132: 60–67.

8. Cole BJ. 2009. The ecological setting of social evolution: The demography of ant populations. In: *Organization of Insect Societies* (J Gadau and J Fewell, eds.), pp. 75–104. Cambridge, MA: Harvard Univ. Press.

9. Keeler KH. 1993. Fifteen years of colony dynamics in *Pogonomyrmex occidentalis*, the Western harvester ant in Western Nebraska. *Southwest. Nat.* 38: 286–89.

10. Michener CD. 1942. The history and behavior of a colony of harvester ants. *Sci. Monthly* 55: 248–58.

11. Lavigne RJ. 1969. Bionomics and nest structure of *Pogonomyrmex occidentalis* (Hymenoptera: Formicidae). *Ann. Entomol. Soc. Am.* 62:1166–75.

12. MacKay WP. 1981. A comparison of the nest phenologies of three species of *Pogonomyrmex* harvester ants (Hymenoptera: Formicidae). *Psyche* 88: 25–74.

13. McCook HC. 1907. *Nature's Craftsmen*. New York: Harper & Brothers.

14. Zimmer K and RR Parmenter. 1998. Harvester ants and fire in a desert grassland: Ecological responses of *Pogonomyrmex rugosus* (Hymenoptera: Formicidae) to experimental wildfires in Central New Mexico. *Environ. Entomol.* 27: 282–87.

15. McCook HC. 1879. *The Natural History of the Agricultural Ant of Texas*. Philadelphia: Lippincott's Press.

16. Rogers LE. 1974. Foraging activity of the Western Harvester ant in the shortgrass plains ecosystem. *Environ. Entomol.* 3: 420–24.

17. Knowlton GF. 1938. Horned toads in ant control. *J. Econ. Entomol.* 31: 128.

18. Headlee TJ and GA Dean. 1908. The mound-building prairie ant. *Bull. Kans. State Agr. Exp. Station* 154: 165–80.

19. Clarke WH and PL Comanor. 1975. Removal of annual plants from the desert ecosystem by western harvester ants, *Pogonomyrmex occidentalis*. *Environ. Entomol.* 4: 52–56.

20. Porter SD and CD Jorgensen. 1981. Foragers of the harvester ant, *Pogonomyrmex owyheei*: A disposable caste? *Behav. Ecol. Sociobiol.* 9: 247–56.

21. MacKay WP. 1982. The effect of predation of western widow spiders (Araneae: Theridiidae) on harvester ants (Hymenoptera: Formicidae). *Oecologia* 53: 406–11.

22. Evans HE. 1962. A review of nesting behavior of digger wasps of the genus *Aphilanthops*, with special attention to the mechanics of prey carriage. *Behaviour* 19: 239–60.

23. Knowlton GF, RS Roberts, and SL Wood. 1946. Birds feeding on ants in Utah. *J. Econ. Entomol.* 49: 547–48.

24. Giezentanner KI and WH Clark. 1974. The use of western harvester ant mounds as strutting locations by sage grouse. *Condor* 76: 218–19.

25. Spangler, Hayward G., personal communication.

26. Pianka ER and WS Parker. 1975. Ecology of horned lizards: A review with special reference to *Phrynosoma platyrhinos*. *Copeia* 1975: 141–62.

27. Schmidt PJ, WC Sherbrooke, and JO Schmidt. 1989. The detoxification of ant (*Pogonomyrmex*) venom by a blood factor in horned lizards (*Phrynosoma*). *Copeia* 1989: 603–7.

28. Schmidt JO and GC Snelling. 2009. *Pogonomyrmex anzensis* Cole: Does an unusual harvester ant species have an unusual venom? *J. Hymenoptera Res.* 18: 322–25.

29. Wray DL. 1938. Notes on the southern harvester ant (*Pogonomyrmex badius* Latr.) in North Carolina. *Ann. Entomol. Soc. Am.* 31: 196–201.

30. Wheeler GC and J Wheeler. 1973. *Ants of Deep Canyon*. Riverside: Univ. California Press.

31. Wray J. 1670. Concerning some uncommon observations and experiments made with an acid juyce to be found in ants. *Philos. Trans. R. Soc. Lond.* 5: 2063–69.

32. Schmidt JO and MS Blum. 1978. A harvester ant venom: Chemistry and pharmacology. *Science* 200: 1064–66.

33. Schmidt JO and MS Blum. 1978. The biochemical constituents of the venom of the harvester ant, *Pogonomyrmex badius*. *Comp. Biochem. Physiol.* 61C: 239–47.

34. Schmidt JO and MS Blum. 1978. Pharmacological and toxicological properties of harvester ant, *Pogonomyrmex badius*, venom. *Toxicon* 16: 645–51.

35. Piek T, JO Schmidt et al. 1989. Kinins in ant venoms—a comparison with venoms of related Hymenoptera. *Comp. Biochem. Physiol.* 92C: 117–24.

36. Schmidt JO. 2008. Venoms and toxins in insects. In: *Encyclopedia of Entomology*, 2nd ed. (JL Capinera, ed.), pp. 4076–89. Heidelberg, Ger.: Springer.

第 9 章　沙漠蛛蜂和独居蜂

总体参考：

Evans HE. 1973. *Wasp Farm*. New York: Doubleday.

O'Neill KM. 2001. *Solitary Wasps: Behavior and Natural History*. Ithaca, NY: Cornell Univ. Press.

沙漠蛛蜂参考：

1. Wilson EO. 2012. *The Social Conquest of Earth*. New York: Norton.

2. Swink WG, SM Paiero, and CA Nalepa. 2013. Burprestidae collected as prey by the solitary, ground-nesting philanthine wasp *Cerceris fumipennis* (Hymenoptera: Crabronidae) in North Carolina. *Ann. Entomol. Soc. Am.* 106: 111–16.

3. Sweeney BW and RL Vannote. 1982. Population synchrony in mayflies: A predator satiation hypothesis. *Evolution* 36: 810–21.

4. Hook, Allen W., personal communication.

5. Evans HE. 1968. Studies on Neotropical Pompilidae (Hymenoptera) IV: Examples of dual sex-limited mimicry in *Chirodamus. Psyche* 75: 1–22.

6. Schmidt JO. 2004. Venom and the good life in tarantula hawks (Hymenoptera: Pompilidae): How to eat, not be eaten, and live long. *J. Kans. Entomol. Soc.* 77: 402–13.

7. Pitts JP, MS Wasbauer, and CD von Dohlen. 2006. Preliminary morphological analysis of relationships between the spider wasp subfamilies (Hymenoptera: Pompilidae): Revisiting an old problem. *Zoologica Scripta* 35: 63–84.

8. Williams FX. 1956. Life history studies of *Pepsis* and *Hemipepsis* wasps in California (Hymenoptera, Pompilidae). *Ann. Entomol. Soc. Am.* 49: 447–66.

9. Petrunkevitch A. 1926. Tarantula versus tarantula-hawk: A study of instinct. *J. Exp. Zool.* 45: 367–97.

10. Cazier MA and MA Mortenson. 1964. Bionomical observations on tarantula-hawks and their prey (Hymenoptera: Pompilidae: *Pepsis*). *Ann. Entomol. Soc. Am.* 57: 533–41.

11. Odell GV, CL Ownby et al. 1999. Role of venom citrate. *Toxicon* 37: 407–9.

12. Piek T, JO Schmidt et al. 1989. Kinins in ant venoms—a comparison with venoms of related Hymenoptera. *Comp. Biochem. Physiol.* 92C: 117–24.

13. Leluk J, JO Schmidt, and D Jones. 1989. Comparative studies on the protein composition of hymenopteran venom reservoirs. *Toxicon* 27: 105–14.

杀蝉泥蜂参考：

1. Rau P and N Rau. 1918. *Wasp Studies Afield*. Princeton, NJ: Princeton Univ. Press.

2. Dambach CA and E Good. 1943. Life history and habits of the cicada killer in Ohio. *Ohio J. Sci.* 43: 32–41.

3. Smith RL and WM Langley. 1978. Cicada stress sound: An assay of its effectiveness as a predator defense mechanism. *Southwest. Nat.* 23: 187–96.

4. Hastings J. 1986. Provisioning by female western cicada killer wasps *Sphecius grandis* (Hymenoptera: Sphecidae): Influence of body size and emergence time on individual provisioning success. *J. Kans. Entomol. Soc.* 59: 262–68.

5. Coelho JR. 2011. Effects of prey size and load carriage on the evolution of foraging strategies in wasps. In: *Predation in the Hymenoptera: An Evolutionary Perspective* (C Polidori, ed.), pp. 23–36. Kerala, India: Transworld Research Network.

6. Hastings JM, CW Holliday et al. 2010. Size-specific provisioning by cicada killers, *Sphecius speciosus* (Hymenoptera: Crabronidae) in North Florida. *Fla. Entomol.* 93: 412–21.

7. Alcock J. 1975. The behaviour of western cicada killer males, *Sphecius grandis* (Sphecidae, Hymenoptera). *J. Nat. Hist.* 9: 561–66; and Holliday, Charles H., personal communication.

8. Hastings J. 1989. Protandry in western cicada killer wasps (*Sphecius grandis*, Hymenoptera: Sphecidae): An empirical study of emergence time and mating opportunity. *Behav. Ecol. Sociobiol.* 25: 255–60.

9. Holliday C, J Coelho, and J Hastings. 2010. Conspecific kleptoparasitism in Pacific cicada killers, *Sphecius convallis*. Ent. Soc. Am. Meeting, San Diego, CA [Poster D 0708].

瓦匠泥蜂参考：

1. Bachleda FL. 2002. *Dangerous Wildlife in California and Nevada: A Guide to Safe Encounters at Home and in the Wild*. Birmingham, AL: Menasha Ridge Press.

2. O'Connor R and W Rosenbrook. 1963. The venom of the mud-dauber wasps. I. *Sceliphron caementarium*: Preliminary separations and free amino acid content. *Can. J. Biochem. Phys.* 41: 1943–48.

3. Frazier C. 1964. Allergic reactions to insect stings: A review of 180 cases. *South. Med. J.* 47: 1028–34.

4. Collinson P. 1745. An account of some very curious wasps nests made of clay in Pensilvania by John Bartram. *Philos. Trans. R. Soc. Lond.* 43: 363–65.

5. Shafer GD. 1949. *The Ways of a Mud Dauber*. Palo Alto, CA: Stanford Univ. Press.

6. Fink T, V Ramalingam et al. 2007. Buzz digging and buzz plastering in the black-and-yellow mud dauber wasp, *Sceliphron caementarium* (Drury). *J. Acoust. Soc. Am.* 122(5, Pt 2): 2947–48.

7. Jackson JT and PG Burchfield. 1975. Nest-site selection of barn swallows in east-central Mississippi. *Am. Midland Nat.* 94: 503–9.

8. Smith KG. 1986. Downy woodpecker feeding on mud-dauber wasp nests. *Southwest. Nat.* 31: 134.

9. Hefetz A and SWT Batra. 1979. Geranyl acetate and 2-decen-1-ol in the cephalic secretion of the solitary wasp *Sceliphron caementarium* (Sphecidae: Hymenoptera). *Experientia* 35: 1138–39.

10. Bohart GE and WP Nye. 1960. Insect pollinators of carrots in Utah. *Utah Agr. Exp. Sta. Bull.* 419: 1–16.

11. Menhinick EF and DA Crossley. 1969. Radiation sensitivity of twelve species of arthropods. *Ann. Entomol. Soc. Am.* 62: 711–17.

12. Muma MH and WF Jeffers. 1945. Studies of the spider prey of several mud-dauber wasps. *Ann. Entomol. Soc. Am.* 38: 245–55.

13. Uma DB and MR Weiss. 2010. Chemical mediation of prey recognition by spider-hunting wasps. *Ethology* 116: 85–95.

14. Uma D, C Durkee et al. 2013. Double deception: Ant-mimicking spiders elude both visually- and chemically-oriented predators. *PLOS One* 8(11): e79660.

15. Konno K, MS Palma et al. 2002. Identification of bradykinins in solitary wasp venoms. *Toxicon* 40: 309–12.

16. Sherman RG. 1978. Insensitivity of the spider heart to solitary wasp venom. *Comp. Biochem. Phys.* 61A: 611–15.

虹彩蟑螂猎手参考：

1. Hook AW. 2004. Nesting behavior of *Chlorion cyaneum* (Hymenoptera: Sphecidae), a predator of cockroaches (Blattaria: Polyphagidae). *J. Kans. Entomol. Soc.* 77: 558–64.

2. Peckham DJ and FE Kurczewski. 1978. Nesting behavior of *Chlorion aerarium*. *Ann. Entomol. Soc. Am.* 71: 758–61.

3. Chapman RN, CE Mickel et al. 1926. Studies in the ecology of sand dune insects. *Ecology* 7: 416–26.

在水面上行走的蜂参考：

1. Isely D. 1913. Biology of some Kansas Eumenidae. *Kans. Univ. Sci. Bull.* 7: 231–309.

"绒蚁" 参考：

1. Brothers DJ, G Tschuch, and F Burger. 2000. Associations of mutillid wasps (Hymenoptera, Mutillidae) with eusocial insects. *Insectes Soc.* 47: 201–11.

2. Mickel CE. 1928. Biological and taxonomic investigations on the mutillid wasps. *Bull. U.S. Nat. Mus.* 143: 1–351.

3. Brothers DJ. 1972. Biology and immature stages of *Pseudomethoca f. frigida,* with notes on other species (Hymenoptera: Mutillidae). *Univ. Kans. Sci. Bull.* 50: 1–38.

4. Brothers DJ. 1984. Gregarious parasitoidism in Australian Mutillidae (Hymenoptera). *Aust. Entomol. Mag.* 11: 8–10.

5. Tormos J, JD Asis et al. 2009. The mating behaviour of the velvet ant, *Nemka viduata* (Hymenoptera: Mutillidae). *J. Insect Behav.* 23: 117–27.

6. Brothers DJ. 1989. Alternative life-history styles of mutillid wasps (Insecta, Hymenoptera). In: *Alternative Life-History Styles of Animals* (MN Bruton, ed.), pp. 279–91. Dordrecht, Netherlands: Kluwer.

7. Schmidt JO and MS Blum. 1977. Adaptations and responses of *Dasymutilla occidentalis* (Hymenoptera: Mutillidae) to predators. *Entomol. Exp. Appl.* 21: 99–111.

8. Fales HM, TM Jaouni et al. 1980. Mandibular gland allomones of *Dasymutilla occidentalis* and other mutillid wasps. *J. Chem. Ecol.* 6: 895–903.

9. Hale Carpenter GD. 1921. Experiments on the relative edibility of insects, with special reference to their coloration. *Trans. Entomol. Soc. Lond.* 1921: 1–105.

10. Rice ME. 2014. Edward O. Wilson: I was trying to find every kind of ant. *Am. Entomol.* 60: 135–41.

11. Vitt LJ and WE Cooper. 1988. Feeding responses of skinks (*Eumeces laticeps*) to velvet ants (*Dasymutilla occidentalis*). *J. Herpet.* 22: 485–88.

12. Schmidt JO. 2008. Venoms and toxins in insects. In: *Encyclopedia of Entomology*, 2nd ed. (JL Capinera, ed.), pp. 4076–89. Heidelberg, Germany: Springer.

13. Schmidt JO, MS Blum, and WL Overal. 1986. Comparative enzymology of venoms from stinging Hymenoptera. *Toxicon* 24: 907–21.

第 10 章　子弹蚁

总体参考：

Young AM and HR Hermann. 1980. Notes on foraging of the giant tropical ant *Paraponera clavata* (Hymenoptera: Formicidae: Ponerinae). *J. Kans. Entomol. Soc.* 53: 35–55.

1. Spruce R. 1908. *Notes of a Botanist on the Amazon and Andes*, Vol. 1, pp. 363–64. London: Macmillan.

2. Lange A. 1914. *The Lower Amazon*. New York: G. P. Putnam's Sons.

3. Rice H. 1914. Further explorations in the north-west Amazon basin. *Geograph. J.* 44: 137–68.

4. Allard HA. 1951. *Dinoponera gigantea* (Perty), a vicious stinging ant. *J. Wash. Acad. Sci.* 41: 88–90.

5. Rice ME. 2015. Terry L. Erwin: She had a black eye and in her arm she held a skunk. *Am. Entomol.* 61: 9–15.

6. Schmidt C. 2013. Molecular phylogenetics of ponerine ants (Hymenoptera: Formicidae: Ponerinae). *Zootaxa* 3647(2): 201–50.

7. Bennett B and MD Breed. 1985. On the association between *Pentaclethra macroloba* (Mimosaceae) and *Paraponera clavata* (Hymenoptera: Formicidae) colonies. *Biotropica* 17: 253–55.

8. Hölldobler B and EO Wilson. 1990. Host tree selection by the Neotropical ant *Paraponera clavata* (Hymenoptera: Formicidae). *Biotropica* 22: 213–14.

9. Belk MC, HL Black, and CD Jorgensen. 1989. Nest tree selectivity by the tropical ant, *Paraponera clavata*. *Biotropica* 21: 173–77.

10. Dyer LA. 2002. A quantification of predation rates, indirect positive effects on plants, and foraging variation of the giant tropical ant, *Paraponera clavata*. *J. Insect Sci.* 2(18): 1–7.

11. Fritz G, A Stanley Rand, and CW dePamphilis. 1981. The aposematically colored frog, *Dendrobates pumilio*, is distasteful to the large, predatory ant *Paraponera clavata*. *Biotropica* 13: 158–59.

12. Harrison JF, JH Fewell et al. 1989. Effects of experience on use of orientation cues in the giant tropical ant. *Anim. Behav.* 37: 869–71.

13. Nelson CR, CD Jorgensen et al. 1991. Maintenance of foraging trails by the giant tropical ant *Paraponera clavata* (Insecta: Formicidae: Ponerinae). *Insect. Sociaux* 38: 221–28.

14. Fewell JH, JF Harrison et al. 1992. Distance effects on resource profitability and recruitment in the giant tropical ant, *Paraponera clavata*. *Oecologia* 92: 542–47.

15. Fewell JH, JF Harrison et al. 1996. Foraging energetics of the ant, *Paraponera clavata*. *Oecologia* 105: 419–27.

16. Jorgensen CD, HL Black, and HR Hermann. 1984. Territorial disputes between colonies of the giant tropical ant *Paraponera clavata* (Hymenoptera: Formicidae: Ponerinae). *J. Ga. Entomol. Soc.* 19: 156–58.

17. Thurber DK, MC Belk et al. 1993. Dispersion and mortality of colonies of the tropical ant *Paraponera clavata*. *Biotropica* 25: 215–21.

18. Barden A. 1943. Food of the basilisk lizard in Panama. *Copeia* 1943: 118–21.

19. Cott HB. 1936. Effectiveness of protective adaptations in the hive bee, illustrated by experiments on the feeding reactions, habit formation, and memory of the common toad (*Bufo bufo bufo*). *J. Zool. Lond.* 1936: 111–33.

20. Janzen DH and CR Carroll. 1983. *Paraponera clavata* (bala, giant tropical ant). In: *Costa Rican Natural History* (DH Janzen, ed.), pp. 752–53. Chicago: Univ. Chicago Press.

21. Brown BV and DH Feener. Behavior and host location cues of *Apocephalus paraponerae* (Diptera: Phoridae), a parasitoid of the giant tropical ant, *Paraponera clavata* (Hymenoptera: Formicidae). *Biotropica* 23: 182–87.

22. Feener DH, LF Jacobs, and JO Schmidt. 1996. Specialized parasitoid attracted to a pheromone of ants. *Anim. Behav.* 51: 61–66.

23. Weber NA. 1937. The sting of an ant. *Am. J. Trop. Med.* 1937: 165–69.

24. Balée W. 2000. Antiquity of traditional ethnobiological knowledge in Amazonia: The Tupí-Guaraní family and time. *Ethnohistory* 47: 399–422.

25. Schmidt JO. 2008. Venoms and toxins in insects. In: *Encyclopedia of Entomology*, 2nd ed. (JL Capinera, ed.), pp. 4076–89. Heidelberg, Germany: Springer.

26. Schmidt JO, MS Blum, and WL Overal. 1984. Hemolytic activities of stinging insect venoms. *Arch. Insect Biochem. Physiol.* 1: 155–60.

27. Piek T, A Duval et al. 1991. Poneratoxin, a novel peptide neurotoxin from the venom of the ant, *Paraponera clavata. Comp. Biochem. Physiol.* 99C: 487–95.

第 11 章　蜜蜂和人类：在进化中共生

总体参考:

Crane E. 1990. *Bees and Beekeeping.* Ithaca, NY: Cornell Univ. Press.

Graham J, ed. 2015. *The Hive and the Honey Bee.* Hamilton, IL: Dadant & Sons.

Hepburn HR and SE Radloff. 2011. *Honeybees of Asia.* Heidelberg, Germany: Springer.

Wilson-Rich N, K Allin et al. 2014. *The Bee: A Natural History.* Princeton, NJ: Princeton Univ. Press.

1. Schmidt JO and SL Buchmann 1992. Other products of the hive. In: *The Hive and the Honey Bee* (J Graham, ed.), pp. 927–88. Hamilton, IL: Dadant & Sons.

2. Marlowe FW, JC Berbesque et al. 2014. Honey, Hadza, hunter-gatherers, and human evolution. *J. Human Evol.* 71: 119–28.

3. Morse RA and FM Laigo. 1969. *Apis dorsata* in the Philippines. *Monogr. Philippines Assoc. Entomol.,* no. 1: 1–97.

4. Seeley TD, JW Nowicke et al. 1985. Yellow rain. *Sci. Am.* 253(3): 128–37.

5. Matsuura M and SK Sakagami. 1973. A bionomic sketch of the giant hornet, *Vespa mandarinia,* a serious pest for Japanese apiculture. *J. Fac. Sci. Hokkaido Univ. Ser. VI, Zool.* 19: 125–60.

6. Ono M, T Igarashi et al. 1995. Unusual thermal defence by a honeybee against mass attack by hornets. *Nature* 377: 334–36.

7. Sugahara M and F Sakamoto. 2009. Heat and carbon dioxide generated by honeybees jointly act to kill hornets. *Naturwissenschaften* 96: 1133–36.

8. Vollrath F and I Douglas-Hamilton. 2002. African bees to control African elephants. *Naturwissenschaften* 89: 508–11.

9. McComb K, G Shannon et al. 2014. Elephants can determine ethnicity, gender, and age from acoustic cues in human voices. *PNAS* 111: 5433–38.

10. Schmidt JO and LV Boyer Hassen. 1996. When Africanized bees attack: What you and your clients should know. *Vet. Med.* 91: 923–28.

11. Schmidt JO. 1995. Toxinology of the honeybee genus *Apis*. *Toxicon* 33: 917–27.

12. Schumacher MJ, JO Schmidt, and NB Egen. 1989. Lethality of "killer" bee stings. *Nature* 337: 413.

13. Smith ML. 2014. Honey bee sting pain index by body location. *Peer J.* 2:e338; doi:10.7717/peerj.338.

14. Schmidt JO. 2014. Evolutionary responses of solitary and social Hymenoptera to predation by primates and overwhelmingly powerful vertebrate predators. *J. Human Evol.* 71: 12–19.

15. Goodall J. 1986. *The Chimpanzees of Gombe: Patterns of Behavior*. Cambridge, MA: Harvard Univ. Press.

16. Wrangham RW. 2011. Honey and fire in human evolution. In: *Casting the Net Wide: Papers in Honor of Glynn Isaac and His Approach to Human Origins Research* (J Sept and D Pilbeam, eds.), pp. 149–67. Oxford: Oxbow Books.

17. Sanz CM and DB Morgan. 2009. Flexible and persistent tool-using strategies in honey-gathering by wild chimpanzees. *Int. J. Primatol.* 30: 411–27.

18. Buchmann SL. 2005. *Letters from the Hive*. New York: Random House.

致谢

原版《蜇虫记》由约翰·霍普金斯大学出版社于 2016 年 3 月出版，出版 3 个月销量 3,000 册，在美国引起了巨大轰动，包括《自然》《美国国家地理》《BBC 野生动物杂志》在内的 14 家媒体为这本书撰写了评论，给予了极高的评价。本书作者美国西南生物研究所生物学家加斯顿·施蜜特从事蜇人昆虫研究四十余年，足迹踏遍六大洲，被誉为"蜇虫刺之王"，他为探索科学真相，成为世界上第一个愿忍受所有蜇刺昆虫叮蜇的人，施蜜特教授对事业的执着追求和献身精神为世人所仰慕。《蜇虫记》是他数十年经验积累的结晶，是一部有关蜂蚁类蜇刺昆虫的权威读本。在中文翻译版的出版过程中，我们有幸得到了作者太太沈莉女士，童心同行自然课堂创始人、《纳博科夫的蝴蝶：文学天才的博物之旅》译者丁亮，中国农业大学昆虫学系硕士吴兆军的帮助。他们对全文进行了仔细的审读：沈莉女士对译文进行了润色，使其更符合作者的原意；丁亮有多年从事膜翅目昆虫研究的经验，他对某些学名、俗名以及膜翅目昆虫行为学、生态学的译法提出了更正意见；吴兆军对全部专名的翻译进行了查证，给出了修改建议。为了保证译文的准确性，我们就一些物种名的翻译咨询了中国科学院动物研究所朱朝东研究员的意见，朱老师从 1993 年开始从事昆虫学研究，主攻方向为蜜蜂与寄生蜂。他对本书的出版寄予厚望，希望社会公众更多地关注膜翅目昆虫。

在此，我们一并向他们表示诚挚的谢意。

外语教学与研究出版社
2018 年 6 月

京权图字：01-2018-3965

图书在版编目（CIP）数据

蜇虫记／（美）加斯顿·施蜜特（Justin O. Schmidt）著；于海生译． -- 北京：外语教学与研究出版社，2018.7
书名原文：THE STING OF THE WILD
ISBN 978-7-5213-0217-2

Ⅰ．①蜇… Ⅱ．①加… ②于… Ⅲ．①昆虫－普及读物 Ⅳ．①Q96-49

中国版本图书馆 CIP 数据核字 (2018) 第 158535 号

出 版 人　徐建忠
项目管理　刘晓楠　赵凤轩
项目策划　何　铭
责任编辑　何　铭
责任校对　刘雨佳
装帧设计　李　高
出版发行　外语教学与研究出版社
社　　址　北京市西三环北路 19 号（100089）
网　　址　http://www.fltrp.com
印　　刷　北京华联印刷有限公司
开　　本　787×1092　1/16
印　　张　18
版　　次　2018 年 8 月第 1 版 2018 年 8 月第 1 次印刷
书　　号　ISBN 978-7-5213-0217-2
定　　价　69.00 元

购书咨询：（010）88819926　电子邮箱：club@fltrp.com
外研书店：https://waiyants.tmall.com
凡印刷、装订质量问题，请联系我社印制部
联系电话：（010）61207896　电子邮箱：zhijian@fltrp.com
凡侵权、盗版书籍线索，请联系我社法律事务部
举报电话：（010）88817519　电子邮箱：banquan@fltrp.com
法律顾问：立方律师事务所　刘旭东律师
　　　　　中咨律师事务所　殷　斌律师
物料号：302170001